UN OCULISTE AU SIÈCLE DES LUMIÈRES

JACQUES DAVIEL
(1693-1762)

DU MÊME AUTEUR
AUX ÉDITIONS ODILE JACOB

La Transparence de l'œil, (1992, coll. « Opus » 1994).
Les Yeux de l'autre, (1995).

YVES POULIQUEN

UN OCULISTE AU SIÈCLE DES LUMIÈRES

JACQUES DAVIEL (1693-1762)

Odile Jacob

3, rue Auguste-Comte, 75006 Paris

www.odilejacob.fr

ISBN 978-2-7381-0605-6

REMERCIEMENTS

Au terme de l'écriture de cet essai sur Jacques Daviel, j'aimerai dire ma gratitude à plusieurs personnes dont l'appui me fut précieux. Tout d'abord à ceux dont les œuvres m'ont permis de retrouver la trame de la vie de Daviel. Sans eux je ne suis pas certain que quiconque ait pu entreprendre la rédaction d'une biographie aussi complète de sa vie, car ils avaient su jalonner son existence des rares preuves écrites ou commentées et tenter une première approche d'un si singulier destin. Jean Figarella et Théodore Vetter eurent à cet égard un rôle inestimable, car ils furent les premiers à retracer les étapes de la vie tumultueuse de Daviel. Mais je n'oublie pas non plus la contribution de tous ceux que je cite en bibliographie, et qui ont, par l'ajout de leurs commentaires ou de détails inconnus, permis de dessiner le caractère ou d'expliquer les actes de l'oculiste.

J'aimerai remercier aussi tous ceux qui m'ont aidé dans mes recherches en bibliothèque ou dans mes consultations d'archives, car ils m'ont grandement facilité la tâche. En tout premier lieu, M. Édouard Bonnefous, chancelier honoraire de l'Institut, qui nous a ouvert les portes des bibliothèques de l'Institut et de l'Académie des sciences, Mme Michelle Lenoir, bibliothécaire de l'Académie nationale de médecine, Mme Fabienne Gleiye, responsable de la bibliothèque municipale de Bernay, M. Georges Bergoin, secrétaire perpétuel de l'Académie des sciences, lettres et arts de Marseille, Mlle Sophie Guiquerro de la bibliothèque médicale de l'Hôtel-Dieu et notre intermédiaire avec la bibliothèque de l'ancienne faculté de médecine de Paris,

Mlle Nathalie Marqués, notre investigatrice et traductrice des aventures médicales portugaises de Daviel, le Dr Jean-Claude Loutsch, président de l'Académie internationale d'héraldique, le personnel des Archives départementales d'Évreux et tout spécialement Mme Laurence Fumey, des Archives départementales des Bouches-du-Rhône, qui nous permit de reconstituer les familles Daviel et Félix au travers des documents d'archives de Marseille et de Salon-de-Provence, ce qui confère à cette biographie une dimension familiale qu'on avait totalement sous-estimée auparavant. Nous remercions enfin Me Bernard de La Nezière, notaire à Paris, descendant de la famille Daviel. Il a eu la bonté de nous recevoir et de nous confier les documents concernant la descendance des notaires de La Barre-en-Ouche et de nous permettre d'admirer le tableau de son ancêtre qui orne la couverture de ce livre. Nous espérons que cette étude sur Jacques Daviel apportera quelques précisions à un sujet qu'il connaît si bien et le persuadera qu'il n'est pas vain de qualifier son ancêtre de grand homme de l'ophtalmologie universelle tant sa contribution fut originale et déterminante.

INTRODUCTION

Qui connaît Jacques Daviel ? Peut-être les habitants curieux des rues qui portent son nom à Rouen ou dans le 13e arrondissement de Paris, sans doute ceux de La Barre-en-Ouche où il est né et dont il est le grand homme [1], ainsi que ceux de Bernay, la ville voisine, fière autrefois de sa statue de bronze, fondue par les Allemands et remplacée par une bien médiocre copie de pierre. Assurément les habitants de Marseille où, en plein Siècle des lumières, il acquit ses titres, sa renommée et ses compétences d'oculiste. Enfin tous les ophtalmologistes, pour lesquels il est l'homme qui inventa une nouvelle manière d'opérer la cataracte, rompant ainsi avec des habitudes millénaires que les clercs de l'Antiquité, les oculistes arabes, les juifs itinérants et les barbiers-chirurgiens avaient entretenues, avec leurs avantages et en dépit de leurs cruelles insuffisances. Interrogez pourtant l'homme de la rue, interrogez vos amis. Bien peu sauront vous répondre. Étendez votre enquête aux deux cents mille opérés de cataracte chaque année en France , ils seront surpris d'apprendre qu'au-delà de la gratitude qu'ils portent à leur chirurgien ils doivent aussi une pensée reconnaissante à celui grâce auquel le cadeau merveilleux qu'ils reçoivent – celui de revoir – est aujourd'hui si précis, si efficace et si achevé. Certes, un autre oculiste que Jacques Daviel aurait sans doute découvert la méthode ; elle était dans l'air, et la première moitié du XVIIIe siècle ne manquait pas de chirurgiens doués du génie de l'instrumentation et inspirés par l'ampleur du développement des études d'ana-

1. Le collège de cette petite ville normande porte son nom.

tomie et de physiologie ; mais eût-il été français ? et eût-il manifesté l'obstination de Daviel et de ses disciples à répandre une méthode nouvelle qui ne fut réellement adoptée, dans les faits, qu'un siècle plus tard ?

Daviel fut un précurseur. Grâce à lui, l'ophtalmologie moderne, qui ne s'épanouira qu'au XIXe siècle et principalement dans les pays anglo-saxons, aura pris sa véritable naissance en France, en un temps riche des valeurs héritées du Grand Siècle et qui saura livrer à la Révolution la critique objective que ses acteurs auront pu faire de l'État et de la religion. Un temps caractérisé avant tout par sa tolérance et par « la naissance d'une nouvelle vision du monde, une [nouvelle] manière de considérer les hommes et les choses, un [nouvel] état d'esprit en somme », comme le résume J. de Viguerie [2]. À feuilleter son *Dictionnaire du temps des Lumières*, on se réjouit de croiser tant d'illustres Français dans ce siècle où se pressent politiciens, hommes de sciences, de lettres, philosophes, sculpteurs, architectes, peintres qui participent de notre mémoire culturelle collective. Mais, parmi les quelques médecins et chirurgiens cités – Quesnay, La Martinière, Chirac, La Peyronie –, on s'étonne aussi de ne pas retrouver le nom de Jacques Daviel, devenu oculiste de Sa Majesté le roi Louis XV ! Son originalité est digne que l'on s'y arrête : non seulement il prit une part essentielle au développement de l'ophtalmologie française et européenne, mais surtout il en fit une spécialité au sein des activités chirurgicales. Certes, d'autres que lui contribuèrent à séparer la pratique de l'ophtalmologie des actions dispersées de la chirurgie d'alors, mais aucun ne sut consacrer à cette tâche un goût si forcené de l'observation anatomique. Jacques Daviel est le premier à avoir lié la pathologie oculaire à une réalité anatomique précise. Toute son invention fut la conséquence de cette originalité, qui apparaît comme le fruit d'un opportunisme intelligent, très tôt acquis et qui ne le quitta jamais. Parfois, nous le verrons, cet opportunisme insistant frisera l'indécence, mais ses conséquences bienfaisantes en constituent probablement la meilleure excuse. Et l'on peut douter que Jacques Daviel fût parvenu à entreprendre son œuvre sans semblable opportunisme, dans un monde où l'ophtalmologie ne faisait que balbutier et où la chirurgie elle-même trouvait difficilement sa voie.

Ce serait une erreur toutefois de prétendre que Jacques Daviel fut oublié de l'histoire. Ses contemporains le reconnurent et l'honorèrent. Sa disparition fut célébrée comme il convenait. À la fin du XIXe siècle, plus de cent ans après sa mort, la communauté ophtalmologique lui rendit un fervent hommage. Ce fut le temps des statues, des éloges, des séminaires. Depuis, à vrai dire, la liste des publications fort sérieuses

2. J. de Viguerie, *Histoire et dictionnaire du temps des Lumières, 1715-1789,* Paris, « Bouquins », Robert Laffont, 1995.

et documentées qui lui sont consacrées n'a cessé de s'allonger dans toutes les langues. Toutes ou presque lui reconnaissent l'originalité de sa découverte, même si l'on a parfois voulu la lui faire partager avec d'autres ophtalmologistes. Elle marque le départ d'une ère nouvelle en oculistique, à laquelle nous appartenons encore et dans laquelle se sont inscrits tous les progrès que nous vivons.

Avouons toutefois que sa renommée reste confidentielle, confinée au monde des ophtalmologistes. Est-il possible d'ouvrir à un large public l'aventure de cet homme, surprenant à bien des égards, qui sut, par ses seules compétences et son seul courage, échapper au cadre étroit de sa naissance pour gagner les ors de Versailles et la confiance d'un roi ? Raconter la vie d'un homme mort il y a trois siècles demeure une entreprise délicate : s'il est un personnage important scientifiquement, et si ses relations furent brillantes, aucun littérateur, aucun chroniqueur n'a cependant relaté ses actions, aucun de ses contemporains n'a songé à rassembler les événements de sa vie. L'histoire conserve de lui peu de pièces officielles ou authentiques. Nous ne connaissons précisément que son œuvre scientifique, grâce à ses propres textes, assez rares, et à ceux de ses collègues. De sa vie personnelle nous ne connaissons que les grandes étapes, celles qui le conduisirent de son modeste foyer normand aux plus grands honneurs. Si ces étapes étaient ordinaires, après tout, la vie de Jacques Daviel resterait trop banale pour être intéressante ! Mais, nous le verrons, elle est au contraire fort aventureuse. Comme les plus remarquables de ses concitoyens issus, comme lui, d'une petite condition, il ne put atteindre son but qu'au travers d'incroyables vicissitudes. Sans doute l'étonnante diversité de ce siècle tint-elle à l'audace d'une jeunesse qui sut saisir les prémices d'une liberté qui s'annonçait. Tout un monde d'extraction modeste, féru de nouveauté, à la recherche de nouvelles voies, allait trouver l'occasion de s'affirmer et d'inventer. Daviel appartient à ce monde, dont sa vie illustre les profondes transformations, et dont la Révolution de 1789 constituera le terme, radical et violent, mais, tout compte fait, inévitable.

Suivre le parcours de Jacques Daviel, c'est voir s'affirmer une pratique chirurgicale authentique, enfin libérée d'une soumission humiliante aux très doctes médecins, et des attaches traditionnelles qui la liaient aux pratiques désuètes des barbiers-perruquiers. Les Félix, Mareschal, La Peyronie, Quesnay et La Martinière qui, pour certains, influenceront la carrière de Jacques Daviel donneront au métier de chirurgien ses lettres de noblesse, et la postérité inscrira leur nom à côté de ceux des Chirac, Fagon, d'Aquin, Cousinot et Vaultier, médecins de la Cour. L'ophtalmologie elle-même profitera de ce grand courant en s'individualisant et en devenant une discipline à part entière. On aurait été déçu que l'œil n'eût pu trouver une place de choix en ce Siècle des lumières.

PREMIÈRE PARTIE

L'obscure jeunesse d'un grand homme

Chapitre premier

LES VOIES MYSTÉRIEUSES DE LA VOCATION

À la naissance de Jacques Daviel, le 11 août 1693, la France traverse l'un des moments sombres de son histoire. La guerre de la ligue d'Augsbourg dure depuis cinq ans. Le royaume est confronté à l'une des plus vastes coalitions qu'il ait jamais connues. Les revers se sont accumulés à la suite de peu glorieux combats, et si un redressement se dessine, à Neerwinden, grâce à l'énergique maréchal de Luxembourg, cette victoire n'influence en rien la crise que subissent les Français. D'effroyables conditions atmosphériques détruisent les récoltes, la disette frappe les plus pauvres, la mortalité atteint un taux effrayant, surtout chez les enfants, par la contagion de fièvres éruptives plus ou moins identifiables qui trouvent des conditions favorables à leur flambée. Pendant l'hiver 1693-1694, « la France entière n'est qu'un [...] grand hôpital désolé et sans provisions [1] ».

Le village natal de Jacques, La Barre-en-Ouche, situé dans la région de Bernay, en Normandie, n'échappe pas à cette terrible règle. « En l'année mil six cent quatre-vingt-quatorze, il y eut beaucoup de mortalité, en sorte qu'il mourut pendant le cours de cette année presque le tiers du monde. Le flux et le pourpre étoient les maux qui régnoient. Et joint à cela une grande misère et pauvreté, parce que le bled fut fort cher valant douze à treize livres, mesure de ce lieu. Les pauvres devinrent comme des squelettes, et il parut en eux comme une espèce de famine, car ils ne pouvaient rassasier quant à la plupart ! Enfin cette année fut

1. Fénelon, *in* J. de Viguerie, *op. cit.*

fort difficile à passer pour les pauvres. La providence de Dieu agit lors qu'on y pense le moins. Les hommes passèrent d'une extrémité à l'autre, car l'on vit au mois d'aoust un si grand changement que le bled relâcha de prix tout d'un coup en sorte qu'après l'aoust et l'année s'ensuivant il ne valut que vingt-six sols le boisseau ; l'on vit alors les personnes qui avoient pâti devenir tout bouffis lorsqu'ils reprirent nourriture, en sorte qu'on les déconnoissoit ; beaucoup ne laissèrent pas d'en mourir, parce que la nature étoit trop affaiblie ; depuis ce temps-là, les fièvres pourprées ont beaucoup régné, et il ne s'est point trouvé de maladie où il n'y en ait eu ; en ce temps la guerre ravageoit tout en Flandre, en Allemagne, en Savoye et en plusieurs autres endroits. La jeunesse n'étoit pas en sûreté parce qu'on les prenoit de force, et on levoit de la milice par toutes les paroisses du Royaume. Ce qui a désolé beaucoup de familles [2]. » Dans ce village atteint par la rigueur des temps, la famille Daviel jouit d'une relative aisance. D'origine paysanne, né au Tilleul-en-Ouche, un petit bourg voisin, le grand-père Daviel est le premier membre de la tribu à avoir quitté la terre. Il a bénéficié du courant qui, après de longs débats, a finalement contraint les curés à veiller non seulement à la présence d'une école dans les villages, mais encore à ce que celle-ci remplisse son rôle d'alphabétisation, malgré les avis d'hommes éclairés qui, comme Colbert, pensaient que l'instruction risquait de ruiner l'agriculture et le commerce [3]. Le grand-père Daviel, d'abord sergent, c'est-à-dire agent de signification des actes et d'exécution des sentences, puis greffier, témoin « solennel » des actes de procédure, s'est établi à La Barre comme notaire ou, plus exactement, comme tabellion. Bien que les fonctions de notaire et de tabellion tendent alors à se confondre, la nuance est encore sensible en cette fin de XVIIe siècle entre celui qui reçoit les actes, en délivre les minutes, et celui qui se limite à les mettre à la grosse [4]. Dans une société où ceux qui savent lire et écrire se distinguent du reste des mortels dont ils gèrent les affaires, les nuances hiérarchiques sont fort importantes.

Poursuivant l'ascension sociale entamée par leur père, les trois fils du tabellion entrent dans la carrière : l'un devient sergent à Conches-en-Ouche, le deuxième, tabellion à La Ferrière-sur-Risle, petit village distant d'une dizaine de kilomètres de La Barre. Quant à Pierre, le futur père de Jacques, il sait écrire les contrats et les garde-notes dès l'âge de quatorze ans, et, à la naissance de son fils Jacques, il est tabellion royal

2. Registre paroissial de La Barre-en-Ouche *in* V. E. Veuclin, *J. Daviel et sa famille*, Bernay, 1891.

3. F. Bluche, *Dictionnaire du Grand Siècle*, Paris, Fayard, 1990.

4. La grosse correspond à l'expédition d'un acte, généralement rédigé en caractères plus gros que ceux de la minute.

à La Barre-en-Ouche. Sur les cartes de l'époque, La Barre occupe une honorable position à la croisée des chemins unissant Bernay et L'Aigle, Breteuil et Broglie, dans cette campagne mollement vallonnée qui s'étend à l'ouest d'Évreux. Lieu d'emplettes et d'échanges, suffisamment animé par le passage des chalands pour que puisse y vivre un tabellion, le petit bourg compte alors un peu plus de cinquante foyers, soit quelques centaines d'habitants regroupés dans des maisons basses à colombage, essentiellement réparties de chaque côté d'une rue principale sans fantaisie, sur laquelle se greffent une place de dimensions modestes et quelques ruelles latérales qui rejoignent la petite église Saint-André. Dans ce village aux quatre paroisses, que domine le seigneur de La Noé de La Barre, les Daviel bénéficient d'une notoriété de bon aloi, forgée dans la région par les compétences éprouvées de deux générations de tabellions.

Pourtant, cette notoriété même n'est pas sans susciter jalousies et conflits. Un procès va en effet opposer Louis de La Noé, seigneur de La Barre, et François Rivière, tailleur d'habits, à la famille Daviel. Les motifs d'accusations à l'égard de celle-ci sont graves, et il semble qu'ils aient été formulés à la suite d'une longue confrontation d'intérêts sur l'ensemble du territoire contrôlé par ledit seigneur. Les tabellions y réglaient les affaires de très nombreuses familles, et il apparaît que leur complicité parentale les a conduits à prendre quelques libertés avec la loi. C'est tout d'abord une longue et violente querelle, née en 1693, l'année de la naissance de Jacques, qui va se prolonger en 1700 par un procès intenté à Pierre Daviel, le père, et à ses fils Pierre, Jean et François, et dont les conclusions ne seront tenues qu'en 1703. Toute la famille des tabellions est mise en cause. Ses membres sont accusés non seulement de concussion, de prévarication, de malversation et d'exaction, mais aussi de complicité de fabrication et d'exposition de fausse monnaie. L'accusation est lourde et infamante. Le sieur de La Noé et François Rivière recrutent des plaignants et appellent à la délation tous ceux qui peuvent reprocher à l'un ou à l'autre des notaires « d'avoir exigé des sommes considérables pour la délivrance des grosses d'un contrat », ou d'avoir « reçu une plus grande somme que celle qui était marquée au bas de la grosse d'un contrat qu'il leur délivrait », ou encore d'avoir « exercé la fonction de notaire en dépit d'une interdiction d'exercer sur les lieux par les juges ». Ils engagent en outre la population à dénoncer le fait qu'on ait pu dresser un acte en une paroisse différente de celle qui est signalée et qu'on ait remplacé le nom du fils non habilité en ce lieu par le nom de son père. Enfin, ils font appel à « ceux ou celles qui savent que les quidams ayant de *complicité avec plusieurs autres fabriqué et exposé de la fausse monnaie* [...]. Qu'un de ces complices et criminels de fabrication et exposition de fausse monnaie ayant été arrêté au bourg de La Barre un *de ces quidams le tira de force et de violence des mains de ceux qui l'avaient arrêté* », etc. En quelques années, un conflit de plaideurs s'est transformé en une affaire criminelle qui parvient logiquement devant le lieutenant général du bailliage d'Évreux en la vicomté de Beaumont-le-Roger.

À lire l'écriture pressée des greffiers pendant les interrogatoires des très nombreux témoins sollicités, on revit les étapes de cette troublante affaire : l'acharnement qui conduit le sieur de La Noé à intimider les notaires et leurs partisans par tous les moyens mis à sa disposition, y compris les dragons du roi, et celui de son compère, le tailleur d'habits, qui obtient l'autorisation de faire afficher une « lettre monitoire » qui, sous peine de sanctions ecclésiastiques, engage les fidèles à révéler au juge séculier ce qui pourrait éclairer la justice sur des faits criminels énumérés avec délectation. De leur côté les Daviel, cherchant des protections, accumulent les témoignages de bonne conduite, parmi lesquels ceux des curés N. Le Roux et J. Levavasseur. Les notaires Pierre père et fils sont par eux reconnus « pour honnestes et personnes de probité et d'expérience et que dans leur exercice ils se sont sagement et justement comportés, n'ont rien exigé mal à propos et au-delà de ce qu'ils ont marqué au pied des actes qu'ils ont passés et délivrés à nous tant à nous qu'aux personnes de nos églises et ont toujours fait quelques remises et aux habitants de nos paroisses autant que nous en avons de connoissance, n'ayant entendu aucune plainte d'eux en foy de quoi nous leur avons délivré la présente attestation pour leur valoir et servir qu'il appartiendra ». Ces témoignages favorables ne permettent cependant pas d'échapper au procès qui se prépare. En 1701, les accusés sont incarcérés dans la prison royale de Beaumont-le-Roger, à une vingtaine de kilomètres de La Barre. Ils y resteront deux ans, jusqu'à la fin de l'interminable procès que leur intentent La Noé et Rivière. Précisons qu'alors la prison n'était pas une peine, du moins dans les prisons royales de droit commun. Elle était seulement considérée comme « une garde des prisonniers » pendant la durée du procès. Les conditions de vie y étaient certes fort variables, mais dans l'ensemble on pouvait y aménager son confort, à condition, bien sûr, d'en payer le prix au geôlier. Compte tenu de ce que l'on sait de la situation des Daviel, on peut penser qu'ils avaient les moyens d'y pourvoir, mais que l'arrêt de leurs affaires dut avoir de sérieuses conséquences sur l'établissement de la famille. Le jugement n'est rendu que le 3 janvier 1703. Ses conclusions sont accablantes. Elles concernent principalement Pierre Daviel fils, le père de Jacques. Il est déclaré coupable de concussion, de prévarication et d'exaction. Il est condamné à 20 livres d'amende envers le roi et banni de la province de Normandie pour trois ans. Il est suspendu pour toujours des charges de la fonction publique, que ce soit en qualité de clerc, de commis ou de maître. Pierre Daviel père est déclaré coupable de malversation et de prévarication. Il est condamné à 10 livres d'amende et est suspendu pour toujours de ses charges de la fonction publique. Ses fils Jean et François sont respectivement condamnés à 100 sols et 75 d'amende et suspendus pour trois ans et un an.

On imagine la stupeur des notaires à l'énoncé de cette terrible sentence. Sans doute s'y mêle-t-il un sentiment de rage, si celle-ci a été largement et injustement soumise à la pression du seigneur de La Barre qui avait juré de les écarter de son chemin, hypothèse assez vraisemblable. Stupeur non pas liée au coût des amendes de chacun, relativement peu élevé, dans leur condition, non plus qu'à l'énoncé du bannissement temporaire qui était alors considéré comme la peine la plus douce dans une telle affaire, mais à la suppression du droit d'être désormais notaires, à perpétuité pour Pierre Daviel père et fils, et temporairement pour Jean et François. C'était signifier à la fois qu'ils étaient « déchus de ce qui est fondé sur la réputation et sur l'honneur » (Bluche), donc marqués d'infamie, et de surcroît condamnés à choisir d'autres moyens d'existence. En d'autres termes, c'était les ruiner, et nous en verrons les conséquences. Seul François, le moins marqué par les décisions du tribunal, retrouvera ses fonctions de sergent royal à Saint-Ouen-de-Mancelles et saura perpétuer la tradition des tabellions. Mais à La Barre-en-Ouche, Louis de La Noé avait incontestablement réussi à chasser les Daviel dont il avait juré la perte. Sans doute en fut-il satisfait, même s'il dut regretter en compagnie de François Rivière que le crime de fabrication et d'exposition de fausse monnaie n'ait pas été porté au compte des Daviel. Ils durent se contenter d'une condamnation par contumace de celui qu'ils avaient voulu rendre complice des notaires, pour les mêmes délits, ledit Aubril, à cinq livres d'amende envers le roi, ce qui est peu de chose, mais surtout « à servir forçat à perpétuité dans les galères de Sa Majesté, ses biens confisqués au Roy auquel il appartiendra, et d'autant que le présent jugement ne pourra être exécuté sur cedit Aubril [...] ordonne qu'il sera inscrit sur un tableau, lequel sera attaché à une potence à la place publique de ce lieu par l'exécuteur des sentences criminelles ». Les Daviel ont dû apprécier de n'être pas associés à cette décision qui correspondait, en ce temps-là, à une véritable condamnation à mort ou tout au moins à l'équivalent d'une « mort civile » toujours associée à de telles peines. Ce soulagement dut leur faire écouter plus distraitement, même s'il devait leur en coûter, la fin des conclusions du tribunal : « Pierre Daviel fils est condamné à moitié des dépenses du Procès, Pierre Daviel père, Jean et François Daviel ses enfants et Aubril, condamnés à l'autre moitié des dépenses par égales portions de tous lesquelles dépenses nous avons les Daviel et les Aubril déclarés solidairement redevables envers les partys et familles auxquelles nous avons adjugé les dépenses (encourues)... » On accordait à Louise (Élisabeth) Nicolas, la femme de Pierre Daviel fils, la mère de Jacques, la possibilité d'apporter sa « contestation » sous huit jours après la publication de la présente sentence, contestation dont il n'est pas fait mention dans le dossier, et Pierre Daviel fils se voyait accorder, dès sa sortie de prison, « un mois pour vaquer à ses affaires après lequel il sera tenu de garder son banni... », c'est-à-dire de quitter la Normandie pour trois ans.

Les Daviel avaient perdu le long combat que le seigneur de La Noé et Rivière avaient engagé contre eux, et par la même occasion leur métier et une grande part de leur fortune. Ils étaient en outre déshonorés, et l'infamie qui désormais s'associait à leur nom constituait, pour ces notables de La Barre, la pire des déchéances. Sans doute est-il juste d'en réduire la portée réelle dans le sentiment que devait partager une grande part de la population de leur village qui n'ignorait pas la scandaleuse pression du tout-puissant La Noé dans cette affaire et l'habituelle défaite du roturier face au seigneur. Toutefois, il n'était pas simple de faire oublier qu'on avait été accusé de malversation, cette inadmissible faute dans l'exercice d'une honorable fonction publique, de concussion, et d'exaction qui sous-entendait qu'on s'était malhonnêtement enrichi. Que de rumeurs dans le village et dans les vicomtés voisines où le malheur des Daviel était devenu le sujet chuchoté, commenté, justifié ou regretté. Il était encore moins facile de préparer sa famille à la pauvreté, bien évidemment aggravée par la dette qu'il fallait payer et l'impossibilité de travailler, et surtout l'obligation de se séparer. Le père de Jacques, sur lequel les soupçons les plus grands et la condamnation la plus lourde avaient été retenus, devait quitter sa famille. Élisabeth serait seule pendant trois ans pour élever sa fille et ses deux garçons. Richard, le cadet, était mort pendant le procès alors que son père Pierre était à Beaumont... Qu'allait-elle devenir avec ses enfants en attendant le retour de Pierre ? Certes, la famille, éprouvée en commun, saurait serrer les rangs, mais quel destin réserver à Jacques et à François encore si jeunes et qu'on vouait, jusqu'à présent, au notariat. Serait-ce possible désormais sur de tels décombres ?

François n'avait que sept ans et peut-être ne se rendit-il pas compte du départ de son père. Jacques avait dix ans, et rien ne lui avait vraiment échappé du désastre de sa famille. Il n'avait pas compris le sens exact de ce que l'on reprochait à celle-ci, mais il en avait rapidement perçu les conséquences. Il avait aussi compris que son père devait quitter La Barre-en-Ouche pour trois ans et changer de métier, mais il ignorait qu'il ne le reverrait jamais. Pierre Daviel est probablement mort en 1707. Cette nouvelle épreuve chargeait Élisabeth de la responsabilité exclusive de ses enfants, de leur éducation.

Petit-fils, fils et neveu de tabellion, Jacques enfant avait devant lui une carrière toute tracée. Mais la catastrophe survenue à sa famille changea le cours de son destin. Comment embrasser un métier dans lequel votre propre père a été reconnu coupable de malversation, d'exaction et de concussion ? Comment faire oublier la faute d'un père, lorsque le succès dépend plus de la réputation que de la compétence et de la valeur réelles ? Comment affronter la dispersion de la famille, la pauvreté soudaine, les rumeurs à votre passage ? Après la mort de son père, renonçant à l'enseignement du collège, Jacques choisit l'apprentissage rapide d'un métier qui réclamait plus d'initiation pratique que d'exigences éducatives, peu glorieux, certes, mais capable de le faire vivre et de subvenir aux besoins de sa mère veuve. À quatorze ans, il part pour Rouen, deuxième ville du royaume, où son oncle maternel Sallou est chirurgien. À défaut de pouvoir suivre la voie tracée par ses ancêtres paternels, le voilà prêt à affronter les vicissitudes de la vie d'apprenti chirurgien. Doit-on regretter les malheureuses circonstances qui lui imposèrent ce choix et qui furent à l'origine d'une magnifique carrière ? Les exemples sont nombreux d'illustres personnages ayant découvert leur vocation dans un métier qu'ils avaient adopté par hasard plutôt qu'ils ne l'avaient choisi. Les voies de la vocation sont impénétrables...

Chapitre II

OÙ L'ON APPREND LA DIFFÉRENCE ENTRE UN ABCÈS ET UNE TISANE

Quelle différence y a-t-il entre celui qui incise un abcès et celui qui administre une tisane ? Tous deux soignent, viennent en l'aide à l'autre, souhaitent le guérir. Mais le premier agit, tandis que l'autre pense et dicte. L'homme aux mains souillées par les humeurs des autres ne peut ressembler à celui qui a appris à raisonner en latin et à formuler des ordonnances. En cette fin de XVIIe siècle, le médecin, homme de culture, est fier de sa condition et considère le chirurgien comme un subalterne parfois utile. Ce dernier, d'ailleurs, « vient de bien bas [1] ». Souvent de très petite condition, il est encore confondu avec le barbier-perruquier. Tout au plus peut-on lui confier les saignées et les clystères ordonnés. Tout au plus peut-on le laisser « exercer » dans les campagnes. Mais, tandis que le médecin garde ses distances, accorde plus de place au discours qu'à l'action, le chirurgien, lui, ne ménage pas sa peine, demeure très proche de ceux qui souffrent et commence ainsi à gagner la reconnaissance des malades en même temps qu'il prend conscience de sa valeur et de ses responsabilités. Tout le XVIIe siècle est émaillé de conflits entre médecins et chirurgiens. Ainsi ces derniers s'enthousiasment-ils pour les travaux de Harvey sur la circulation du sang, tandis que la Faculté crie bien fort sa désapprobation. Dans ce cas particulier, le roi lui-même tranchera en faveur des chirurgiens et de

1. F. Bluche, *op. cit.*

Harvey [1]. Mais, en général, la lutte est fort inégale. La Faculté supporte mal l'empiétement insidieux d'un pragmatisme chirurgical de plus en plus pertinent sur le territoire sacré de ses connaissances. Elle voit là une atteinte insupportable à sa position et oppose une résistance acharnée au désir des chirurgiens d'obtenir un statut particulier. En 1660, après un interminable procès, le parlement de Paris n'a-t-il pas fait « inhibition et défenses auxdits chirurgiens-barbiers de prendre la qualité de bacheliers, licenciés, docteurs et collège, mais seulement celles d'aspirants, maîtres et communauté, comme aussi de faire aucune lecture et actes publics » ? D'un point de vue institutionnel, il en sera ainsi jusqu'à la Révolution.

Cependant, si le corps des chirurgiens demeure fort hétérogène à travers le royaume, si les plus nombreux restent les serviteurs anonymes du « petit exercice », certains savent monnayer leurs talents auprès des princes, des favoris et des courtisanes. En 1686, un événement majeur consacre à la Cour l'utilité des chirurgiens. Félix, le premier chirurgien de Sa Majesté, réussit l'opération de la fistule royale. Ce « mal fâcheux », qui avait mis à mal l'anus du roi pendant presque une année, disparaît d'une façon jugée miraculeuse après tant de mois de souffrance. Le succès est d'autant plus grand que Félix avait suggéré cette solution chirurgicale dès les premières semaines de l'évolution du mal. Après avis de ses médecins, le roi ne s'y était pas résigné, mais il dut constater à ses dépens l'inefficacité de tous les remèdes que ces derniers lui avaient proposés. À bout de ressources, le royal patient avait fini par accepter l'opération [2]. Il témoigna d'un vrai courage pendant que Félix démontrait son talent, sous le regard inquiet de Mme de Maintenon et sans anesthésie. Précisons que Félix avait habilement consacré le temps de réflexion du roi à perfectionner sa méthode et à s'entraîner sur de nombreux fistuleux ; il avait été jusqu'à mettre au point un bistouri courbe « à la royale » et des écarteurs spéciaux fort impressionnants [3].

Le retentissement de ce geste sur l'auguste personne du roi fut extraordinaire. Il démontrait de façon spectaculaire que la réflexion scientifique pouvait animer ces artisans chirurgiens au point de les hisser au premier rang d'efficaces thérapeutes. C'est qu'à la suite d'Ambroise Paré, précurseur fameux, une véritable pensée chirurgicale s'était imposée, qui se voulait bien différente de l'empirique savoir-faire des barbiers. Et les champs de bataille, hélas nombreux pendant le règne

1. Pierre Dionis, chirurgien de la reine, fut chargé en 1673 de l'enseignement de la circulation au Jardin du roi. Il se vit accorder dans le même temps la responsabilité des dissections anatomiques.

2. J. Denis, *La Fistule de Louis XIV*, une fistule aux effets secondaires surprenants, Gastro à la une, Éd. Beaufour n° 6, 1997

3. On peut les voir au musée de l'Histoire de la médecine.

de Louis XIV, constituent pour les chirurgiens une riche école. Guérir les plaies ouvertes au cours des combats, traiter les effroyables fractures consécutives aux bombardements d'artillerie, fermer un abdomen ouvert suppose des connaissances de plus en plus précises d'anatomie, « la première de toutes les sciences » selon Ambroise Paré. Le développement de la pensée chirurgicale repose alors en grande partie sur l'avancée des connaissances anatomiques, et, sur ce terrain, le combat entre médecins et chirurgiens est véhément. Si les chirurgiens sont en effet de fervents adeptes de la dissection, qui représente selon eux « une pitié très grande que l'on exerce pour la santé des vivants », les médecins ne voient longtemps en elle que « cruauté envers les morts ». La question n'est pas neuve. Pendant trois millénaires, les embaumeurs égyptiens ont éviscéré les corps des morts, à vrai dire dans un souci métaphysique et non d'enseignement. Trois siècles avant Jésus-Christ, l'école d'Alexandrie a tenté d'établir l'inventaire des organes et des viscères de l'homme en favorisant la dissection des cadavres. Mais la postérité chrétienne condamne la dissection jusqu'à la Renaissance et étouffe délibérément les illustres travaux d'anatomie des Arabes du Moyen Âge qui ne seront connus que beaucoup plus tard. Abritant leurs certitudes derrière la doctrine de Galien (dont les théories plus spéculatives qu'objectives ne pouvaient froisser les clercs de l'Église) qui ne pouvait se tromper, l'Église comme la Faculté négligeront les apports objectifs de l'anatomie et l'interdiront. « Il faut se contenter de cadavres animaux qui, eux, n'ont pas d'âmes », recommande le pape Boniface VIII dès 1300, qui ajoute : « Ceux qui veulent enfreindre cette loi le font au péril de leur vie. » Il faudra attendre que Vésale, s'opposant à son archaïque maître Sylvius, alias Jacques Dubois, s'affranchisse des interdits au péril de sa vie pour que l'anatomie soit enfin considérée comme l'un des plus sûrs moyens de pénétrer les secrets du corps humain. En 1543, il publie son immortel ouvrage de six cent soixante-trois pages, *De corporis humani fabrica libri septem*, comprenant trois cents planches anatomiques admirables, dessinées selon toute probabilité par son ami Jean Calvar, élève de Titien. Vésale y réfute un nombre considérable de fausses idées généralement admises et enseignées, même si, faute d'avoir pu disposer de cadavres féminins en nombre suffisant, il commet à son tour quelques erreurs. Mais les médecins n'ont pas dit leur dernier mot. À défaut de pouvoir s'opposer plus longtemps à cette dangereuse pratique, ils s'octroient en 1632 l'exclusivité de la dissection des cadavres, c'est-à-dire de ceux des suppliciés, les seuls dont on peut légalement disposer. Par leur opposition obstinée, par un recours abusif aux interdits de la Faculté et de l'Église, les médecins poussent à l'illégalité les apprentis chirurgiens, obligés de recourir à un marché parallèle de cadavres.

Mais, avec l'aide du prince, excédé par l'immobilisme des médecins et lassé de leurs drogues au point de s'en méfier, ne devient-il pas possible de forcer la main de la Faculté ? En 1691, un premier pas est franchi. Sanctionnant une véritable prise en considération de la chirurgie, un édit royal établit les différences entre les fonctions de barbier et celles de chirurgien. Les barbiers pourront saigner, arracher les dents, rebouter, panser les plaies et rectifier les fractures. Les chirurgiens pourront trancher les membres gangrenés, drainer les abcès, ouvrir les ventres, inciser les veines, etc. Se séparant des pratiques des barbiers, la chirurgie tend à devenir une discipline médicale.

En 1707, l'année même de l'arrivée de Jacques à Rouen, le roi, par l'édit de Marly, bouleverse l'enseignement de la médecine. Les études devront désormais durer trois ans, et un examen en sanctionnera le cycle complet. Le roi souhaite uniformiser l'enseignement des universités et inspirer en leur sein une voie de réformes importantes. Parmi celles-ci, l'introduction de cours d'anatomie et de dissection, trop timidement inscrits dans les programmes d'enseignement, signe la victoire des chirurgiens. L'article 22 de l'édit de Marly fait obligation aux étudiants en médecine « d'assister au cours d'anatomie » et, pour lever les difficultés juridiques et religieuses s'y référant [1], introduit l'article 24 qui « enjoint aux magistrats et aux directeurs des hôpitaux de faire fournir des cadavres aux professeurs pour faire les démonstrations d'anatomie, pour enseigner les opérations de chirurgie ». Ces articles ne font que confirmer l'intérêt que porte depuis longtemps l'autorité royale à l'enseignement chirurgical. Décision réaliste, qui tient compte des progrès enregistrés par cette discipline, mais aussi projet ambitieux. Quelles facultés en effet sont en 1707 capables de répondre à ces objectifs ? Écrasées par la toute-puissante faculté de Montpellier, toutes sont notoirement déficientes. La seule ville universitaire de Normandie, Caen, ne sera pourvue d'une chaire d'anatomie qu'en... 1780, et si quelques autorisations de démonstrations anatomiques sont délivrées à l'hôtel-Dieu de Rouen, aucun enseignement digne de ce nom ne peut être suivi dans cette ville autrefois brillante, mais alors en plein déclin. Non. Rouen ne peut être qu'une courte étape. Pour saisir sa chance, pour profiter des récentes décisions royales qui pour la première fois ouvrent une véritable carrière aux chirurgiens, il faut gagner Paris.

1. G. Antonetti, *in* F. Bluche, *op. cit.*

Chapitre III

OÙ JACQUES RENCONTRE À LA FOIS LE MALADE, LE MOURANT ET LE MORT

Paris, capitale intellectuelle de l'Europe, objet de toutes les attentions du grand roi, ville sans murailles, traversée par d'immenses boulevards boisés, rythmés d'arcs glorieux. Paris, où « tant de science, de goût, de talents, de courtoisie, de curiosité, de civilité unique au monde » se concentrent [1]. Paris, la plus fameuse cité du monde, peuplée de cinq cent trente mille habitants, et pourvue du plus grand Hôpital du royaume, l'Hôtel-Dieu, où plus de cinq mille malades meurent chaque année !

Pierre Boudou, futur maître chirurgien de ce grand hôpital et ami de l'oncle Sallou, se porte garant de l'apprentissage de Jacques. Comme la plupart des apprentis chirurgiens, notre héros est logé à l'Hôtel-Dieu même, dans l'une de ces étroites petites maisons à deux ou trois étages, aux façades à colombage, acquises par l'hôpital au gré d'achats ou de successions, et blotties dans la ruelle en cul-de-sac qui court parallèlement à la rue Neuve-Notre-Dame. Voici Jacques installé au cœur de l'île de la Cité, allongée en navette entre les deux bras de la Seine, reliée au reste du grand Paris par ses ponts surchargés de boutiques et de maisons où d'étroits guichets filtrent ses visiteurs, mais qu'anime pourtant une population bruyante et achalandée. C'est alors l'un des quartiers les plus pittoresques de Paris, et l'un des plus commerçants. Une grande fébrilité y règne tout au long du jour, avec ses encombrements de chaises

1. F. Bluche, *op. cit.*

à porteurs, de fiacres, de carrosses. La foule y est plus criarde, plus pressée, plus impatiente qu'à Rouen, brassant à l'envi les senteurs des étalages qu'on frôle à chaque mouvement et celles des eaux usées, entre les pavés disjoints. Rien toutefois n'y est plus impressionnant que la découverte soudaine, au détour de la rue du Marché-Pallu, de Notre-Dame. À peine avez-vous quitté le Petit Pont et les façades gothiques de la chapelle Sainte-Agnès, vestiges du vieil Hôtel-Dieu, que la cathédrale semble venir à votre rencontre. Encastrée entre les basses maisons de la rue Neuve-Notre-Dame et de la rue Saint-Christophe, elle se dresse, hissée sur ses marches, si proche, si majestueuse avec ses deux tours et ses trois porches qu'elle semble s'élancer vers un trou de ciel qu'elle se réserve entre les demeures pressées à ses pieds et l'Hôtel-Dieu qui pose sur la rive sud de l'île sa masse imposante. Sur le parvis se croisent les fidèles qui entrent ou sortent de la cathédrale puis, leurs devoirs accomplis, retrouvent avec plaisir les boutiquiers des rues de la Lanterne, de la Juiverie, du Haut-Moulin, des Marmousets, de Saint-Pierre-aux-Bœufs. La maison de Dieu, l'hôpital, a précédé de longtemps la construction de la cathédrale, mais il n'a trouvé sa véritable dimension qu'à l'ombre de celle-ci. Entre le pont au Double et le Petit Pont se sont agglutinés, au gré des acquisitions, des héritages, des vœux des évêques et des rois, les bâtiments hétéroclites qui se sont ajoutés au fil des ans et constituent à présent le grand hôpital.

L'ancien hôpital, confiné sur l'étroite surface de l'île, était incapable de répondre aux nécessités des épidémies, hélas fréquentes. Aussi avait-on décidé, au début du siècle, de transporter une part de ses activités sur la rive gauche de la Seine. Tout en diversifiant les lieux d'hospitalisation et en leur attribuant une « spécialisation », cette extension permettait de porter la capacité de l'hôpital à plus de mille huit cents lits. L'architecte Gamard avait donc construit sur la rive gauche une aile nouvelle, qui abrita la salle Saint-Charles, et *sur* le pont au Double une salle supplémentaire, la salle du Rosaire, haute d'un étage et surmontée d'un grand toit et d'un clocheton central. On la découvrait depuis l'Archevêché comme une surélévation harmonieuse, surplombant les trois arches voûtées du pont. Un étroit passage unissait ainsi le parvis à la rue de la Bûcherie que les usagers de l'Hôtel-Dieu pouvaient emprunter librement, mais que les chalands ne pouvaient franchir sans payer un double. À l'arrivée de Jacques, en 1708, la partie la plus moderne de l'Hôtel-Dieu se situe donc sur la rive gauche, rue de la Bûcherie. Gamard y avait placé une porte monumentale par laquelle on pénétrait dans l'hôpital. La petite place qui l'entourait permettait d'en apprécier l'importance. Pour faciliter les relations entre les deux corps de bâtiment situés désormais de part et d'autre du bras sud de la Seine, on avait construit un autre pont, entre le pont au Double et le Petit Pont, qui reliait l'ancien hôpital à la moderne salle Saint-Charles. Il portait une galerie couverte, constamment traversée par les malades, les sœurs, les garçons de peine et les médecins.

Les capacités d'accueil de l'hôpital étaient considérables pour l'époque. Deux mille malades pouvaient y être hébergés, dans des conditions difficiles à imaginer aujourd'hui. Alignés dans d'immenses salles voûtées, de grands lits à baldaquin pouvaient recevoir jusqu'à six malades. Des lits moyens étaient destinés à deux ou trois malades, et certains petits lits n'accueillaient qu'un patient. Chaque lit était entouré en hiver de rideaux de serge rouge et en été de toile blanche, afin de masquer partiellement leurs occupants aux regards. Ainsi, dans cette promiscuité, rencontrait-on à la fois « le malade, le mourant et le mort ».

En plus des malades dirigés depuis l'Hôpital général, on accueillait à l'Hôtel-Dieu les enfants malades, les gardes-françaises, les accidentés et les femmes enceintes. Il était d'ailleurs une véritable pépinière de sages-femmes. Sa maternité était la seule école d'obstétrique, non seulement de France mais même d'Europe. Si cent vingt sœurs augustines se dévouaient aux soins de l'ensemble des patients, le corps des médecins responsables était extrêmement réduit : six au total, qui déléguaient aux chirurgiens, une soixantaine exerçant à temps partiel, une grande part de leur fonction. Les apprentis chirurgiens, dont Jacques faisait partie, étaient confiés à des compagnons dont le rêve unique consistait à franchir les étapes hiérarchisées de la profession. Une fois achevé leur compagnonnage, ils pouvaient espérer passer « gagnant maîtrise », sorte de chef de clinique d'aujourd'hui, puis premier chirurgien, et enfin chirurgien juré de Paris.

L'apprentissage commençait par la saignée, acte essentiel de ce temps, qui consistait à ouvrir une veine pour évacuer volontairement une assez grande quantité de sang. Son principe reposait sur l'idée que, de mauvaises humeurs ayant corrompu le sang, il suffisait de les extraire pour que le patient recouvrât la santé. On saignait à tout propos. Geste le plus commun du chirurgien, il était aussi le plus habituel du barbier auquel le médecin l'ordonnait. On saignait plus volontiers le matin que le soir, quoique, à l'Hôtel-Dieu, on apprît aux aides-chirurgiens à pratiquer la saignée après le dîner, à 11 heures, et après le souper, à 18 heures. Il s'agissait de manier avec dextérité la lancette que l'on appliquait au pli du coude, au pied ou à la veine angulaire du cou, puis de tenir horizontalement la palette d'étain qui recevait le sang. La tâche n'était pas si simple. Le grand Félix lui-même n'avait-il pas malencontreusement piqué le nerf de son royal patient en le saignant ?

Outre la saignée, l'apprenti chirurgien s'exerçait à l'hémostase, au cautère ou à la ligature, à l'anesthésie par l'ivresse (au vin chaud), si rarement utilisée car les malades « savent supporter » la douleur, à la science des pansements, c'est-à-dire à l'usage de la charpie, des onguents, du baume du Pérou, de l'eau de Dalibour. Le traitement des fractures, les machines à les réduire, l'art de rigidifier les bandages de contention avec des attelles et du blanc d'œuf occupaient une grande place. Mais aussi l'art des paracentèses, de la taille, de la cure des fistules, celui de l'amputation de la cuisse et du bras, voire celui de la trépanation. On enseignait également ce que l'on savait sur le traitement des tumeurs et sur l'infection, c'est-à-dire bien peu [1].

Mais pour Jacques, rompu à bon nombre de ces pratiques grâce à l'expérience acquise auprès de l'oncle Sallou, le grand attrait de l'enseignement dispensé à l'Hôtel-Dieu résidait bien dans la possibilité d'apprendre l'anatomie. La grande fréquentation de l'hôpital fournissait aux médecins non moins de douze décès par jour. Parmi ceux qui rejoignaient la salle des morts, il s'en trouvait toujours quelques-uns, indigents ou anonymes, qui pouvaient être soumis sans souci à la dissection. Dans ce domaine essentiel, les récentes réformes royales avaient fait leur œuvre. Tout était désormais réglementé dans la maison. Les dissections se faisaient sous l'autorité des maîtres chirurgiens, entre la Toussaint et les Rameaux, entre 8 et 11 heures du matin, et devaient être réalisées par le compagnon en présence des apprentis. Les démonstrations d'anatomie, quant à elles, se faisaient l'après-midi entre 14 et 15 heures. Elles étaient assurées par le chirurgien ou par le « gagnant maîtrise ».

Ainsi les odeurs immondes, écœurantes et fades de la morgue furent-elles les plus sûres compagnes de Jacques durant sa première année dans la plus grande cité du monde. Et, avec elles, le spectacle quotidien de la mort dans ces vastes salles où agonise, parmi les valides, parfois dans leur lit même, un pauvre bougre dont on ne sait rien, dont on ne saura rien si ce n'est l'agencement de ses viscères. Et, avec elles encore, la souffrance des hommes, leur courage devant la douleur lorsque le fer rouge brûle leurs plaies purulentes, lorsque le bistouri tranche leur chair à vif et que trois forts gaillards les entravent sur leur lit afin qu'ils ne fuient pas. Bien plus tard, Tenon[2] décrira encore l'ambiance de ces salles, leur promiscuité, avec un certain effroi : « Lorsqu'on entrouvre ces lits de souffrance, il en sort, comme d'un gouffre, des vapeurs humides, chaudes, qui s'élèvent, se répandent, épaississent l'air, lui donnent comme un corps si sensible que le matin en hiver on le voit s'entrouvrir à mesure qu'on le traverse et on ne le traverse point sans un dégoût, qu'il est impossible à surmonter. »

---

1. P. Dionis, *Cours d'opération de chirurgie démontrée au Jardin royal,* 1707, Paris.
2. J. Tenon, *Mémoires sur les Hôpitaux de Paris,* 1778.

Cependant, le plus difficile à surmonter pour Jacques en cette année 1709, ce n'est ni le dégoût ni l'effroi devant la douleur, pas plus que la morgue des médecins ou le sentiment de son impuissance devant la souffrance. Tout cela est compensé chez Jacques par une avidité à comprendre toujours plus, à connaître toujours mieux, au-delà de la fatigue, de l'écœurement du sang, des odeurs, de la mort. Non, le plus difficile à surmonter en cette année 1709, lorsqu'on a seize ans et l'ambition de devenir chirurgien, c'est son propre goût de l'aventure et l'irrésistible attirance des appels qui, au travers des événements graves que traverse la France, parviennent jusqu'à soi.

Chapitre IV

L'ENGAGEMENT NE FAIT PAS L'AVANCEMENT

En 1709, le maréchal de Villars pouvait écrire que « le malheur des peuples fut le salut du Royaume. Jamais on n'enrôla tant dans l'armée royale ». Celle-ci atteignit des effectifs supérieurs à quatre cent mille hommes. Les déserteurs ne quittaient plus les rangs, et la milice recrutait avec facilité ses combattants. C'est qu'en cette année maudite la situation était dramatique. Le pays sortait d'un hiver effroyable, « le grand hiver », celui où « le vin gela sur la table du Roi », où les épidémies décimèrent la population, où la disette fut terrible. Le prix du blé avait atteint une cote vertigineuse. À Paris, la colère avait grondé, et l'on s'était attaqué aux boulangeries pour réclamer du pain. Une foule désemparée s'était pressée aux portes du Bureau des pauvres. Les conditions de vie de Jacques avaient été à l'image de celles du petit peuple, particulièrement difficiles, même si l'hôpital avait bénéficié de quelque priorité. Cet accablement climatique et économique s'ajoutait aux désastres de la guerre de Succession d'Espagne. Celle-ci durait depuis sept ans déjà. Les efforts du roi pour soutenir la position de son petit-fils, Philippe V d'Espagne, s'étaient heurtés à une terrible coalition, et les revers s'étaient accumulés. Höchstädt, en 1704, avait été la première d'une longue série de défaites : Ramillies et Turin en 1706, Audenarde en 1708.

Le roi, opiniâtre combattant, n'en est pas moins sensible à cette durable infortune et décide de négocier. Il envoie à La Haye le marquis de Torcy avec une proposition de paix assortie de très grands sacrifices pour lui-même et Philippe V, mais compatibles avec l'honneur et certains de ses intérêts stratégiques. Torcy échoue. Non seulement la proposition est refusée, mais les ennemis de la France, conduits par les Hollandais, répondent par un ultimatum totalement inacceptable. Louis XIV est obligé de poursuivre la guerre. Il a besoin de toutes les forces du royaume, sollicite l'aide de ses sujets, leur lance un vibrant appel. Avec beaucoup d'adresse, il rappelle la nature des concessions qu'il a proposées à l'ennemi et s'indigne qu'en retour on lui ait offert « de joindre ses forces à celles de la Ligue (ses ennemis) et de contraindre le Roi son petit-fils à descendre du trône ». Il espère que les Français rejetteront, comme lui, « des conditions également contraires à la justice et à l'honneur du nom français ». Le miracle se produit. La France meurtrie écoute son roi. Cet « appel du 12 juin », comme le nomment, par analogie avec un autre célèbre appel de juin, nos historiens contemporains, réveille le royaume. De juin à octobre, les armées du roi retrouvent le chemin de la victoire. Le roi confie le commandement de l'armée des Flandres au maréchal de Villars. Celui-ci, quoique blessé, arrête Marlborough et le prince Eugène à Malplaquet le 11 septembre 1709, au prix d'une bataille particulièrement sanglante qui oblige l'ennemi à abandonner le champ de bataille et que le maréchal Foch dénommera « la bataille de la Marne de Villars ». Partout les armées du roi se ressaisissent. Une guerre de position s'installe sur tous les fronts.

Jacques répond à l'appel du roi. On ne recrute qu'à partir de seize ans, et il ne les aura que le 11 août. Mais on sait fermer les yeux sur un état civil encore bien imprécis et, la guerre aidant, on n'y regarde pas de si près. Sauf à la taille. Cinq pieds, deux pouces sont requis en temps de guerre. Un pouce de plus en temps de paix et deux pour entrer dans les gardes-françaises. Jacques mesure donc au moins 1,67 m.

On s'engage généralement pour trois ans, qui s'étirent en fait tant que dure la guerre. Mais on reçoit une prime d'engagement, qui peut expliquer en partie la décision de Jacques. Les conditions matérielles qui accompagnent sa vie à l'Hôtel-Dieu sont précaires, comme celles de beaucoup d'étudiants qui, en dehors de leurs heures de travail, assurent des petits métiers dont ils tirent un maigre revenu. Les bourses sont très rares. La terrible rudesse de l'hiver dernier a mis la résistance de Jacques à l'épreuve. L'opportunité ne lui est-elle d'ailleurs pas offerte de poursuivre ses études de chirurgie à l'armée ? Un édit royal du 17 janvier 1708 vient en effet de créer des « Offices de Médecins et de Chirurgiens des armées du Roi », en vérité un authentique service de santé des armées. Un corps d'exécution de cent médecins et de cent cinquante-neuf chirurgiens a été mis à la disposition des corps de troupes, sous la direction d'un corps d'inspection composé de quatre médecins et de huit chirurgiens. C'est offrir à de jeunes apprentis chirurgiens la possibilité d'assurer, au moindre coût sinon au moindre risque, leur formation auprès de chirurgiens-majors, dispersés dans les nombreux hôpitaux militaires étirés tout au long des frontières du nord-est de la France, ou auprès des chirurgiens de corps de troupes. C'est aussi l'occasion de pouvoir obtenir, après six ans de fonction militaire, une maîtrise autorisant à s'installer pour plein exercice dans toute ville du royaume, Paris excepté. En poursuivant ses études à l'Hôtel-Dieu, Jacques peut certes espérer obtenir en quelques années une maîtrise dans la communauté des chirurgiens parisiens. Mais il n'est pas certain qu'il dispose des moyens nécessaires à la poursuite de longues études, ni de l'indispensable protection d'un maître chirurgien. Pierre Boudou, son protecteur, n'est alors tout au plus que gagnant-maîtrise et non encore maître chirurgien. Dès lors, s'engager comme aide-chirurgien dans l'armée n'est qu'un moindre mal. C'est rejoindre un régiment, y assister un chirurgien-major sous les ordres duquel il sera possible d'apprendre toute la chirurgie, dans ses plus larges applications et avec le plus immédiat bénéfice. Puis le goût de l'aventure l'emporte. Un goût qui, nous le verrons, déterminera une grande part du destin de Jacques.

Son engagement a lieu à Versailles, devant le huitième Bureau, sur présentation d'une attestation du recteur et du maître chirurgien de l'Hôtel-Dieu. Il revêt un habit de bourgeois, gris d'épine avec col rabattu, des parements, une culotte écarlate et une veste aux boutons qui changeront au gré de ses affectations. Son uniforme n'est pas aussi clinquant que celui des régiments d'infanterie, progressivement recommandé par Louvois : garance du régiment suisse, bleu turquoise de l'allemand, rouge du corps wallon, mais c'est un uniforme sérieux, conforme à sa mission. Il aime son tricorne, qui le vieillit un peu et lui confère l'apparence d'un soldat.

Le voici aide-major régimentaire au régiment de Charolais, qu'il va suivre dans ses campagnes du Nord entre 1709 et 1712. Créé sous ce titre en 1692, ce régiment s'est illustré à Neerwinden en 1693, à Tortosa en 1708 et fait partie de l'armée du Dauphiné en 1709. Il gagne les Flandres en 1710 pour être mis en garnison au Quesnoy. Le Quesnoy possède un hôpital militaire de troisième ordre où sont hébergés les médecins-majors. C'est dans cet hôpital, il y a peu, que Mareschal, le premier chirurgien du roi, a été appelé en consultation afin de décider d'amputer ou non le maréchal de Villars, gravement blessé lors de la bataille de Malplaquet. Cette consultation permit de sauver la jambe du maréchal. Malplaquet fit onze mille tués et blessés chez les Français et dix-neuf mille chez les alliés. Longtemps après cette terrible bataille, beaucoup des survivants sont encore répartis dans les nombreux hôpitaux militaires de la région. C'est ainsi que certains sont traités au Quesnoy par notre jeune aide-chirurgien. On y confirme sa présence le 10 juin de l'année 1712. Sans doute participe-t-il alors à la défense de cette belle ville fortifiée dont Vauban, mort depuis peu, était si fier. Le Quesnoy se trouve assiégé, tandis que reprend l'offensive française qui va conduire à la victoire de Denain, cette revanche éclatante du maréchal de Villars qui, le 24 juillet, bouscule Eugène de Savoie et récupère la plupart des villes de Flandre perdues depuis Malplaquet.

En dehors de cet épisode guerrier, le séjour de Jacques au Quesnoy n'est pas dépourvu de charme. Cette jolie cité, admirablement fortifiée et cernée de vastes plans d'eau, s'offre à l'évidence aux promenades d'un jeune homme de dix-neuf ans. Que d'heures inoccupées à couler dans les ruelles étroites ou autour du beffroi récemment construit par Louis XIV, d'où s'égrènent, chaque quart d'heure, les notes hésitantes d'un inlassable carillon. Depuis les chemins de ronde rompus par les angles aigus de Vauban, que de regards portés sur la campagne riante, vallonnée et boisée d'alentour où l'imagination d'une infatigable jeunesse peut construire mille romans possibles. Les saisons y offrent leurs spectacles différents qui distraient Jacques des mornes charges de l'hôpital, d'autant que la paix semble de plus en plus probable. La bataille de Denain a pratiquement mis fin à la guerre. Les bases d'un compromis, finalement favorable à la France, vont conduire aux traités d'Utrecht et de Rastatt qui, entre 1713 et 1715, ramèneront la paix. On guerroie pourtant encore ici et là. Villars reprend à l'empereur d'Autriche, Charles VI, Landau en août et Fribourg en novembre 1713. Le traité de Rastatt ne sera signé que le 6 mars 1714. Tous ces mouvements mobilisent les armées, et Jacques doit quitter Le Quesnoy. Pas pour aller bien loin, à soixante kilomètres de là, à l'hôpital de Philippeville, aux Pays-Bas, où on le retrouve en janvier 1714, dans un cadre hospitalier de même importance. Philippeville, tout comme Le Quesnoy, est une place forte construite par Charles Quint, que Louis XIV s'est empressé de placer dans son dispositif de défense. Une cité à la pierre si tristement grise, aux monuments si désuets en dehors de la vieille église qu'elle ne dut pas enchanter notre aide-chirurgien. Mais il est bientôt muté. Dans les chariots d'une armée victorieuse, il gagne à petites étapes les rives de la Salzach et découvre avec surprise les clochers globuleux, les dômes verdâtres de Salzbourg sous l'écrasante autorité de son château, dans l'austère écrin du Mönschberg.

Il passera un an à l'hôpital militaire de Salzbourg, où l'armée recueille les blessés des derniers combats de la campagne d'Allemagne. Puis, le 1er novembre 1715, après six ans passés dans l'armée, Jacques, âgé de vingt-deux ans, est libéré. Que lui ont apporté ces six années ? Contrairement à ses espoirs, le milieu médical qu'il a rejoint s'est révélé peu propice à un grand épanouissement professionnel. La création du service de santé des armées est toute récente. Le recrutement des chirurgiens-majors s'y est accompli par des créations d'offices assorties de la vente des charges correspondantes, expédient commode pour alimenter le trésor royal, mais peu sélectif au plan scientifique, malgré les recommandations de l'édit royal. Il s'avère qu'aucun des chirurgiens, sauf le corps des inspecteurs, ne possède maîtrise puisque celle-ci constitue un avantage automatique délivré à la fin de l'emploi. Les majors sont donc incomplètement formés, et Jacques, mêlé à ce milieu et situé au bas de l'échelle hiérarchique, ne rapporte aucun titre de sa campagne. Aide-chirurgien il a été engagé, aide-chirurgien il est resté. Au cours de ses six années passées au service du roi, il n'aura rien acquis d'autre que des certificats de bons et loyaux services, et quelques recettes de chirurgie de guerre. De maîtrise point. Une attestation d'aide-chirurgien régimentaire, à faire valoir où ? Quand ? Et pour quel horizon ? L'armée n'a permis à Jacques que de survivre. Voilà de quoi douter de l'intérêt de son engagement, lorsque rien n'est réglé de sa qualification, et que le poids de l'expérience qu'il a vécue, et qui pourtant comptera beaucoup dans sa carrière, ne peut lui apparaître encore clairement.

Chapitre V

L'HÔTEL-DIEU EN 1715

Il faisait froid à Salzbourg le soir où Jacques quitta la ville. Il avait fêté son départ avec ses compagnons. Certains rentraient avec lui, d'autres restaient. Au moment de les quitter, il se sentit attaché à ces vieux camarades, qu'après six longues années de misère commune il s'apercevait si peu connaître. Ils ne lui avaient jamais paru aussi touchants qu'en ce soir de gaieté volontaire, où ils buvaient en sa compagnie et, en quelque sorte, en son honneur. Leur rudesse lui semblait moins évidente qu'à l'habitude, comme si leur brutalité des jours ordinaires n'avait été qu'une feinte, destinée à mieux résister. Car tous avaient vécu avec la mort, sans cesse avec elle. Tous savaient comme elle sépare, et quelle tristesse, et quel malheur elle répand autour d'elle. La séparation qu'ils fêtaient, l'idée brutale de la rupture prochaine, en venait à lui ressembler. Mais, ce soir, Jacques était encore avec ses amis. Il fallait profiter de ces derniers moments passés ensemble. Beaucoup d'entre eux quittaient l'armée définitivement. Sans doute ne se retrouveraient-ils guère. Et qu'adviendrait-il d'eux ? Aucun de ceux qui criaient, qui chantaient, qui s'agitaient autour de cette table n'avait la moindre idée de son destin. On allait retrouver la France. Une France confiée au Régent, Philippe d'Orléans, depuis la mort du Roi-Soleil survenue le 1er septembre dernier. Une page était tournée. Une autre s'ouvrait. Aussi toutes les pensées de Jacques se dirigèrent-elles vers le lendemain. Reprendrait-il contact avec sa famille ? Mais quelle famille ? François, son dernier frère, était mort en 1711. Sa mère demeurait désormais seule à La Barre-en-Ouche, avec son grand-père.

De nombreux cousins étaient encore établis dans la région. Qu'était-il advenu de l'oncle Sallou ? Jacques n'en avait plus de nouvelles depuis bien longtemps.

Le retour en France fut très long. Mais combien tendre le regard jeté par Jacques sur cette terre d'automne, aux champs labourés, la terre des Français entretenue, rassemblée par tant de pieux efforts et par tant de batailles. Le royaume était heureux de la paix retrouvée et, plus secrètement, d'un nouvel ordre des choses que le Régent semblait porter avec lui et que les solides bases mises en place par le Grand Roi favorisaient aussi sans qu'on se l'avoue.

Depuis sept ans, Jacques n'avait pas revu son village. Il le retrouva tel qu'il l'avait quitté, avec ses quatre vieilles paroisses. Beaucoup des habitants de La Barre avaient encore, frais en leur mémoire, le souvenir du procès des tabellions, mais beaucoup, une fois la surprise, une fois la réprobation passées, compatissaient à la chute de leurs petits notables. La mort du père de Jacques, celle de son frère François avaient cruellement conclu l'affaire. Tant de misères avaient accablé les villageois eux-mêmes qu'elles avaient réduit les dimensions du procès à ce qu'il était : une querelle d'argent, si pâle à côté des famines, des épidémies, des cortèges de morts qui avaient marqué les premières années de ce siècle nouveau. Le grand-père de Jacques aidait encore de temps en temps secrètement ses fils, Jean et François, qui avaient repris leurs charges officielles. Il fut doux à Jacques de le retrouver, et le patriarche déchu fut fier d'accueillir son petit-fils, si grand, si fort, si avantageux d'allure ! Il avait quitté un enfant, il retrouvait un homme, sans vrai métier, certes, mais riche d'une expérience et d'une vocation. Car la vocation de Jacques, il l'annonça sans hésitation, était définitivement inscrite en lui. Elle contraria le secret espoir qu'avait son grand-père de retrouver en son petit-fils une possible restauration de l'influence des Daviel à La Barre. Jacques n'avait en rien été concerné par l'« affaire », et il lui était d'autant plus permis de prétendre retrouver une charge de tabellion que son engagement au service du roi pouvait jouer en sa faveur. Mais Jacques n'avait qu'un but, qu'un désir : soigner comme il avait appris à le faire à Rouen, à Paris et dans les armées royales. Ses sept années de formation incomplète l'avaient pleinement convaincu qu'il voulait avant tout aider les autres et, plus encore, comprendre. Au-delà de la fatigue, de l'écœurement du sang, des odeurs, de la mort, comprendre les raisons de la souffrance des hommes et par là saisir les occasions de les soulager ou de les guérir. Avec des phrases simples, il expliqua à son grand-père les motifs d'une passion révélée par les épreuves qu'il avait vécues, et à laquelle il n'échapperait plus. Ce qu'il cacha à son grand-père, mais qu'il ressentait avec non moins d'intensité, était une secrète méfiance pour ce monde du notariat et de l'argent qui avait conduit sa famille à la faillite et au déshonneur. Il avait décidé de retourner à l'Hôtel-Dieu, pensant y retrouver le chemin de la maîtrise. Curieusement, les souvenirs les plus éprouvants de sa jeunesse, les poursuites de La Noé, les événements du procès, l'emprisonnement, la déchéance et le départ de son père lui apparaissaient désormais comme des raisons d'agir plutôt que de se désespérer. Tous avaient durement payé, peut-être même au-delà des fautes commises. Non, tout n'était pas si noir dans cette famille, des valeurs y existaient qu'on avait bafouées. De cela il avait la certitude et sentait confusément que ces valeurs réapparaîtraient, chez ses cousins peut-être, et, qui sait, chez lui-même.

C'est serein et reposé qu'il repartit pour Paris. L'Hôtel-Dieu allait l'accueillir pour la seconde fois. Il en connaissait chaque détail, et la capitale ne l'intimidait plus. Pierre Boudou, devenu maître chirurgien, l'attendait pour qu'il achevât ses études et gagnât maîtrise. Le vieil hôpital avait souffert pendant son absence des mêmes événements que lui ; il l'avait quitté en l'automne 1709. Dès septembre, les malades avaient afflué à un taux record : quatre mille cinq cents dit-on, qu'il avait fallu transférer à Saint-Louis, vers l'Hôpital général ou dans les communautés avoisinantes sans pouvoir pourtant tous les accueillir. Épidémies, fièvre pourpre, scorbut avaient ramené les malades par centaines qu'il avait fallu laver, nourrir, coucher, traiter. En outre, les difficultés du royaume avaient rendu aléatoires les recettes attendues. Des quêtes extraordinaires avaient été faites dans chaque paroisse, et des impositions avaient été décidées pour être substituées aux contributions volontaires. Elles étaient destinées aux hôpitaux et tout spécialement à l'Hôtel-Dieu. Les réductions des dépenses avaient été drastiques, éliminant tout le superflu : sucre, cassonade, confitures, fruits et poulet rôti [1]. Le déficit annoncé par le Bureau le 29 septembre atteignait 349 000 livres. Pour couvrir les dépenses, une autorisation de vente des immeubles appartenant à l'hôpital avait été accordée jusqu'à hauteur de 800 000 livres. Une fois encore, l'Hôtel-Dieu avait traversé une crise grave, presque mortelle, qui avait réveillé la vieille idée de le déplacer et de porter hors les murs cette source de miasmes et de misère qui infestait Paris. L'idée revenait ainsi, régulièrement, depuis le Moyen Âge, et reviendrait de nombreuses fois encore. Pourtant, après la vente de quelques biens, le vieil hôpital était reparti de plus belle, soutenu il est vrai par l'amour que les Parisiens lui portaient, tant il leur paraissait rassurant, à l'ancrage sur leur île de la Cité.

---

1. M. Fossoyeux, *Hôtel-Dieu de Paris au XVIIe et au XVIIIe siècle*, Paris, Nancy, Berger-Levrault, 1912.

C'est alors que Jacques Daviel le retrouve. Malgré tous les déboires de gestion, des projets architecturaux ont été entrepris. Après avoir songé à détruire ce qui existait, on a préféré, comme à l'habitude, transformer et agrandir. En 1714, l'architecte de la ville, Jean Beausire, a été chargé de prévoir la construction, sur la rive gauche, entre la Seine et la rue de la Bûcherie, de tout un corps de bâtiment placé dans le prolongement de celui de Gamard, alignant ainsi sur l'immense salle Saint-Charles une imposante salle Saint-Antoine. L'entreprise consistait à transférer sur la rive gauche du petit bras de la Seine l'essentiel des activités de l'hôpital, laissant aux bâtiments de la Cité un simple rôle d'intendance. Les deux berges du petit bras étaient désormais étroitement enserrées entre ces imposants corps de bâtiment dont les plus récents s'appuyaient, à l'approche du Petit Pont, sur l'austère et massif Petit Châtelet.

Dans ses mémoires, un siècle et demi plus tard, Haussmann aura un jugement très sévère sur cet « ensemble de constructions disparates, sombres, tristes, sans aucun style ; à cheval [...] sur le petit bras de la Seine [...]. Je n'ai jamais pu oublier l'aspect sinistre de ce bout de rivière encaissé entre deux corps d'hôpital, que reliait une galerie couverte et polluée des déjections de toutes sortes, d'une agglomération de huit cents malades et plus [1] ». Encore Haussmann parlait-il de la perspective qu'il avait depuis le Petit Pont, dont les maisons avaient disparu après l'incendie de 1718. Leur reconstruction fut interdite, et ce couloir de Seine enfin libre modifia radicalement les conditions de salubrité de l'hôpital, « quoique le nombre de malades [y] étant le même, il en était mort par an quatre cents de moins [2] ». Mais, en 1715, lorsque Daviel revient, le Petit Pont porte encore ses maisons qui bloquent la libre circulation de l'air entre les bâtiments de l'Hôtel-Dieu. Toutes les transformations du vieil hôpital ont coûté fort cher, plus de 450 000 livres. Mais le Régent ne se désintéresse pas du problème. Il a établi en faveur de l'Hôtel-Dieu la perception du neuvième des recettes de la Comédie et de l'Opéra, ce qui, en l'époque de réjouissances et de fêtes qu'il inaugure avec brio, n'est pas négligeable, et plus sûr, au plan des recettes, que les recommandations qu'il fera un peu plus tard aux administrations hospitalières de placer leurs capitaux à la banque de Law !

Jacques retrouva facilement ses habitudes à l'Hôtel-Dieu. En dehors des travaux accomplis et des embarras qu'ils engendraient rue de la Bûcherie, rien n'avait vraiment changé dans l'apparence et dans la vie du grand hôpital. Ses abords mêmes, l'activité marchande du Petit Pont, les pigeons nichés entre les colonnes et les statues du portail de la cha-

1. Baron G. Haussmann, *in* M. Fossoyeux, *op. cit.*
2. J.-F. Marmontel, *in* M. Fossoyeux, *op. cit.*

pelle Sainte-Agnès, les pierres écaillées et les mousses qui s'étalaient autour des vitraux de la façade de la salle des Légats conservaient à ces lieux le chaleureux réconfort du temps déposé sur les vieux murs. Retrouver la chambre qu'on lui avait accordée rue Neuve-Notre-Dame lui donnait le sentiment de renouer avec son adolescence, si rapidement écourtée par son engagement militaire. Le programme qui l'attendait était dur. Levé à 5 heures l'été, à 6 heures l'hiver, il ne reviendrait étudier dans sa chambre que 19 heures le soir, après les saignées de 18 heures, celles qui suivaient le souper. Son rôle de compagnon chirurgien l'obligeait à accompagner le médecin ordinaire ou pensionnaire dans sa visite. Suivi de la religieuse responsable de la salle, de Jacques et du garçon apothicaire, ce médecin devait examiner chaque matin et très tôt chacun des malades qui se trouvaient entassés dans les grands lits à baldaquin. Malgré l'abondant lavage des sols et la toilette des malades qu'avaient entrepris à l'aube, sous la direction de la surveillante religieuse, de jeunes sœurs au dévouement infini, il s'agissait d'une longue et pénible tâche dans les odeurs difficilement supportables d'une salle où avaient dormi plus d'une centaine de malades, entassés, nous l'avons vu, à plusieurs par lit. La règle voulait qu'on mît deux heures pleines à examiner l'ensemble des malades dont une étiquette de carton rappelait le nom et l'affection, à pronostiquer l'évolution de chacun, à supputer la mort probable d'un pauvre bougre dont on ignorait tout du mal dont il souffrait. Au réveil, juste avant la messe célébrée sur l'autel de la salle par un prêtre, on avait déjà fait porter les morts à la morgue après avoir récité, en commun, une brève prière.

Jacques avait pour rôle de noter les ventouses à poser, les saignées ou les emplâtres à faire. Il se glissait pour cela au premier rang de la visite, rang que lui contestaient les étudiants en médecine, obligés depuis peu par les statuts de la Faculté à fréquenter les hôpitaux pour leur formation pratique. Le garçon apothicaire relevait, quant à lui, les ordonnances que dictait magistralement le médecin. C'était pour lui un travail considérable, surtout si le médecin se piquait de culture médicinale, car une fois la visite terminée il fallait préparer les potions, les tisanes, les décoctions, les purgatifs, les pilules, les onguents que la tradition donnait comme efficaces dans un échantillonnage de maladies aussi varié qu'imprécis. Heureusement, ces médications ne coûtaient pas cher. Une grande partie d'entre elles étaient à base d'herbes médicinales cultivées dans les jardins de Saint-Louis, de Sainte-Anne et dans le Jardin du roi. La distinction était sans doute très subtile entre un purgatif « dragogue », « phlegmagogue » ou « mélagogue » dans la composition desquels entraient le julep, l'agaric, le catholicum ou le concombre sauvage. Non moins subtiles étaient les différences entre l'onguent brun de la mère Thècle, celui de la mère Saint-Louis ou le baume de l'hôpital de la Charité. Que dire des tisanes pectorales, diurétiques, apéritives, incisives, sudorifiques qu'on associait entre elles à des heures variables de la journée, et des bouillons auxquels on ajoutait de la craie de Briançon, du corail rouge, des yeux d'écrevisse... À Jacques était réservée l'application des cataplasmes, qu'ils fussent aux nids d'hirondelle, mêlés à de la fiente de chien ou à de la poudre de crapaud si l'on craignait la peste. Mais la thériaque restait souveraine. Préparée avec solennité environ tout les dix ans, elle était une panacée. Il entrait dans sa composition cinquante-sept substances d'origine minérale, végétale ou animale aux vertus opiacées. On en fabriquait près de quatre cents livres. « Plus elle est anciennement faite, plus elle acquiert un degré de perfection », affirmait-on. Avant d'être employée, elle était exposée au public « pendant le temps et l'usage ordinaire ». Elle était conservée dans de magnifiques pots et canons porteurs des inscriptions « Thériaque » ou « Mithridate », nom de son inventeur. Sans doute les moins sceptiques des médecins croyaient-ils aux effets de cette étrange pharmacopée. Mais la plupart s'accordaient sur les mérites d'une bonne alimentation qui corrigeait bien souvent les carences des moins favorisés. On constate, en effet, qu'en dehors des périodes de pénurie on s'efforçait de nourrir grassement les patients. Les hospitalisés de la salle Saint-Thomas mangeaient une livre de bœuf bouilli ou rôti chaque jour. Les accouchées recevaient une même quantité de bœuf, de mouton ou de veau. Malades et personnel médical étaient abondamment nourris. Les relations entre maladies et malnutrition ou carences étaient établies, celles-ci faisant le lit de celles-là. Dupont de Nemours dira plus tard, mais sa description s'applique à la période que nous décrivons : « Aucune maladie d'hôpital n'est pure. Le mélange des miasmes qui s'échappent de tous les malades leur nuit à tous, et deux maladies affreuses, la fièvre de prison et le scorbut, empoisonnent toujours plus ou moins les autres infirmités dont on va chercher dans les hôpitaux une guérison incertaine. » En 1709, le scorbut avait été effroyable, et il le sera à nouveau en 1729. Aussi la tradition de suralimenter les malades était-elle fortement ancrée dans les hôpitaux et tout spécialement à l'Hôtel-Dieu où une attention particulière était portée aux jeunes enfants auxquels lait, bouillies, œufs étaient délivrés en abondance et où on ne négligeait pas pour les adultes l'avantage du vin ; au moins un demi-setier par jour, sinon davantage. Sans oublier le traditionnel « bouillon de chair », délivré de quatre heures en quatre heures à tous ceux qui le désiraient. Une tradition bien solide, qui durera presque jusqu'à nos jours. Ne servait-on pas le bouillon aux malades et aux internes il n'y a encore pas si longtemps ?

Dès la visite terminée, Jacques et les autres compagnons chirurgiens se retrouvaient dans l'une des salles de chirurgie en compagnie du chirurgien « gagnant-maîtrise ». Sorte de chef de clinique, il jouait un rôle important dans l'hôpital et apparaissait comme l'enseignant le plus accessible à nos compagnons, aussi bien dans l'art d'accomplir la chirurgie que dans celui de disséquer les cadavres. Après un examen solennel, il devenait premier chirurgien, puis, après six années de pratique, en vertu des privilèges de l'Hôtel-Dieu – qui seront contestés plus tard –, chirurgien juré de Paris avec le droit d'avoir une officine. Ces « gagnant-maîtrise » étaient sélectionnés parmi « les plus expérimentés et les plus charitables ». Pour être admis comme médecin ou comme chirurgien, il fallait être inscrit sur une liste d'« expectants », avec l'espoir de devenir un jour pensionnaire, donc titulaire. Beaucoup d'abnégation et de dévouement étaient nécessaires pour exercer cette fonction bénévole qui pouvait s'éterniser. Il en fut d'ailleurs ainsi jusqu'à une époque récente. La tâche des médecins hospitaliers est en effet longtemps demeurée marquée par un dévouement à la chose publique pendant la première moitié de leur exercice quotidien, tandis que seule la seconde moitié devenait lucrative.

Les hommes avaient peu de regard sur le service des accouchées, où régnait la maîtresse sage-femme, défendant âprement ses prérogatives. Pourtant, devant certains drames que l'ignorance des sages-femmes en anatomie et en chirurgie expliquait, on s'était fait à l'idée d'appeler des chirurgiens, la pudeur des femmes et l'ordonnance de l'Église dussent-elles en être offensées. Louis XIV en avait donné l'exemple à la Cour. Aussi la visite d'un médecin était-elle devenue obligatoire chaque matin dans les salles d'accouchées. Les compagnons chirurgiens y pratiquaient les saignées ou aidaient le premier chirurgien dans les cas graves. Mais Jacques préférait l'office des taillés, célèbre à l'Hôtel-Dieu où il avait été créé en 1644. De grands « lithotomistes » se succédèrent à l'Hôtel-Dieu : la dynastie des Collot par exemple, car la tradition se transmettait de père en fils. Sous l'influence du premier président Harlay, voisin de l'Hôtel-Dieu, habitant au Pont-Neuf, on accueillit en 1697 le frère Jacques Beaulieu qui s'était fait une grande réputation dans la taille... de la pierre. Il était l'auteur de la méthode « latéralisée », bien supérieure, disait-on, à celle du haut et du petit appareil. En 1698, devant Lister, qu'il ne faut pas confondre avec le grand chirurgien anglais qui instaura l'asepsie dans les salles d'opération près de deux siècles plus tard, il tailla à l'Hôtel-Dieu dix malades en moins d'une heure de temps, puis une autre fois neuf personnes en trois quarts d'heure. Son succès fut pourtant de courte durée. Lister lui-même rapporte dans son ouvrage *Voyage à Paris* que, sur les quarante-cinq opérés de l'Hôtel-Dieu, quelques mois plus tôt, seize seulement demeuraient en vie. Par la suite, ce furent les chirurgiens ordinaires qui furent chargés de ces délicates opérations avec moins de brio, moins de tapage, mais plus de sûreté et avec l'obligation de s'entraîner sur des « corps morts ». Le Dr Boudou était l'un de ceux-là. Un compte rendu opératoire était obligatoire. Seuls assistaient à l'opération, en dehors des opérateurs, « ceux que la compagnie destine pour apprendre l'opération ». Jacques était de ceux-là, car un compagnon chirurgien était désigné pour aider le maître chirurgien et pour assister le malade dans les suites opératoires. Ainsi des gestes accessoires, puis de plus en plus importants lui étaient-ils progressivement confiés. De cette façon, pendant cinq ans, déclinera-t-il la longue liste de ses tâches et de ses devoirs, au rythme immuable et écrasant de ce grand hôpital traversé par le flot constant et puissant des malades qui viennent y chercher asile et guérison, et que les épidémies ramènent en grand nombre. Moment fertile de son existence, au terme duquel il n'obtiendra pourtant aucun diplôme, aucun rang, pas la moindre maîtrise. Pourquoi n'y parvient-il pas ? Sa place dans la société, après les malheurs de sa famille, reste fort modeste et peu propice au soutien de supérieurs plus enclins à aider le fort que le faible. Mais l'exemple de certains de ses contemporains montre que l'ascension est possible.

En 1718, François Quesnay, son cadet d'un an, sera reconnu maître dans la communauté des chirurgiens de Paris. Né en 1694, il a pourtant connu bien des vicissitudes. Huitième enfant d'un laboureur de Montfort-l'Amaury, il ne savait pas même lire à onze ans. Il est arrivé à Paris en même temps que Jacques, fort d'une vocation de chirurgien née chez le rebouteux de son village. Pourtant, à dix-sept ans, on le retrouve en apprentissage chez un graveur parisien. Les apparences portent à croire que sa vocation est alors bien compromise, mais c'est compter sans son obstination. Il entreprend en effet de mener de front l'étude de la gravure et celle de la chirurgie, s'inscrit à l'université et suit les cours du collège Saint-Côme. Il gagne ses diplômes dans les deux disciplines : celui de maître ès arts en 1717 et celui de maître dans la communauté des chirurgiens de Paris en 1718. Plus tard, il choisira la médecine. En 1755, il sera médecin ordinaire du roi, après avoir été reçu docteur en médecine par l'université de Pont-à-Mousson en 1744. Étonnante et édifiante carrière qui ne se termine pas là, puisque Quesnay se convertira à l'étude de l'économie politique et sera l'un des fondateurs du mouvement des physiocrates.

Autre destin éblouissant, celui de Georges Mareschal, né plus tôt, à Calais, en 1658, d'un père ancien capitaine. Très tôt orphelin, il rejoignit Paris en 1677 pour y apprendre la chirurgie. Las ! Faute d'argent, il ne put devenir l'apprenti chirurgien qu'il rêvait d'être, mais seulement le garçon d'une boutique de chirurgien où il rasait plus qu'il ne pansait. Son rêve eût été impossible, n'était cette vieille décision de Louis XIII d'avoir ouvert au Jardin du roi une école de chirurgie, et la sagesse de son fils, Louis XIV, d'y avoir nommé Pierre Dionis. Les cours y étaient gratuits et ouverts à tous ceux qui, comme Georges Mareschal, trouvaient le temps et le courage d'y assister. Après le Jardin des Plantes, il fréquenta le collège Saint-Côme où, comme dans les contes heureux, les circonstances tournèrent en sa faveur : il fut remarqué par Roger, maître chirurgien, le remplaça en qualité de gagnant-maîtrise à la Charité. En 1692, il était devenu chirurgien en chef de cet hôpital. Sa notoriété avait grandi, on vantait partout sa compétence d'urologue et de lithotomiste. En 1703, à la mort de Félix, il devint le premier chirurgien du roi.

Pourquoi n'en est-il pas de même pour Jacques ? Pourquoi ne suit-il pas la voie toute tracée qui pourrait le mener aux sommets de sa profession ? Serait-il moyennement doué ? L'avenir nous prouvera le contraire. A-t-il compris que, parmi les apprentis chirurgiens de l'Hôtel-Dieu, il n'obtiendrait pas, en matière de promotion, le premier rang ? En ce cas, la maîtrise indispensable à son établissement lui est-elle apparue trop lointaine ? On sait que les chirurgiens jurés en réglaient avec parcimonie l'attribution. Paris était un lieu de haute compétition. Jacques eut-il l'intuition de comprendre qu'il fallait trouver ailleurs les conditions d'une réussite, quelles qu'elles soient ? C'est alors qu'un événement qui le dépasse, et qui met en jeu son courage plus que ses capacités à faire carrière, va changer son destin.

DEUXIÈME PARTIE

La peste en Provence

Chapitre premier

MARSEILLE EN 1720

Pour la Régence, l'année 1720 dément les heureuses prémices des débuts. Certes, elle commence sous les auspices prometteurs de l'élévation de John Law à la charge de contrôleur général des Finances. Tout semble en place pour la poursuite d'une politique qui a ranimé le crédit public et le commerce, et qui a enrichi les propriétaires d'actions de la Compagnie d'Occident chargée d'exploiter la Louisiane puis de la Compagnie des Indes – actions acquises par les grands bourgeois et surtout par les nobles. En 1719, les actions de la Compagnie ont triplé leur valeur. Toutefois, dès le mois de mars 1720, les détenteurs d'actions et les spéculateurs s'inquiètent ; Law, s'il sait manipuler l'argent, est un mauvais homme d'affaires. Il surestime les valeurs des entreprises qui servent de garanties à ses actions et aux billets qu'il émet. La Louisiane n'a été riche que dans son imagination. Sans prudence il a multiplié les émissions de billets. La confiance qui a forgé son exceptionnel succès s'effondre soudain. Le cours des actions fléchit, et la panique s'installe. Une ordonnance de police interdit les rassemblements rue Quincampoix, siège de la Compagnie. Le 21 mai, la banqueroute est partielle ; l'action de la Compagnie est réduite à cinq mille livres et les billets émis à la moitié de leur valeur. Le 17 juillet, quinze personnes meurent étouffées dans la bousculade et la panique de la rue Quincampoix. La faillite du système devient patente. John Law est contraint de s'enfuir aux Pays-Bas.

Mais ce n'est pas tout. On complote dans le royaume, et si le Régent a su clore à son avantage et de façon sanglante l'affaire Pontcallec, ce gentilhomme breton qui s'opposait à lui avec la complicité de la duchesse du Maine et celle de Philippe V d'Espagne alors en guerre avec la France, il rencontre de nombreuses oppositions à sa politique étrangère en particulier à l'alliance anglaise. L'Angleterre est depuis plus de quarante ans l'ennemie de la France, et pour l'opinion c'est une décision choquante d'autant qu'elle l'a conduit à déclarer la guerre à l'Espagne et à Philippe V, né français et l'allié, le protégé du Roi-Soleil. Dans les parlements on s'agite. Il y fermente depuis trois ans une opposition permanente critiquant le système d'administration du Régent et ne cessant de remontrer ses manières de gouverner. Pire encore, on murmure que la peste a refait son apparition, à Marseille. Au siècle précédent, la « mort noire » a fait plus de deux millions de morts, fauchés au cours d'épidémies réapparues à peu près tous les vingt ans et dont la plus sérieuse a fait à elle seule, de 1619 à 1641, plus d'un million cinq cent mille victimes. On est loin toutefois de la grande peste de 1346 née, déjà, à Marseille où elle avait été introduite par un vaisseau gênois et qui tua en Europe vingt-cinq millions de sujets. En 1720, on ignore encore tout des causes de ce fléau et des remèdes à y apporter. On connaît seulement son épouvantable pouvoir de contagion et ses effroyables conséquences. Pendant deux ans, la peste va mobiliser toutes les ressources, non seulement de la Provence, mais de l'ensemble du royaume. Elle causera la mort de la moitié de la population de Marseille, la ruine de la Provence pour plusieurs années et – conséquence majeure à l'échelle de notre récit ! – elle bouleversa le destin de Jacques Daviel.

Tout commence le 25 mai. Le *Grand Saint-Antoine*, navire de commerce commandé par un Marseillais, le capitaine Jean-Baptiste Chataud, rallie le port de Marseille, venant de Syrie où il a chargé des soies d'Orient et du coton, et embarqué quelques Turcs. C'est tranquille que le capitaine a quitté Saïda, avec une patente « nette » remise par les autorités du port. Cette patente atteste en principe qu'il n'existe pas de maladie contagieuse dans la région de départ. Or, au même moment, le consul français signale aux autorités royales que la peste sévit à Damas. Et en effet, tandis que le navire vogue vers Chypre, l'un des passagers meurt. On doit jeter son corps à la mer. À peine le navire a-t-il quitté Chypre, muni d'une nouvelle patente nette, qu'après quelques jours de fièvre cinq membres de l'équipage agonisent, atteints de terrifiants frissons et de délire. Avec eux meurt le chirurgien de bord qui les avait soignés. D'autres marins sont malades. Soucieux de son équipage, le capitaine décide de s'arrêter sur la côte italienne, à Livourne, au lieu de rallier directement Marseille comme il l'avait prévu. Il arrive à Livourne le 14 mai. Les intendants de santé du port confirment le bien-fondé de ses soucis et portent le diagnostic de fièvre maligne pestilentielle, sans mentionner formellement celui de peste, « ce qui consola beaucoup l'équipage [1] ». Pendant l'escale, trois autres marins meurent. Le navire est maintenu à l'écart et militairement gardé. Le 19 mai, il appareille cependant pour Marseille. Après avoir procédé à l'enterrement des matelots morts et fait brûler leurs vêtements, les intendants de santé ajoutent au dos de la feuille portant les patentes de Saïda et de Chypre le récit complet des événements racontés par le capitaine, ainsi que leur diagnostic et concluent « que ceci serve d'avis à quiconque afin que soient prises les mesures qui seront estimées nécessaires pour le bon gouvernement de la santé publique [2] ». Chataud n'obtient cette fois qu'une patente « brute » qui, à l'inverse de la « nette », signifie qu'il existe dans l'environnement du port de départ et sur le navire même un risque de peste. Marseille a l'habitude de ces situations. Ne dit-on pas alors qu'elle a connu dix-sept épidémies de peste depuis ses origines ? Les navires venant d'Orient et d'Extrême-Orient sont toujours considérés avec suspicion, car chacun sait que la peste y survit de façon endémique. La ville est dotée d'une organisation sanitaire très stricte que supervisent les intendants de santé. Au moindre doute, les vaisseaux revenant d'Orient ainsi que leur cargaison sont mis en quarantaine aux îles Pomègues et Ratonneau, toutes proches du château d'If, ou à l'île de Jarre, encore plus éloignée de la ville. Ces mesures très strictes ont d'ailleurs assuré soixante-quinze ans de tranquillité à la grande cité.

À son arrivée, le 25 mai, le capitaine Chataud se rend à la consigne sanitaire pour y faire sa déposition. C'est à partir de celle-ci que les intendants de santé définissent leur position : le *Grand Saint-Antoine* est envoyé à l'île Pomègues en quarantaine. Le bien-fondé de cette mesure prend encore davantage de force lorsque l'on sait que, deux jours plus tard, un nouveau matelot meurt à bord du navire. Les intendants demandent à Gueirard, chirurgien des infirmeries du Lazaret, de pratiquer l'autopsie du matelot. Il n'en tire aucune conclusion précise. Cependant, on reste méfiant. Une fois une partie du chargement débarquée au Grand Enclos inclus dans les infirmeries du Lazaret, situé à l'ouest du port de Marseille, une fois consignés au même endroit passagers et matelots, le Bureau de santé décide, un peu tardivement puisqu'on est début juin, d'envoyer le vaisseau à l'île de Jarre, plus loin encore de Marseille. Jusque-là, tout semble correct dans l'attitude des autorités du port, comme dans celle du capitaine Chataud. Cependant, le 21 juin, vingt-huit jours après l'arrivée du *Grand Saint-Antoine*, Marguerite Dauptane meurt dans un quartier populaire de la ville. Les conditions de sa mort ne laissent guère de doute aux médecins qui

1. C. Carrière, M. Condurie, F. Rebuffat, *Marseille ville morte. La Peste en 1720*, Marseille, Maurice Garçon éd., 1968.
2. C. Carrière..., *ibid.*

l'assistent : elle est la première victime marseillaise de la peste. Comment le fléau est-il parvenu à franchir les limites du port, malgré les mesures prises ?

À l'heure même où se déclenche la dernière et la plus terrible peste d'Europe, la rumeur laisse entendre que les mesures de sécurité n'ont pas été respectées avec la rigueur qui s'imposait ; que la quarantaine elle-même a été levée trop tôt, au terme de vingt jours, et que marins et passagers ont été trop vite autorisés à rejoindre leur domicile. Ce qui, soulignons-le, était admis en cas de patente « nette ». Que penser de ces rumeurs ? Pour expliquer ces mesures imprudentes, les historiens [3] ont émis l'hypothèse d'un faux diagnostic de la maladie, conséquence d'une méconnaissance des expressions de cette fièvre pestilentielle. Toutefois, malgré l'ignorance où l'on était des causes de la peste, les définitions de l'époque étaient relativement précises. Un contemporain exerçant à Lyon, le Dr Pestalossi (un nom prédestiné) dit clairement : « Nous entendons par peste une maladie mortelle et toujours contagieuse. Lorsqu'elle n'est pas contagieuse elle est fièvre pestilentielle, qui a un degré de malignité par-dessus la fièvre maligne [...]. Ces trois aspects sont essentiellement la même chose, il faut pourtant faire une différence qui sera prouvée, qui est que la fièvre maligne simple et la pestilentielle ne sont pas communicables d'un sujet à l'autre d'une communication parfaite, et que la peste l'est absolument, sinon elle n'est pas la peste [4]. » En matière de contagion, l'aventure du *Grand Saint-Antoine* était d'une évidence mortelle. À l'époque, on maîtrisait parfaitement les mesures qui devaient être prises dans de tels cas, et les incidents de bord rapportés par le capitaine Chataud, ainsi que le diagnostic porté à Livourne ne laissaient aucun doute quant à celles que l'on devait prendre. Le dispositif de protection de Marseille avait en maintes circonstances prouvé son efficacité. Or, face aux mesures qu'imposait l'arrivée du navire soupçonné de transporter la peste, on a agi, mais en demi-teinte. Aussi est-il difficile de ne voir dans la naissance de cette épidémie qu'une effrayante fatalité, dépassant les choix des hommes.

En vérité, des fautes ont été commises. Dès le début, les intendants de santé, au moins certains d'entre eux, ont soupçonné la peste, et leur soupçon a forcément été partagé au cours des nombreuses délibérations qui ont présidé à leurs capitales décisions. Mais l'affirmer était gênant pour certains ; aussi, tout ce qui pouvait prouver que c'était bien de la peste qu'il s'agissait a été délibérément minimisé, voire masqué. En

3. J. N. Biraben, *Les hommes et la peste en France et dans les pays méditerranéens*, Paris, 1975-1976, Tome I. Mouton Paris-La Haye.

4. Pestalossi, *Avis de précaution contre la maladie contagieuse de Marseille*, Lyon, 1721, et *Dissertation sur les causes et la nature de la peste*, Bordeaux, 1722.

même temps que la peste, le *Grand Saint-Antoine* portait en ses flancs une cargaison dont la valeur était estimée à 100 000 écus (5 millions de nos francs lourds). Ses propriétaires avaient tout intérêt à ce que leurs balles de coton, de soie, de laine ne disparaissent pas à la suite des mesures drastiques que l'on se devait de prendre à leur égard. Le retard même de leur livraison leur paraissait un préjudice financier considérable et difficilement acceptable. D'autant plus qu'un interdit récent avait été porté sur l'importation des « indiennes », que s'était réservée, avant sa faillite, la compagnie du banquier Law, et que la précieuse cargaison d'étoffes ramenée d'Orient devait être vendue à la célèbre foire de Beaucaire. Cette foire se tenait le 22 juillet. Comment accepter l'échec d'une opération qu'avaient préparée de longue date et avec minutie l'armateur, propriétaire du navire, Jean Chaud et ses commanditaires ? N'était-il pas possible de laisser penser, tout en l'espérant, que cette fièvre pestilentielle, pour inquiétante qu'elle fût, n'était pas la peste ? Jean Chaud est parent de Jean-Baptiste Estelle, premier échevin de la ville et, détail intéressant, lui-même commanditaire du navire, c'est-à-dire propriétaire de la cargaison au même titre que d'autres riches négociants marseillais et que deux autres échevins de la ville, Audimar et Dieudé, que nous retrouverons bientôt. Tous ces hommes sont très proches des intendants de santé. N'ont-ils pas infléchi quelque peu la rigueur des décisions de quarantaine ? C'est ce qu'affirme Raoul Busquet : « Les intendants de santé, anciens échevins pour la plupart, avaient voulu sauver la cargaison de M. Estelle [...]. Les intérêts de J.-B. Estelle ont coûté cher à son pays [5]. »

Le 3 juin, les ballots de laine sont délibérément déchargés au Lazaret. Les propriétaires « remisent » ainsi à portée de main les précieuses marchandises. « J.-B. Estelle et ses associés savent que, des infirmeries à leurs entrepôts, il n'y a que l'espace de quelques complicités [6]. » En juillet 1723, au cours du procès intenté au capitaine Chataud, au terme duquel il sera relaxé, on apprendra qu'une partie des marchandises débarquées aux infirmeries sont entrées clandestinement en ville sans avoir terminé une « purge » pourtant ordonnée. Des brèches bienveillantes existaient en effet dans l'enceinte des infirmeries, par où transitaient les marchandises et les hommes. De nombreux rappels à l'ordre avaient été lancés contre ces pratiques, mais on les avait coupablement tolérées, les estimant sans conséquences. Ce qui était vrai en règle géné-

5. R. Busquet, *Histoire de Marseille*, Robert Laffont, Paris, 1945 et *Histoire de la Provence*, I.N.M., Monaco, 1954.

6. C. Mourre, « La Peste de 1720 et les Intendants du bureau de santé », *Provence historique*, Revue trimestrielle, organe de la Fédération historique de Provence, publiée avec le concours du CNRS et de l'Université d'Aix-Marseille T. XIII, 51, Aix-en-Provence, La pensée universitaire, 1963.

rale, mais avait pris soudain une effroyable dimension. Au cours de ce procès, on devait également apprendre que les dépositions du capitaine Chataud avaient été corrigées et surchargées dans le but de falsifier ses dires.

Fin juin, on meurt donc de la peste à Marseille : après Marguerite Dauptane, les portefaix qui ont transporté et purgé les balles du *Grand Saint-Antoine*, puis les tailleurs Michel Cresp et Bouche, le fripier Issalenc, sa femme et ses enfants, qui ont reçu des tissus contaminés, succombent. Le 9 juillet, le Dr Peysonnel puis le Dr Béraud constatent chez leurs malades les bubons et tous les signes de la peste. Ils alertent les échevins le jour même. Ceux-ci, moins étonnés qu'ils ne devaient le paraître, reconnaissent la gravité de la situation. Le conseil de ville se réunit immédiatement. Sa première décision consiste à masquer la vérité. « La santé est bonne en cette ville – écrivent-ils aux responsables sanitaires des principaux ports européens –, mais il y a contagion dans nos infirmeries, lesquelles sont séparées de la ville et avec lesquelles la ville n'a eu aucune communication. » On sait ce qu'il faut en penser, d'autant que, depuis le 14 juin, les huit passagers encore vivants du *Grand Saint-Antoine* ont été autorisés à interrompre leur quarantaine et à regagner la ville avec leurs bagages. En vertu de quel argument apaisant ? Un gardien du vaisseau est mort deux jours auparavant. Le 23 juillet, on compte quatorze décès en ville. La panique s'installe. Les échevins ne peuvent plus douter de la progression de la maladie. Ils ordonnent d'envoyer tous les malades au Lazaret, d'enterrer les cadavres de nuit à la chaux vive, de laver les rues quotidiennement, d'isoler l'arsenal et ses galères, l'abbaye Saint-Victor, les forts Saint-Nicolas et Saint-Jean. On retrouve les échevins Estelle et Moustier visitant les quartiers contaminés, ordonnant d'enlever les corps, de murer les maisons. Leurs collègues Audimar et Dieudé, ainsi que le marquis de Pilles, gouverneur de Marseille, s'occupent de la défense sanitaire et de l'intendance. Il est permis de supposer que les propriétaires de la cargaison du *Grand-Saint-Antoine* durent en ces instants prendre la mesure de leurs impardonnables décisions. Il est juste de leur accorder réparation : pendant les terribles mois au cours desquels la peste s'étendit, ils accomplirent les plus grands actes de dévouement. Alors que tout le monde avait fui, que le Lazaret avait perdu son intendant, les hospices leur économe, les tribunaux leurs juges, alors qu'il n'y avait plus ni pourvoyeur ni police, que nombre de médecins et de chirurgiens avaient quitté la ville, seuls ils eurent, au prix de leur vie, une conduite admirable. Il eût mieux valu ne pas en créer l'occasion.

Le maréchal de Villars, gouverneur de Provence, est à la Cour. Le 22 juillet, il écrit aux échevins « [qu'il] a rendu compte des précautions qu'ils ont prises pour empêcher le progrès du mal [et qu'il] attend des nouvelles pour être entièrement tranquille ». Au même moment, la peste prend son vrai départ. On barricade les rues. On fuit : notables, commerçants, commissaires, et même médecins désertent la ville. Trois jours durant, dans les rues sous les remparts, on brûle des monceaux de bois. On répand du soufre dans chaque pièce des maisons, dont on a fermé les fenêtres, on vend le fameux « vinaigre des quatre voleurs » réputé efficace contre la peste et qui vaudra à leurs auteurs d'être amnistiés pour les peines que leurs forfaits antérieurs leur avaient coûtées. Tandis qu'on chasse les mendiants, les gueux et « les juifs qui sont venus en cette ville avec leurs hardes, à peine de vie », on prie à la cathédrale. Le parlement décide d'interdire aux Marseillais de quitter la ville ou leur terroir. À l'épidémie s'ajoute rapidement la famine. Des commissaires sont désignés pour porter aux pauvres les quelques onces de blé nécessaires à leur survie. Çà et là naissent des émeutes qu'il faut réprimer. On appelle des médecins et des chirurgiens étrangers à la ville. Il devient désormais difficile d'enterrer les morts, en nombre toujours croissant, car les croque-morts eux-mêmes sont victimes de l'épidémie. Devant son ampleur, l'intendant de Provence Le Bret, réfugié à Aix, avertit le Régent et sonne l'alarme. Le Régent demande à Pierre Chirac, son médecin, de l'éclairer sur la situation. Professeur à la faculté de Montpellier, Chirac s'entoure de Montpelliérains pour ouvrir l'enquête et confie à un homme de confiance, son propre gendre, François Chicoyneau, la mission de se rendre à Marseille. Ce dernier y arrive le 15 août, en compagnie d'un médecin, Verny, et d'un maître chirurgien, Soulier. Désormais, la Cour a ses propres interlocuteurs et pourra se rapporter à leur avis pour juger de l'exacte nature du mal. À l'arrivée des Montpelliérains, il meurt trois cents Marseillais par jour. Leur verdict est clair : c'est la peste. Mais les conséquences qu'ils en tirent demeureront bien longtemps, trop longtemps ambiguës.

Alors que tout le monde déserte et que la ville est abandonnée aux pauvres et aux moribonds, ils ne veulent surtout pas affoler la population : « Nous cherchons ici la contagion de la peste, nous n'y trouvons que la contagion de la peur. Cessez de craindre pour vous-mêmes ; retournez au lit de vos parents et de vos amis, et si vous doutez de nos paroles, voyez nos actions. » C'est ce qu'affirme Chicoyneau aux Marseillais et, joignant l'acte à la parole, il fait avec ses compères tout ce qu'il ne faut pas faire. Au risque d'en mourir. Ils touchent les bubons, vivent dans l'intimité des mourants. En effet, contrairement aux médecins de terrain marseillais, dont Bertrand, persuadés que la contagion est le principal élément à craindre, les Montpelliérains sont « anticontagionnistes ». Pourtant, dès le XIVe siècle, pendant la peste noire, Guy de Chauliac, célèbre médecin montpelliérain, avait déjà affirmé que la contagion était à craindre « non seulement avec ceux qui avaient conversé avec les malades, mais aussi leur avaient acheté des effets, ou les avaient touchés ou revêtus ». Las ! Les Montpelliérains perdent du temps à discuter entre eux, en la compagnie de Montagnier, médecin de l'abbaye Saint-Victor, de Raymond, médecin de quartier et des échevins qu'ils conseillent. Les médecins ordinaires de Marseille sont tenus à l'écart, comme si l'on se méfiait d'eux. Bertrand s'indigne de ce que ces maîtres étrangers ne daignent pas conférer avec les rares médecins demeurés à leur poste. La situation est alors dramatique. L'hôtel-Dieu doit être fermé, encombré qu'il est de ses morts, malades et médecins confondus. Les orphelins recueillis à l'hôpital Saint-Jacques-de-Galice par les pères de Lorette meurent par dizaines chaque jour. Dans les infirmeries, on abandonne les cadavres tels quels, mêlés aux agonisants, tout comme à l'hôpital des convalescents. Partout les cadavres s'amoncellent. Il n'est guère possible de se déplacer dans les rues sans piétiner un mourant ou un mort. Et pourtant on tergiverse. Les échevins et les doctes missionnaires du Régent continuent à affirmer que « la fièvre maligne est causée par la corruption et les mauvais aliments ». On placarde dans les rues que « la maladie qui règne dans la ville n'est pas la peste ». Le souci est de ne pas créer l'épouvante ; chaque fois que naît une épidémie, c'est la règle. Il faut rassurer le peuple. Les échevins Estelle, Audimar et Dieudé qui côtoient ce peuple désemparé, sachant ce qu'ils savent, voudraient peut-être se rassurer eux-mêmes et atténuer leur responsabilité, laissant au doute l'occasion de les rendre moins coupables. Le diagnostic de peste les condamne à l'évidence, celui de fièvre pestilentielle les protège. Aux côtés de l'évêque de la ville, Mgr de Belsunce de Castelmoron, du Chevalier Roze, du commandant de Langeron, ils accomplissent une magnifique mission, mais retardent l'annonce des vérités qui s'imposent. Et l'on meurt de plus en plus. L'évêque de Belsunce réunit dans la cathédrale des foules de croyants apeurés en des assemblées innocemment mais dangereusement meurtrières. Saint Roch et Notre-Dame de Bon-Secours ne peuvent rien. L'extrême contagion qui éclaircit les rangs de ses fidèles convainc bientôt l'évêque que le mal qui court est bien la peste, cette punition du ciel annoncée par une religieuse de Marseille, Anne-Magdelaine de Rémuzat, comme le châtiment de l'impiété et de la légèreté des mœurs, et peut-être même... comme réfutation du jansénisme. Désormais, convaincu de la nature du fléau, l'évêque déserte sa cathédrale pour sauver les âmes des mourants là où ils se trouvent, au mépris de sa propre vie. Son héroïsme et sa sérénité feront l'admiration de l'Europe entière, comme l'avaient fait ceux de Charles Borromée, son aîné, pendant la peste de Milan. Chicoyneau et ses acolytes, malgré leurs affirmations lénifiantes, adressent un rapport pessimiste à Paris avant de quitter la ville fin août, chargés d'honneur et de présents, et de se rendre à Aix où ils passent leur quarantaine. Dans une lettre au Régent, ils avouent qu'on meurt de cette fièvre en deux ou trois jours, qu'il suffit qu'une seule personne soit atteinte dans une maison pour que toutes celles qui l'habitent en meurent ; qu'enfin cette « espèce de peste » qu'évoquent les bubons et la fièvre maligne, sans secours convenable, va être fatale à la Provence et au royaume. On reste pantois devant l'extraordinaire contradiction entre le ton de cette lettre et les attitudes officielles adoptées sur place par leurs auteurs.

Les médecins marseillais restent seuls avec leurs pauvres moyens. Le Dr Bertrand décrira plus tard, dans des pages pathétiques, sa terrible impuissance à traiter « ces malades refoulés, séquestrés dans un galetas sans meuble, sans commodités, couverts de haillons, une seule cruche d'eau que l'on a mise en fuyant auprès du lit. Personne ne vient, on lui crie qu'il ait bon courage. Le reste de la famille fuit dans l'appartement le plus loin possible. On quitte la maison et il reste seul et meurt démuni de tout secours [...]. On voit dans les rues des enfants chassés par leurs parents. On voit des pauvres qui se traînent jusqu'à l'hôpital ou jusqu'à une place publique. Ils sont cent à deux cents. La rue Dauphine qui va de l'entrée du cours à l'hôpital des convalescents est envahie par ceux qui n'ont pu entrer. Partout des morts. Sur le cours chaque banc est un cercueil. Ils sont emballés dans des couvertures, des matelas, liés par une planche. Parfois ils sont jetés par les fenêtres et ils portent des plaies affreuses ».

Enfin informé de la situation réelle, le Régent réagit. Pour la première fois en France, la lutte contre la peste va prendre une dimension nationale. Il est du plus haut intérêt pour l'État d'en limiter l'extension. Le 14 septembre, un arrêt du Conseil d'État décrète le blocus de la Provence entre la mer, le Rhône et la Durance. Il nomme le chef d'escadre Laugeron commandant de Marseille et lui envoie les régiments de Flandre et de Brie pour dresser « le mur de la peste » de part et d'autre d'Avignon. Laugeron jouera un rôle majeur pendant toute la durée de l'épidémie, faisant respecter l'ordre précaire des cités affolées et convoyant les secours là où ils seront nécessaires. Le Régent ordonne aussi à Chicoyneau de retourner à Marseille avec ses compagnons auxquels se joint le Pr Deidier de Montpellier, réputé pour sa connaissance de la peste. Il sera sans doute l'un des plus avisés dans la lutte et un défenseur acharné de la théorie de la contagion. Au travers d'un travail véritablement expérimental, il saura même démontrer chez le chien la transmissibilité de la maladie. Quelques années plus tard, il soutiendra dans une thèse fort étayée ses théories que Chicoyneau refusera toujours d'admettre [7]. Des affiches promettent des « offres très avantageuses à ceux qui veulent s'engager dans l'équipe médicale de secours ». Du 18 au 20 septembre, plusieurs médecins et chirurgiens arrivent de Paris accompagnés de nombreux garçons.

À cette date, Marseille est devenue un charnier. Des centaines de cadavres pourrissent dans les rues, abandonnés là où ils ont rendu l'âme. Une odeur pestilentielle se répand dans toute la ville que des brises soudaines portent au paroxysme de l'écœurement. Des chiens affamés dévorent les cadavres, des corbeaux survolent la ville par milliers, cherchant une ignoble pâture. Le tableau de Michel Serre que détient le musée des Beaux-Arts de Marseille évoque le tragique aspect de la place de l'Hôtel-de-Ville : des morts enchevêtrés mêlent leurs corps décharnés et nus, offrant les grimaces de leur dernière souffrance aux « corbeaux » rassemblés de force pour les enterrer. Le cavalier qui les commande écarte de sa cravache un pauvre bougre qui le poursuit et peut lui porter la mort. Des soldats en armes protègent ceux qui ordonnent de rassembler les corps abandonnés sur les marches d'un palais, sur le seuil d'une maison, ou sur une barque qui n'a pu permettre de s'enfuir.

Pour les forçats des galères devenus croque-morts, l'espoir d'une remise de peine s'évanouissait devant tant d'horreurs et de risques accumulés. Les « corbeaux » mouraient trois jours après leur entrée en fonction. Trois cent cinquante-neuf au départ, ils n'étaient plus que douze le 7 septembre. C'est encore avec cent galériens que le Chevalier Roze débarrasse de deux mille cadavres entassés depuis trois semaines l'espace des Tourettes, devenu un immonde cloaque que nul n'ose aborder.

Rien ne résiste à l'extraordinaire violence de cette peste. Le corps médical lui-même, celui qui a accepté le combat, est décimé : sur huit des onze agrégés restés à Marseille cinq contractent la peste, trois en meurent. Des trente-cinq chirurgiens, il n'en restera que cinq, et tous les garçons chirurgiens disparaîtront sauf un. Depuis le 25 août, mille personnes meurent chaque jour, et ce rythme va se poursuivre durant un mois. Devant tant d'adversité et la quasi-disparition du système sanitaire de la ville, les échevins décident, le 30 septembre, d'en appeler à tout le royaume : « La Ville de Marseille se trouve malheureusement affligée de peste et n'y ayant suffisamment de chirurgiens pour panser et soigner les malades, MM. les échevins promettent de donner aux maîtres chirurgiens qui seront dans le désir d'y venir, savoir, à ceux des villes royales, 2 000 livres par mois, à ceux qui exercent sur un privi-

7. R. Williamson, The plague of Marseille and the experiments of Professor Antoine Deidier on its transmission, Londres, Davson et fils éd., vol. II, 1958.

lège ou qui se trouvent établis dans les bourgs et villages, 1 000 livres par mois et aux garçons chirurgiens 300 livres par mois et la maîtrise et outre cela, la nourriture et le logement aux uns et aux autres. » Signé : Estelle, Audimar, Moustier et Dieudé.

N'est-il pas troublant de retrouver au bas de cet appel le nom de trois des échevins dont il est raisonnable de supposer qu'ils avaient plaidé pour la minimisation du risque couru à l'arrivée de la cargaison du *Grand-Saint-Antoine* ? Gageons que leur conscience, dans l'intime conviction qu'ils devaient avoir de leur responsabilité, dut souffrir prodigieusement de la crainte d'une damnation éternelle...

Chapitre II

DIGNE, LE CALME AVANT LA TEMPÊTE

Entre l'appel des échevins et l'engagement de Jacques, il ne s'écoule que quelques jours. À la fin du mois d'octobre, il rejoint l'équipe de volontaires parisiens. Ils sont vingt et un, ce qui peut paraître peu quand on imagine le grand nombre d'étudiants fréquentant les hôpitaux et le collège de Saint-Côme : on comptait alors jusqu'à douze compagnons chirurgiens et plus de quarante chirurgiens externes dans le seul Hôtel-Dieu [1], et Paris comprenait d'autres centres hospitaliers : Bicêtre, Saint-Louis, l'Hôpital général (Salpêtrière), les Incurables (qui deviendront Laennec) et les Invalides. C'est dire que le nombre de chirurgiens disponibles devait être important pour l'ensemble de la capitale. Mais se dévouer pour lutter contre la peste n'était pas, on en conviendra, une perspective enthousiasmante, et cela ne rend que plus méritoire l'engagement de nos vingt et un gaillards. Le 25 octobre, ils sont reçus à Versailles par La Fosse, chirurgien ordinaire du roi qui, après avoir analysé leur passé médical, leur délivre un certificat d'aptitude et le titre de chirurgien-major, titre purement militaire qui n'accorde pas le droit d'exercer le métier en pratique civile. Il semble que les départs se soient échelonnés entre l'automne de leur engagement et le début de l'année 1721. Sans doute Daviel s'est-il mis en route, avec quelques-uns de ses camarades, à l'automne 1720. Il gagne Avignon par les grands chemins du royaume, Senlis, Dijon puis le coche d'eau, sur la Saône et le Rhône.

1. M. Fossoyeux, *op. cit.*

Avignon fut l'occasion d'un repos de quelques jours. Jacques et ses compagnons étaient soulagés d'abandonner l'embarcation qui les avait menés depuis Lyon jusqu'aux murs d'enceinte de la cité des Papes. Les plaisirs simples qu'ils avaient appréciés au début du voyage s'étaient rapidement épuisés, et la fin du trajet leur avait paru interminable. Ils étaient fatigués de tant d'inconfort. En s'approchant du débarcadère, ils furent sensibles aux couleurs du soir qui donnaient aux murailles de la ville ce reflet mordoré que reprenaient les ondes du grand fleuve étiré sur une distance qui leur parut infinie. Message apaisant d'une Provence qu'ils abordaient pour la première fois et qu'ils ralliaient plutôt craintivement. Des ordres avaient été donnés pour qu'ils pussent franchir la porte Saint-Dominique, obstinément close depuis peu à tout trafic de voyageurs. Nul cas de peste n'avait été signalé dans la ville, où ils devaient résider quelques jours, mais l'angoisse, ancrée chez les Avignonnais par de nombreuses épidémies antérieures, y était perceptible. Les rues étaient vides qu'ils traversèrent le lendemain pour se rendre sur la grand-place du palais des Papes. Jacques fut impressionné par l'imposante forteresse, mais peut-être davantage encore par le charme qu'il découvrait dans la première cité de Provence qui l'accueillait. Tout était neuf à ses yeux : l'étroitesse des rues, l'intimité des demeures aux fenêtres encore ouvertes en cette saison, d'où fusaient des phrases chantantes dont il ne percevait pas le sens et qui étaient moulées au roulant accent provençal. La douceur de l'air caressait ses joues dans la fraîcheur des ombres que les murs dessinaient sur les pavés des rues. À l'entrée d'un caboulot, il découvrait des odeurs de cuisine inconnues. Une manière différente et détendue de sentir la vie, que jamais sa Normandie, le nord de la France ni même Paris ne lui avaient présentée, se révélait à lui, comme le message de bienvenue, bien paradoxal en ces instants qu'il vivait, d'un pays dont il ne savait pas encore qu'il l'accueillerait pendant la plus grande partie de son existence.

La halte d'Avignon fut de courte durée. Jacques et ses compagnons reprirent le coche d'eau qui reliait Avignon à Beaucaire-Tarascon. On les débarqua à la hauteur de Barbentane, où les attendait l'intendant Le Bret, chargé de l'organisation de la lutte contre la peste en Provence. Infatigable lutteur, il avait dû, pour conserver sa liberté d'agir, se replier successivement à Aix, où nous l'avons déjà rencontré, puis à Saint-Rémy et enfin à Barbentane.

Située à quelques lieues du Rhône et proche d'Avignon, Barbentane, par le tracé de la Durance et du Rhône, marquait les limites nordiques des territoires exclus. L'intendant avait quitté Saint-Rémy quelques jours auparavant car la région n'était plus sûre. Alors même que la peste s'était apaisée dans Marseille depuis la fin septembre, elle avait fait son apparition au nord de la ville. Autour d'Aix, de Salon, la rumeur faisait état de cas nouveaux. Au même moment, à Lançon, au sud de Salon, huit personnes étaient mortes. Quelques semaines plus tard, on avait signalé à Salon neuf décès, début d'une terrible hécatombe.

Quand nos compagnons arrivent à Barbentane, la rumeur de la contagion s'étend à toute la province, et bien au-delà. Les consuls de chaque cité se réunissent, organisent des bureaux de santé, créent des infirmeries et ferment les portes de leur ville. On réclame l'envoi de renforts sanitaires. Toutes les villes de la région ont en mémoire les effroyables ravages des épidémies antérieures : en 1632, il y eut mille neuf cent quatre-vingt-dix-sept pestiférés sur trois mille quatre-vingt-dix-sept habitants à Salon et mille cinq cent soixane-sept décès. Un tiers seulement des Salonnais avait été épargné et un tiers des contaminés avait guéri. Digne avait été plus éprouvée encore : sur dix mille habitants, c'est huit mille cinq cents victimes que la peste de 1629 avait tuées. À présent, soucieuse de ne pas revivre une telle catastrophe, elle réclame des renforts sanitaires de façon pressante.

Aussi l'intendant accueille-t-il les volontaires avec satisfaction et ne leur masque-t-il rien de la gravité de la situation. Si elle est à présent calmée à Marseille, l'épidémie s'y est révélée terrifiante. Le nombre de morts est encore incalculable, mais on peut l'estimer à la moitié de la population. Certains jours, la ville fut un immense et immonde charnier. Les conditions de soins se sont révélées inadaptées, inefficaces. Le désordre, la fuite des hommes sur lesquels on comptait, l'incohérence des décisions, l'absence de prudence n'ont pu être compensés que par le dévouement insensé de quelques-uns, humbles ou notables, morts pour la plupart ou miraculeusement saufs. Aussi les ordres de l'intendant sont-ils sans concessions : les règles de protection personnelle doivent être strictement appliquées, la quarantaine scrupuleusement imposée, les visites des maisons systématiques, les déplacements des suspects vers les infirmeries obligatoires, les liaisons avec les consuls impératives et le recours à la force intransigeant... si nécessaire.

Le discours de l'intendant glace d'effroi nos chirurgiens volontaires. Rien n'avait réellement transpiré de ces effroyables nouvelles, et minces avaient été les échos qui leur étaient parvenus pendant le voyage. Purent-ils encore être sensible à la beauté du chemin qu'ils descendirent après avoir quitté la belle demeure où s'était réfugié l'intendant ? S'attardèrent-ils en contrebas du village devant la magistrale façade du château des Puget dessinée par le fils de Mignard ? Flânèrent-ils sur les terrasses alentour ? On peut en douter. Avec anxiété, ils accrochent leurs pensées à l'avenir immédiat, qui pour Jacques a un nom : Digne.

Arrivé le 16 novembre 1720, il y restera jusqu'au 10 mai 1721 [1]. Et n'y fera presque rien. En effet, « au contact de l'air pur des montagnes », comme le dit le Dr Chavergnac, un médecin de l'endroit, dans une cité éloignée de la côte et qui a su prendre les mesures sanitaires nécessaires, très peu de cas de peste sont signalés ; ce qui prouve qu'à défaut de traitement la prévention pouvait être efficace. Cette vie calme dans une ville de montagne dont l'ambiance lui était auparavant inconnue aurait pu séduire ce jeune homme que le hasard semblait vouloir épargner. Mais ce privilège inattendu ne correspond guère à ce que notre aventureux chirurgien-major souhaite. Nul acte révélateur ne s'offre à lui ! Nulle occasion de prouver son talent et son courage ! Nulle raison non plus d'espérer une maîtrise dans un contexte sanitairement aussi banal ! Digne aux champs de lavande, aux beaux horizons n'est pour lui rien d'autre qu'une ville de garnison supplémentaire où il étire sa vie sans plus d'objet qu'il n'en avait à Philippeville, entre deux combats. Désœuvrement, déambulation morose dans les allées feuillues et ombreuses, recherche de compagnie sont les activités médiocres qui s'organisent au fil des jours, à mille lieues de celles qu'il espérait. Dans l'attente de l'action, Daviel ronge son frein. D'autant plus que, selon la rumeur, la maladie refait apparition ailleurs, en particulier à Toulon, d'où parviennent des échos alarmants. La peste qui s'y était déclarée en même temps qu'à Marseille, puis calmée, semble tuer à nouveau depuis janvier. Comme à Marseille, on accuse, à tort ou à raison, des commerçants. Un certain Cancelin aurait dérobé des étoffes du *Grand-Saint-Antoine* à l'île de la Jarre malgré la quarantaine et serait rentré avec elles chez lui à Toulon, rue des Moines, où il serait mort le 11 octobre 1720. Son compère Gros, autre marchand, serait allé chercher des étoffes à Aix avec sa fille et les aurait ramenées, à dos de mulet, jusqu'à Toulon, deux billets de santé qu'il aurait frauduleusement obtenus leur ayant permis de rentrer dans la ville pourtant protégée. Gros vend ses étoffes, tombe malade et meurt en quarantaine le 22 janvier. C'est le signal du retour de l'épidémie. La réaction des autorités consulaires est immédiate. Aidé du brigadier des armées Dupont et du chef d'escadre d'Ailly, Jean d'Antrechau, premier consul, prend des mesures drastiques. Le blocus de la ville est décidé. Les mendiants et traînards sont chassés. Les quarantaines sont localisées, et l'intendance prévoit le ravitaillement de la population consignée chez elle. Ces mesures sont tout d'abord salutaires, mais au printemps la maladie reprend des proportions inquiétantes.

1. Lettre de Daviel du 17 mars 1721, d'après Alport.

Depuis Digne la protégée, Jacques, privé d'informations, cherche à mesurer l'ampleur du drame. Tâche peu aisée dans une cité dont les édiles filtrent les nouvelles et où les allées et venues des étrangers sont strictement contrôlées. Cependant, les descriptions qui lui sont faites ne laissent place à aucun doute : la peste se répand dans toute la Province. Elle tue, comme elle a tué à Marseille et désormais dans toutes les villes de Provence... avec une contagiosité extrême. Dans les villes ou les villages, des familles disparaissent au complet en quelques jours. La mort a imposé à des quartiers entiers, dont chaque maison s'est transformée en tombeau, un terrible silence. Les rares survivants, terrifiés, épuisés, affamés, rassemblent leurs faibles forces pour fuir ces lieux d'épouvante et gagner quelque abri, loin de toute vie humaine devenue porteuse de mort.

Très vite, Jacques n'y tient plus. Le 17 mars 1721, il écrit au conseiller d'État Le Beaud pour lui faire part de son désœuvrement, lui signaler qu'il n'a pas eu l'occasion d'intervenir à Digne et qu'il demande sa mutation à Toulon où la peste semble sévir. C'est probablement l'un des faits les plus marquants de la vie de Daviel et l'un des plus révélateurs de son caractère. Sa décision ne laisse aucun doute sur la nature de son engagement. L'homme est déterminé et courageux. Il revendique le service d'une cause terrible qui risque de lui être fatale, alors même qu'à Digne il assure régulièrement la mission que le Régent lui a confiée. Rien ne l'oblige, en effet, en ce printemps débutant, à rallier le danger, sinon un sens particulièrement aigu du devoir et de l'altruisme, signes d'une véritable vocation médicale.

Chapitre III

TOULON, LA MORT EN FACE

Sa lettre à Le Beaud partie, Jacques attend près de deux mois la réponse. Le 10 mai, il reçoit enfin l'ordre de se rendre à Toulon, qu'il gagne sans délai. Dès le début du mois, la peste y a pris une allure inquiétante. Le Régent a décidé d'y envoyer des secours. Accompagné de huit garçons chirurgiens, Jacques arrive au pire moment. Du 11 au 15 mai, trois cents personnes meurent chaque jour, dont l'un des chirurgiens du Régent. La ville est dévastée, sans vie, ses rues encombrées de cadavres décomposés que personne n'enterre plus sinon un bataillon de déserteurs encadrés, dont les rangs s'éclaircissent chaque jour. À l'hôpital, Jacques se dépense sans compter. Il n'a pas oublié les recommandations de ses maîtres et les applique avec conscience, mais le désastre qui l'entoure le fait douter de leur efficacité. Combien de ses compagnons de devoir voit-il mourir, emportés en quelques jours par l'effroyable maladie ? Mesure-t-il la rapidité avec laquelle s'installe cette soudaine fièvre qui terrasse, et ces bubons noirâtres qui déforment les aines, les aisselles et le cou, donnant aux mourants ces terrifiants aspects qu'ils emportent rapidement dans l'inconscience et la mort ? À quoi lui sert sa dextérité à inciser les bubons au fer rouge, en croix, à la lancette ? À quoi bon user de tous ces instruments montés sur de longs manches pour garder ses distances avec le pestiféré ? Pourquoi imposer ces saignées à de pauvres bougres râlants et vomissants, crachant le sang de leurs poumons asphyxiés ? Et lui, pourquoi est-il toujours là alors que tous meurent autour de lui ? Il reste cependant convaincu qu'il faut se protéger : éviter les souillures des agonisants, craindre les contacts des malades valides mais expectorants, et ne pas toucher le pus des bubons ulcérés et suppurants. On recommandait aux médecins de porter un costume pour se protéger. Vieux dans sa création de plus d'un siècle, il consistait en une robe d'un tissu lisse, de taffetas ou de maroquin qui ne retenait pas les miasmes que l'on supposait véhiculés par l'air. Cette sorte de cuirasse entre le pestiféré et le médecin était complétée par un étrange masque, fait de la même étoffe que l'habit, en forme de bec d'oiseau et dans lequel on accumulait des aromates. On recommandait aussi de ne jamais sortir sans avoir de l'ail dans la bouche, des aromates dans le masque, de l'encens dans les oreilles et des bésicles sur le nez. La théorie miasmatique avait ses partisans. Elle engageait à protéger son corps de l'atmosphère empestée. Les recettes étaient nombreuses, même si leur conception relevait plus de l'empirisme que de la connaissance. On s'enduisait le corps des lotions les plus variées, avec une prédilection pour l'esprit-de-vin. La liqueur anticontagieuse du Dr Ruard était censée faire merveille. Il fallait en boire deux cuillerées à bouche matin et soir. Elle contenait du bois de sureau, de laurier, de frêne, de la rue, de la sauge, de l'absinthe, du genièvre, de la thériaque, de la rhubarbe, de l'angélique de Bohême, de la myrrhe et naturellement de l'esprit-de-vin (c'est-à-dire de l'alcool). Le Dr Audibert, chirurgien du roi à l'hôpital des Citadelles de Marseille, mettait en pratique un traitement curatif, qui fut imprimé et diffusé à plusieurs milliers d'exemplaires dans toute la Provence sous le titre de « Méthode pour traiter les maladies contagieuses ». On en trouvait dans toutes les villes de la province. S'enduire le corps de vinaigre ou d'esprit-de-vin était en tout cas actif contre les puces.

L'avenir dira que, si les palefreniers mouraient de la peste moins que les autres, c'est que les puces détestaient l'odeur des chevaux qu'ils portaient avec eux. Pour les mêmes raisons, les postillons refusaient de quitter leur monture pendant l'épidémie. C'est Yersin qui nous en donnera l'explication. Au cours de la peste du Tonkin en 1894, il découvrira le bacille coupable, auquel il donnera son nom, dans le pus des bubons. Cette découverte réactualisera une vieille rumeur selon laquelle les rats meurent aussi au cours des épidémies de peste et sensiblement avant les hommes. On découvrit alors le bacille de Yersin dans le corps des rats morts, mais nul ne sut avant longtemps le rôle de la puce qui, comme le découvrit plus tard Simond, transmet le bacille du rat à l'homme. Jusqu'au XIXe siècle, rats et puces étaient les compagnons des hommes, les hôtes de leurs maisons et les complices insoupçonnés de la terrible maladie. Qui auraient pu le comprendre, tant leur présence était banale ? Les rats infestés portaient la peste. Transportés par bateau depuis l'Orient, ils répandaient la maladie à Gênes, à Marseille ou ailleurs. La puce quittait le rat infesté ou mort pour un autre rat ou pour l'homme. Ainsi comprit-on, seulement vers 1925, que la peste pouvait être transmise à l'homme par la piqûre d'une puce infestée. Telle était l'origine la plus fréquente de la peste bubonique. Mais elle pouvait aussi se transmettre directement de l'homme infesté à l'homme sain par inhalation de gouttelettes respiratoires et salivaires émises par la toux des patients atteints. Telle est alors l'origine d'une forme septicémique gravissime. La forme bubonique était la plus courante, au moins au début des épidémies. D'incubation rapide, de quelques heures à quelques jours, elle se manifestait par une fièvre élevée à 39-40 °, des frissons et l'apparition des bubons. Cette hypertrophie des ganglions lymphatiques se manifestait à l'aine, au cou, aux aisselles. Elle était très douloureuse et pouvait conduire à la suppuration. Agitation, délire accompagnaient cette forme bubonique qui, dans un nombre important de cas, se transformait en une forme septicémique foudroyante. La forme pulmonaire, liée au contact direct, d'installation rapide, prenait l'apparence d'une affection respiratoire particulièrement sévère, très fébrile, avec des crachats sanguinolents, des crises de suffocation conduisant en quelques heures à la mort. Laissons parler Papon dans son *Histoire de Provence*. « Les personnes qui étaient attaquées de cette maladie éprouvaient d'abord une soif ardente, l'insomnie et des pesanteurs de tête. Il s'y joignait une lassitude, avec une extinction de la voix, des nausées, des vomissements, des ardeurs d'urine, des crachats teints de sang, une sueur abondante, des frissons et des convulsions accompagnées de délire. Le mal se manifestait ensuite par des bubons de la grosseur tantôt d'une amande tantôt d'un œuf de poule ; quelquefois on n'en avait qu'un et plus souvent deux, avec des douleurs violentes, quoique sans inflammation. Il n'était pas rare de les voir rentrer ; mais pour l'ordinaire ils crevaient, et alors les douleurs devenaient insupportables. Outre ces bubons on avait assez souvent des charbons (taches cutanées), quelquefois jusqu'à douze, tantôt noirs, tantôt livides et tantôt couleur de pourpre, accompagnés d'ardeurs très vives, ou de pustules qui rongeaient les chairs. La plupart des malades devenaient enflés. Cependant il y eut beaucoup de personnes qui moururent subitement sans avoir donné aucun signe de maladie. Les cadavres étaient horribles à voir : ils avaient le visage contourné, les membres raides et ordinairement contractés [1]... » Durant l'épidémie provençale, on ne connut pas l'habituelle hécatombe de rats qui, selon la tradition, précède celle des hommes. Elle fut même surnommée « peste sans rats ». Il est difficile d'imaginer le départ de la contagion, fût-il limité, sans le vecteur des puces, commensales des rats, et sans les rats eux-mêmes. Mais il est

1. L. Gimon, *Chroniques de la ville de Salon*, Nîmes, éd. Lacour, 1995 (réédition de l'ouvrage paru en 1882, Aix-en-Provence).

logique d'admettre que la puce humaine, même sans le rat, a joué un rôle en transmettant le bacille de l'homme à l'homme par l'intermédiaire commun des vêtements ou des étoffes parasités.

Prévenir la contagion des sujets sains était pour Jacques la tâche essentielle. Devant les cas déclarés, il n'était en effet possible que d'assister les agonisants, d'atténuer leur détresse, de faire boire le malade déshydraté et délirant de fièvre, d'inciser les bubons tendus et douloureux, de panser les plaies suppurantes et en fin de compte d'appeler le prêtre qui tendrait l'hostie au mourant à l'extrémité d'une longue tige forgée pour ce seul usage. Peut-on imaginer aujourd'hui combien cette mission était horrible, menée avec une précarité quasi totale de moyens, avec l'impossible isolement des patients dans des chambrées surchargées, aux lits collectifs, la désorganisation d'un service sanitaire dans lequel mouraient aussi ceux qui soignaient... et ceux qui enterraient, la panique devant la mort presque inéluctable des autres et l'idée permanente, obsédante de sa propre mort ? Et pourtant, des hommes luttaient, essayant de saisir un fil d'action plausible dans tout ce désarroi. On isolait les quartiers atteints, on marquait d'une croix rouge les maisons infestées ; on clouait des planches sur les portes et les volets des maisons que l'on voulait clore, on désinfectait les appartements. On mettait en quarantaine, on condamnait les familles à rester chez elles, on isolait de force les suspects. On veillait à l'interdiction de vendre les hardes des morts, on surveillait le devenir de leurs meubles, toutes actions sensées et qui étonnent dans ce désordre épouvantable. Des prévôts de santé veillaient à l'exécution des actes d'hygiène alors même qu'ils étaient candidats à la mort. Et parfois il fallait sévir. Apaiser une émeute déclenchée par la faim, le désespoir, la peur. Fusiller l'imprudent malveillant qui, en transgressant les lois, avait ramené la maladie dans un quartier de la ville.

C'est dans ce climat que survivent Jacques et ses compagnons. À Toulon, ils sont trois cents garçons chirurgiens pour soigner à l'hôpital deux mille cinq cents malades. Nélaton, chirurgien-major de Marseille, garde une bien pauvre impression de la qualité des soins dispensés, mais qui pourrait faire mieux ? A-t-il quelque pitié pour ces garçons chirurgiens ? Une terrible pâleur marque leur visage. Une angoisse constante les étreint. Chacun observe l'autre avec autant de compassion que de crainte. N'aurait-il pas le cou gonflé, cette chaleur des mains suspecte de fièvre, cette sueur soudaine qui annonce la maladie ? L'autre est ce compagnon, cet ami devenu soudain malade et... tueur à la fois. Objet de sollicitude puis de dégoût. Digne d'attendrissement et de répulsion.

Dehors, les cloches sonnent, à n'en plus finir, l'appel des morts que l'on enterre dans les fosses communes faute de temps, de bras pour le faire, de famille pour les accompagner. Dehors, une odeur pestilentielle, que l'on n'oubliera jamais plus, traîne les rues, envahit les demeures, porte à vomir. Pour mesurer les heures infernales que vécurent tout à la fois les disparus et les survivants de ce terrible été 1721, il suffit de donner deux chiffres. De mai à juillet, sur vingt mille habitants, treize mille cent quatre-vingt-quatre morts. Jacques est l'un des survivants.

En cet été débutant, il reste si peu de vivants à Toulon que la peste enfin s'apaise. Rien toutefois n'annonce de répit dans la mission de Jacques. À Arles, où les premiers cas remontent au début du printemps, l'épidémie flambe. Jusqu'au 30 avril, il n'y a eu que cinquante-six morts, mais en mai on en a compté cent trente. Mgr Vintimille, archevêque d'Aix, y a envoyé deux chirurgiens, Laborde et Durand, qui trouvent la cité en plein désarroi et dépourvue de toute initiative efficace. Des centaines de malades présentent des bubons effroyables, que les chirurgiens entreprennent d'inciser à la chaîne. Le 19 juillet, Jacques quitte Toulon en compagnie de sept autres chirurgiens, de huit infirmières, de deux infirmiers, de deux confesseurs et de trente-cinq « corbeaux ». Ils embarquent sur une tartane qui, croisant au large de Marseille, rejoint Arles en péril par le grand Rhône. Depuis juin, cent personnes y meurent chaque jour. Des émeutes ont été réprimées dans le sang. Cinq cents personnes mourront encore pendant le séjour de Daviel. Puis, comme partout où la peste sévit, le calme revient progressivement. Mais à peine respire-t-on ici qu'on appelle au secours là. Salon demande des renforts. L'épidémie, que l'on avait crue vaincue, vient d'y prendre à nouveau une tournure inquiétante. Daviel reçoit l'ordre de s'y rendre en compagnie de son collègue Chrétien, mandaté comme lui par le Régent, d'un chirurgien nommé Roux et de deux apothicaires, Boissin et Aullet.

Chapitre IV

SALON, LES LEÇONS DE L'EXPÉRIENCE

Très tôt le matin du 26 août 1721, nos compagnons, après avoir jeté un dernier regard sur les toits des maisons, roses de lumière frisante, quittent l'antique cité vidée de ses habitants. Huit mille cent cinquante-deux des quelque dix mille Arlésiens sont morts depuis le début de l'épidémie. Trente-deux médecins et chirurgiens les ont accompagnés dans la tombe. Le regard des survivants est saturé des images glanées pendant ce triste et terrible mois... celles des mourants et des morts. Le monde qu'ils quittent ce matin-là est si fantastiquement atroce qu'ils se surprennent à douter d'être toujours en vie. Pourtant, ils sont vivants, épuisés mais vivants. Sensibles même, en ce tôt matin, à la douceur du spectacle que la campagne leur offre, si fraîche encore, à quelques lieues de l'enfer. Indifférente aux événements de la vie des hommes, la nature de part et d'autre du chemin poussiéreux qui les mène à Salon chante au soleil. Les vergers abandonnés regorgent des fruits mûrs que nul n'a pu cueillir. Paradis déserté en quête d'hommes innocents et vierges de toute douleur. Comment l'évidente beauté des lieux, comment une telle paix peuvent-elles succéder, si simplement, à d'aussi effroyables instants ? Pourtant, tout au long de la route, dans la plaine de la Crau qu'ils traversent, la mort reste présente, portée par des moissonneurs saisonniers. Face à la misère de tous, les autorités ont parfois inconsidérément levé les interdits.

Ce n'est que tardivement dans l'après-midi que Jacques et ses compagnons retrouvent, entre Eyguières et Salon, des vallons couverts d'oliviers. Il fait presque nuit lorsqu'ils découvrent, se détachant sur le ciel encore clair, l'ombre du château de l'Empéri écrasant de sa masse énorme les murailles de Salon. Ils se présentent à la porte d'Aix, la seule encore ouverte au passage des étrangers ou des paysans désignés pour les tâches de ravitaillement. On les attend, mais, la règle étant impérative, l'officier de garde leur assigne, par ordre du bureau permanent de santé, une quarantaine obligatoire. Elle l'est pour tout individu arrivant d'une zone infestée. On les oriente donc vers l'habitation et l'enclos d'Antoine de Saint-Marc, à quelques lieues de Salon. La peste sévit depuis presque un an, et les Salonnais ont appris la rigueur à leurs propres dépens.

On a à Salon un souvenir bien vivant de la peste, qui avait déjà dépeuplé la jolie petite cité en 1631 et en 1649. On se souvient de terribles épidémies plus lointaines encore. Nostradamus, né à Salon et héros de la ville, n'avait-il pas été un médecin admiré pendant l'épidémie de 1545 qui, après celle de 1518, avait décimé la population de Provence ? Aussi, dès le 4 août 1720, le consul-maire de Salon a-t-il réuni un conseil général. Tout commerce avec les villes du voisinage et surtout avec Marseille a été interdit. Un bureau provisoire de santé publique a été créé, composé de quelques notables de la ville. Une garde, soumise à l'autorité des anciens capitaines d'infanterie Mathias Bernard et Gaspard Jauffret, a été levée et l'on a engagé les citadins les plus qualifiés à la rejoindre, afin d'assurer de façon très efficace la garde des portes. Le 25 août, le bureau de santé a été transformé en instance permanente. Enfin, le 2 septembre, le médecin Barthélemy Tartonne et le chirurgien Joseph Félix ont été délégués à Lançon, à quelques lieues seulement de Salon, où la peste est signalée. Nous retrouverons ces deux personnages.

Le maître chirurgien Félix participe depuis longtemps à la vie de la commune. En 1701, en qualité de troisième consul, il recevait déjà, avec les autres magistrats de la ville, les ducs de Bourgogne et de Berry, puis la reine d'Espagne qui traversaient Salon. Sa première femme, Marie-Anne Eyroux, est morte en couches, à l'âge de quarante ans. Elle lui a donné cinq enfants : une première fille dénommée Anne, morte en 1700, puis une seconde du même prénom, l'année suivante. En 1703 naît Marie, en août 1704, un garçon appelé Jean-Baptiste et, deux ans plus tard, un second fils, Jean-André. Après la mort de son épouse, le Dr Félix convole en secondes noces. Le 14 mars 1712, il épouse Charlotte Avon, dont il aura trois filles, Thérèse, Marie-Anne et Melchionne qui ne vivra que trois jours (mars 1715). C'est dans l'atmosphère paisible d'un bonheur conjugal et familial retrouvé que Joseph Félix se trouve confronté, en ses qualités de notable et de chirurgien, à l'épidémie qui s'annonce. Il se rend à Lançon avec Tartonne. L'examen des malades qui leur sont présentés ne leur laisse aucun doute : la peste est bien à Lançon, depuis huit jours. À leur retour, on leur interdit judicieusement de rentrer en ville, et ils sont soumis à quarantaine hors de la ville, là même où Daviel et ses compagnons seront logés à leur arrivée. Pendant ce temps, les règles de protection sont renforcées, l'infirmerie Saint-Roch réparée et la surveillance renforcée. C'est ainsi que sont appréhendés deux soldats des galères de Marseille qui ont rapporté sur les territoires de Salon des marchandises. Les objets suspects sont saisis et brûlés. Tout jusque-là semble fonctionner à merveille. On ne signale aucun cas de peste à Salon, malgré les imprudences ou les infractions signalées ici et là, et l'on se convainc peu à peu de l'efficacité des mesures adoptées. Mais c'est sans compter sur l'imprudence de Catherine Marin. Cette paysanne du quartier de Trés-Castel, surnommée la Crestade, profite de l'autorisation de sortir de Salon pour aller travailler aux champs. Elle ne résiste pas à la tentation de ramener des vêtements volés chez des fermiers, tous morts de la peste. Quelques jours plus tard, elle est elle-même atteinte, de même que ses voisins de quartier. C'est ainsi que la peste, tout au long de novembre, court de la rue Malespine à la rue Derrière-Château. Nul n'aurait compris comment le fléau a pu franchir tous les barrages savamment et sérieusement conçus si Catherine, juste avant de mourir, n'avait fait l'aveu de sa faute dans un grand élan de repentir. Son imprudence a entraîné la mort de neuf Salonnais. Elle a installé le drame dans la place.

On réagit fermement en barricadant les rues Malespine et Derrière-Château, en interdisant les rassemblements, la fréquentation des églises et en dressant des autels en plein air, sur les places publiques, pour y célébrer la messe. Face à la panique, les énergies se ravivent. Le nombre des malades croît cependant rapidement, et ceux qui soignent sont peu nombreux. Comme partout ailleurs, la plupart des médecins et des chirurgiens, de même que les autres notables, sont partis à la campagne ou sont restés terrés chez eux. C'est alors que Tartonne et Félix sortent de quarantaine et sont chargés des infirmeries. On trouve à leurs côtés François Tournaire, médecin, Pierre Martel et Antoine Moly, chirurgiens, Joseph Imbert et Joseph Sanguin, aides-chirurgiens. Les trois consuls décident de loger à l'hôtel de ville pour agir avec plus d'efficacité. Ils obtiennent de Le Bret et Caïlus des subsides pour les plus démunis. Mais bientôt on relève huit à dix décès par jour ; Antoine Moly, le chirurgien, meurt le 10 décembre. Saint-Roch regorge de malades, dont certains sont dirigés vers le logis Sainte-Marthe du sieur Jaubert, transformé en infirmerie. Les suspects de contact avec des pestiférés sont consignés au couvent des Cordeliers où les moines paient de leur vie leur immense dévouement. On doit condamner à mort un récalcitrant imprudent, Joseph Deydier, qui est fusillé à la barrière de Pesseguier le 14 décembre pour insubordination et désobéissance. Au même moment, la décision est prise de mettre tous les habitants en quarantaine dans leurs maisons et d'interdire aux paysans de sortir de la ville « sous peine de la vie ». Des commissaires de quartier sont chargés de distribuer les vivres dans les maisons. On extrait de celles-ci les suspects de contagion pour les conduire de force à l'infirmerie. Un ordre sévère règne à l'intérieur de celle-ci. Les médecins et les chirurgiens y assurent une garde de jour et de nuit. Des pères religieux y confessent les mourants et administrent les sacrements sans relâche. Les surfaces communes sont lavées à grande eau, l'air corrompu est désinfecté en brûlant du soufre ou en répandant des parfums au romarin, au thym, au genièvre, à l'orpiment... au point d'en incommoder les malades, d'en imprégner les murs. On marque les convalescents de blanc afin de les reconnaître et d'éviter de leur parler ou de les toucher, puis on les consigne finalement hors de la ville au moulin de Châteauneuf. Malgré toutes ces mesures, deux cent soixante personnes, cent vingt-deux à leur domicile et cent trente-huit dans les infirmeries, meurent entre le 15 novembre et la fin décembre. Deux cent soixante-quinze Salonnais disparaissent au cours des deux premiers mois de la nouvelle année. On se résigne au triste spectacle des tombereaux remplis de cadavres que des fossoyeurs dévoués vont jeter dans des fosses communes creusées à la hâte, hors de la ville. Le 15 mars, alors que Jacques Daviel est toujours à Digne, un répit semble se dessiner. On relâche le blocus et on permet aux ouvriers agricoles de retourner aux champs. Presque tous les médecins et les chirurgiens profitent de cette accalmie pour quitter la ville et partir se reposer à la campagne. Mais à peine y sont-ils que de nouveaux cas de peste sont signalés. Ils doivent regagner leur poste au plus vite. L'apothicaire Jean Lambot ne survit pas à son retour ; il meurt le 22 avril. Un remplaçant est détaché d'Aix.

Puis, capricieuse, la maladie semble prendre une allure moins sévère à partir de juin. On déplore encore un ou deux décès par jour, mais les cas sont moins nombreux, et l'on guérit plus facilement. Cette accalmie permet de remettre de l'ordre dans les affaires de la ville. Le conseil consulaire est renouvelé, deux consuls sur trois ayant disparu. On remercie le consul Damian de son action parce qu'elle est apparue à certains trop autoritaire, et l'on nomme noble Louis d'Isnard premier consul sur recommandation du prince-régent. Il est assisté de Guillaume Martinon, notaire, second consul, et de Mathias Michel, bourgeois, troisième consul. Joseph Félix leur est attaché en qualité de trésorier honoraire. Le 9 juillet, le chirurgien Imbert ayant déclaré que depuis le début du mois il n'y avait plus de malades en ville, le bureau de santé l'autorise à se retirer à la campagne. Pourtant, dès le 15, on signale une recrudescence brutale de l'épidémie. Les malades sont atteints d'un délire soudain et irrépressible, avant de sombrer dans un coma profond. Deux cent sept nouveaux décès sont enregistrés entre le 15 juillet et le 30 septembre. L'horreur est à nouveau partout présente : à l'infirmerie où l'on évacue précipitamment les morts vers les fosses remplies de chaux vive du domaine de la Penne derrière le rocher ; dans la ville où l'on fusille une femme de trente-huit ans, Marguerite Barotte dite Rappi, parce qu'elle a caché des hardes de pestiférés dans l'hôpital. Imbert, rappelé à Salon, meurt ainsi que le Dr Tartonne, l'ami de Joseph Félix. Le 15 août, la quarantaine est une nouvelle fois reconduite. C'est au pire moment de cette récurrence de la maladie que les consuls appellent de nouveaux secours.

L'intendant Le Bret s'empresse de les prélever sur le contingent d'Arles, où l'épidémie s'apaise, et donne l'ordre à Daviel, à Chrétien et à leurs compagnons de se diriger sans délai vers Salon où nous les avons vus arriver le 26 août. Leur quarantaine est écourtée. Ils sont logés dans le voisinage de la porte d'Arles, à l'auberge du sieur Pierre Vaisse où ont été cantonnés les médecins et les chirurgiens depuis le début de l'épidémie. De là ils rejoignent les infirmeries dans lesquelles ils assurent un tour de garde jour et nuit. Ils effectuent également le contrôle des habitations pour y déceler les cas suspects et les diriger vers Saint-Roch ou le couvent des Cordeliers. Jacques côtoie chaque jour Joseph Félix. Ce dernier remarque la compétence et l'expérience du nouveau venu, forgées au feu d'un combat dont il connaît tous les aspects. Jacques lui parle des épreuves passées, lui raconte l'horreur portée à son paroxysme à Toulon puis à Arles. Son apparence garde l'empreinte de cet apprentissage singulier. Il porte sur son visage l'assurance tranquille de celui que plus rien n'étonne. Il sait adoucir le mal, parfois le vaincre et surtout le supporter. Les circonstances, celles de l'action et celles des conversations, forgent une sorte d'intimité entre Félix et Daviel. C'est alors qu'une des filles de Félix tombe malade. Sa fragile cadette est atteinte du mal au plus terrible moment de sa virulence. En cette épreuve, comme en beaucoup d'autres, Jacques est là. C'est lui qui prend en main le destin chancelant de Marie. Il se substitue au père dont il sait qu'il n'est plus capable de décider, de juger, d'ordonner. Depuis qu'il s'est dévoué à cette cause inouïe, vaincre la peste, jamais il n'a encore soigné quelqu'un qu'il connaît, exception faite de ses camarades de rencontre et de combat qu'il a aidé à mourir ou à guérir. Aussi fait-il tout ce qu'il peut, épuise-t-il toutes les recettes glanées sur les agonisants pour sauver celle qu'on lui confie. Mais en vain. Marie meurt le 23 septembre.

La fille du Dr Félix est l'une des dernières victimes de cette longue tragédie salonnaise de presque une année. Dans la dernière quinzaine d'octobre, on peut enfin affirmer que la peste a presque complètement disparu à Salon. Après le 26 octobre, on ne comptera plus qu'une douzaine d'individus malades de façon espacée et sans issue mortelle. La ville est à bout de ressources. Les consuls distribuent les maigres subsides qu'ils ont reçus de l'intendant. On cherche une nourriture trop rare ; on accuse les médecins et les chirurgiens des infirmeries presque désertées d'abuser des facilités qu'on leur laisse et de manger, en compagnie de leurs domestiques, une part trop grande de la viande destinée aux malades. Ils seront désormais rationnés. Toutefois, tout le monde respire ; on pleure ses morts, mais chaque jour qui passe apporte les preuves que le mal est vaincu. Les infirmeries sont fermées le 29 novembre. Les rues s'animent, quelques rares et précaires marchés s'organisent ; les prix y sont excessifs, mais on se réjouit du retour autorisé de quelques légumes ramenés de la campagne où l'on commence à s'aventurer à l'intérieur d'un périmètre contrôlé. En cette fin d'année 1721, le blocus de Salon est toujours maintenu, mais le marquis de Brancas autorise de plus en plus les communications avec la campagne environnante. On célèbre à nouveau la messe à Saint-Michel et à Saint-Laurent. On se retrouve rue de l'Horloge, sans toutefois pouvoir en franchir librement la porte. Le territoire ne sera débloqué, avec quelques réserves, que le 8 avril, juste après Pâques. Cette décision marque la fin officielle de la peste à Salon. On la célèbre d'ailleurs avec éclat : une grande procession, le dimanche de Quasimodo, part de l'église Saint-Laurent pour se rendre à l'infirmerie Saint-Roch, désormais fermée, où tant de Salonnais sont morts. Saint-Roch, le patron de tous les pestiférés, est présent dans les prières des survivants. Le soir, un feu de joie est allumé devant l'hôtel de ville, et le lendemain une députation prend la route pour aller rendre hommage au marquis de Brancas puis à Mgr de Janson de Forbin, archevêque d'Arles, personnages éminents que les consuls avaient sollicités à plusieurs reprises et qui avaient aidé Salon.

Chapitre V

LE TEMPS DES COMPTES

Six mois se sont écoulés depuis la mort de Marie. Six mois pendant lesquels on a pansé ses plaies et peu à peu retrouvé les habitudes d'une vie presque normale. Joseph Félix est reconnaissant à Jacques de l'avoir soutenu dans l'épreuve. Tous deux ont pris l'habitude de travailler ensemble. La peste s'étant retirée, la chirurgie ordinaire a repris ses droits. Félix joue le rôle du maître que Jacques n'a plus depuis son départ de l'Hôtel-Dieu ; il lui enseigne la pratique quotidienne qu'une petite cité offre au chirurgien. Jacques montre à son maître qu'il est instruit des méthodes modernes employées à l'Hôtel-Dieu. Il n'hésite pas à opérer d'une fistule la nommée Barielle, et à traiter plusieurs habitants de la ville, à leur plus grande satisfaction. Lors d'un épisode dramatique de la vie de Salon, Félix lui confie une tâche importante. Un jeune enfant de quatre ans meurt dans des circonstances mystérieuses. Le bruit court que la cause de sa mort n'est autre que la peste. Seraitelle de retour ? Seule une autopsie permettrait d'apporter une réponse à cette angoissante question. Et Daviel excelle en autopsie. Il obtient l'avantage de la réaliser non pas dans la solitude d'un amphithéâtre, mais devant un public nombreux où se reconnaissent tous les notables de la ville, parmi lesquels, au premier rang, le premier consul d'Isnard et le commandant Puget. Jacques « fait l'ouverture [du corps] et en visite toutes les parties qu'il trouve fort saines ». Il affirme doctement que le jeune Jean-Baptiste Flaud n'est pas mort de la peste et qu'il n'y a donc aucune raison de s'inquiéter. Adroitement, il suggère au consul Isnard et au commandant Puget de rapporter ce fait au marquis de Brancas, ce qui pourrait confirmer à l'éminent personnage que la Provence possède en la personne de ce distingué « envoyé de la Cour » un actif serviteur. Actif et encore si peu récompensé du dévouement qu'il a prodigué sans compter, au risque de sa vie...

En effet, Jacques a bien peu reçu des autorités auprès desquelles il s'est engagé depuis bientôt dix-huit mois. Il a présenté sans grand succès à l'intendant Le Bret ses certificats de bons et loyaux services : celui de l'évêque de Digne, qui affirme qu'il a exercé ses fonctions « avec zèle et art » et dont il aurait reçu une avance de 100 livres ; ceux de Toulon, d'Arles et de Salon. Le 14 novembre, il écrit encore à Le Bret pour l'informer que « Salon va très bien », qu'il « a fermé l'infirmerie de Saint-Roch et qu'il ne reste plus dans celle de Sainte-Marthe que cinq malades qui iront bientôt en quarantaine », manière de rappeler qu'il a accompli son travail et que ce travail mérite, sans doute, le salaire promis. Il n'omet pas de préciser qu'il se considère toujours au service de la Provence par ordre du Régent et que, lorsqu'il n'aura plus de malades, ce qui ne saurait tarder, il se mettra à la disposition de ce dernier. « Quand je serai nécessaire, je serai prêt à obéir. » Ces quelques considérations ne sont que le post-scriptum d'une lettre dans laquelle il tente de défendre ses intérêts. En avril et en mai, pendant qu'il était encore à Digne, il n'a rien touché. Les mois de septembre, octobre et novembre 1721 lui sont toujours dus. D'après les états dont il a pris connaissance, ne prétend-on pas d'ailleurs ne lui accorder que 200 livres par mois, alors qu'il est dû 300 livres « aux envoyés de la Cour », selon les termes de l'appel des échevins de Marseille ? Il a signé son engagement sur ces bases-là. Aussi insiste-t-il : « J'espère que vous aurez la bonté de me faire toucher ce qui me revient de mes appointements car j'en ay grand besoin. » On peut s'étonner de la lenteur avec laquelle les autorités royales honorent des services qu'elles auraient payés à n'importe quel prix au temps de leur affolement. Mais il n'y a plus d'argent. La pauvreté est partout, les campagnes sont déshabitées ; les villes sont peuplées d'indigents qu'il faut secourir, les institutions sont désorganisées.

Dans son dénuement, Jacques trouve auprès de Joseph Félix l'aide essentielle à sa survie. C'est par le truchement de son maître d'adoption, très lié aux consuls, que Jacques avait pu obtenir quelque 40 livres par mois pour sa nourriture et 6 pour son logement, en attendant de recevoir ce qu'on lui devait. C'est par son intermédiaire encore que les consuls relancent l'intendant Le Bret en sa faveur. En décembre, ils lui affirment que « le sieur Daviel a très bien et heureusement servi aux infirmeries et dans la ville », puis en janvier suivant, qu'« il a travaillé dans nos infirmeries avec tant d'application et un si heureux succès que nous pouvons assurer que nous devons la vie de plusieurs de nos habitants à sa capacité et à son expérience sur la maladie contagieuse ».

À Salon, une étrange métamorphose touche les survivants de chaque famille. À l'accablante soumission au malheur succède une intense aspiration au bonheur. Un sentiment de grâce gagne chaque rescapé, l'impression d'une protection révélée qui lui impose l'obligation d'être heureux. En ces premiers jours de mars, ce sentiment coïncide avec la réapparition des rayons bienfaisants du soleil et des produits des jardins qui s'étalent sur les marchés. L'animation regagne progressivement les quartiers qui s'ouvrent à nouveau à la vie. Certes, personne n'oublie ses morts. Trop rares sont les familles qui n'ont perdu aucun de leurs membres. Neuf cent trente-deux personnes ont disparu en une année, le quart de la population. Les médecins Tartonne et Tournaire, les chirurgiens Moly et Imbert, Martel et Giraud et les deux apothicaires Lambot et Boissin sont morts. Personne n'oublie, mais tous aspirent à vivre. C'est dans cette ambiance de renaissance, de nouvelle chance offerte à ceux qui ont survécu, que Joseph Félix songe de plus en plus sérieusement à unir Anne, sa fille aînée, à ce garçon qu'il apprécie depuis plusieurs mois. Tous les Salonnais éprouvent de l'estime pour Jacques qui ne s'est jamais dérobé devant les terribles situations qu'ils ont partagées. Ce que le Dr Félix sait de sa conduite à Toulon et à Arles ne peut que renforcer le respect qu'il éprouve pour ce garçon, jeune encore, mais déjà si fort d'une exceptionnelle expérience. Pendant la maladie de Marie, Jacques avait témoigné une maîtrise de soi, un dévouement, un don de lui-même qui avaient étonné notre vieux chirurgien, dont la détresse s'était trouvée atténuée par sa présence.

Les fiançailles se déroulent avant Noël 1721. Le 15 janvier, on convie les deux jeunes fiancés à tenir sur les fonts baptismaux le fils d'un employé du Dr Félix, Jacques Roch Laugier. C'est peu après la levée du blocus et la procession de la Quasimodo que le mariage est célébré. Le chanoine et curé Pignard rédige sur le registre de l'église paroissiale Saint-Michel le texte suivant : « L'an 1722 et le dix-neuf avril, j'ai épousé en face de ceste église sieur Jacques Daviel, maître chirurgien envoyé de la Cour, âgé de vingt-neuf ans, fils légitime et naturel de sieur maître Pierre Daviel, tabellion Royal, et de femme Mademoiselle Élisabeth Nicolas, natif de La Barre, diocèse d'Évreux, Province de Normandie d'une part et honette fille demoiselle Anne Félix âgée de vingt et un ans, fille légitime et naturelle de sieur Joseph Félix, maître chirurgien, et de femme demoiselle Marianne d'Eyroux de cette ville de Salon d'autre. Après trois publications faites dans cette paroisse et dans la paroisse de La Barre sans aucune opposition et par permission expresse de M. Le Camus, vicaire général du Diocèse, et je leur ay donné la bénédiction nuptiale en présence de noble Louis d'Isnard escuier, de Saint-André Attenoux notaire Royal, de sieur Antoine Blanc et d'Elzear Berard notaire clerc. »

Jacques est qualifié de maître chirurgien, ce qui sonne mieux que garçon chirurgien aux oreilles des notables de Salon, au premier rang desquels et en qualité de témoin se trouve noble Louis d'Isnard, premier consul de la ville. Après la messe, au bras de son épouse, Jacques s'arrête sous le porche de l'église Saint-Michel, face aux parents et aux amis rassemblés sur l'étroite place pavée. En cet instant, il comprend qu'il est bien désormais le gendre de l'honorable docteur et ancien troisième consul de Salon Joseph Félix. Sa vie errante prend fin. Une ère nouvelle s'ouvre. Pour la première fois depuis son adolescence, il retrouve le soutien d'une famille reconstituée. Il tient dans sa main la fine main d'Anne. Tous deux désormais partageront la même aventure.

Grâce à sa compagne, sa vie de garçon sans racines se transforme en un destin tout provençal. Loin des pommiers fleuris, des cours d'eau alertes, des vertes prairies, des brumes et des pluies de l'hiver, des étables pleines de senteurs fortes, des distilleries de l'automne. Quoique meurtrie, la Provence l'a séduit. Il ne s'est pas un jour lassé, même aux pires moments, de cette lumière généreuse que peuvent seuls apprécier les gens du Nord, ni du chant des cigales, ces témoins du jour qui passe, ni des douceurs du soleil de midi, l'hiver, offert comme une avance sur l'été. Le beau ciel de printemps que les jeunes époux devinent entre les toits se fait l'innocent complice de ce bonheur nouveau, alors qu'avec leurs invités ils rejoignent la place de l'ancienne halle où se tient l'auberge qui les accueille.

La veille de ce jour, l'union de Jacques et d'Anne a été scellée devant le sieur Attenoux, notaire de Joseph Félix et témoin du mariage. Les conditions du contrat vont aider singulièrement le jeune couple : c'est plusieurs milliers de livres en louis d'or, écus d'argent et autres bonnes monnaies qui leur sont remis ainsi que des coffres contenant le trousseau d'Anne, ses robes et ses bijoux [1]. Une avance bien utile quand on sait le dénuement de Jacques. L'exercice d'un médecin ordinaire rapporte environ 1 000 livres par mois. La dot d'Anne permettra au jeune couple d'attendre le règlement de ce que l'intendance doit à l'« envoyé de la Cour ». Car, en dépit de deux relances envoyées l'une à Le Bret lui-même, l'autre au procureur du pays, il n'a toujours reçu aucune réponse. Il en sera ainsi jusqu'en juillet, où il recevra un acompte dont le solde ne sera versé qu'un an plus tard. Sur le décompte qu'on lui remet, on consent à lui verser le solde de ce qui lui était dû à Digne : du 1er au 12 juin, 33 livres, ce qui fait bien peu par jour. Pour Toulon et Arles, 740 livres, et pour Salon, 1 165 livres. Soit un total de 1 938 livres sur lequel on lui remettra à Marseille, le 22 août, 900 livres d'acompte. Les États de Provence ne régleront le solde qu'un an plus tard, mais ils

1. À cette époque, le louis valait à peu près 24 livres et l'écu 6 livres.

lui verseront 1 500 livres au lieu des 1 038 livres restant dues, manière de témoigner à Daviel la reconnaissance de la Provence et de réparer les dommages d'un si tardif règlement.

En cette fin d'avril 1722, Jacques a pris femme, il a dans sa bourse quelque monnaie, il appartient à la bonne société de Salon, où il est estimé. Une seule chose lui manque s'il veut s'y maintenir : la maîtrise de chirurgie. Elle lui a été promise en récompense de son engagement. C'est à Marseille qu'il faut aller la chercher, auprès des échevins.

TROISIÈME PARTIE

Chirurgien à Marseille

Chapitre premier

UNE NOMINATION À REBONDISSEMENTS

Au moment où Jacques s'apprête à partir pour Marseille, des rumeurs parviennent jusqu'à Salon selon lesquelles la peste serait de retour dans la grande cité. Quoique très jeune marié et désormais en charge d'une famille, Jacques se considère toujours « envoyé de la Cour », et donc disponible. N'a-t-il pas écrit encore récemment à l'intendant Le Bret : « Ainsi quand je n'aurai plus de malades, je recevrai toujours les ordres de Votre Grandeur ; quand je serai nécessaire, je serai prêt à obéir. » Tandis qu'à Salon on salue par un *Te Deum* la fin du malheur, les rumeurs se confirment à Marseille. « Un premier décès a lieu rue de la Croix-d'Or dans la paroisse des Accoules. [...] Puis trois ensuite dans cette même rue. Le 8 on a emmené aux infirmeries six malades de la peste ; le 13, la rue de la Croix-d'Or est fermée [1]. » Cette fois, il n'est pas question de se laisser déborder. Le bureau sanitaire agit avec célérité. On hospitalise les suspects à la Charité. On creuse des fosses communes. Le souvenir de la place des Tourettes est trop présent dans les mémoires pour ne pas prévoir le pire. Les familles et les habitants du quartier contaminé sont isolés au Lazaret. On engage des « corbeaux » que l'on surveille étroitement afin qu'ils ne se sauvent pas à la première occasion comme durant l'été 1720. Les régiments de Brie et de Flandre cernent le territoire de Marseille. « Il ne faut absolument laisser sortir personne de Marseille et son terroir de quelque temps pour n'effrayer le public », écrit le marquis de Brancas, animé du constant souci de ne

1. C. Carrière, M. Courdurie et F. Rebuffat, *op. cit.*

pas affoler le peuple. Et cet ordre est assorti d'une menace de mort. Chacun s'enferme chez soi. « Déjà la ville n'est plus qu'une triste solitude [...] la moitié des habitants est aux campagnes du terroir, le reste des bourgeois est enfermé dans leurs maisons à la ville [2]. » On comprend l'angoisse de ces cinquante mille survivants qui ont perdu près de quarante mille des leurs pendant l'été 1720. Aucune mesure ne peut leur paraître superflue. Tous ont appris, il y a peu, qu'une fois pris dans le tourbillon de la contagion nul ne peut prédire ce qu'il adviendra. N'étaient les mesures drastiques prises par Langeron, ils auraient d'ailleurs des raisons de s'inquiéter. Les mêmes causes produisant les mêmes effets, les recteurs désertent en effet l'hôtel-Dieu, suivis par les médecins et les chirurgiens, et malgré la menace de perdre leurs droits civiques et d'être exclus de l'agrégation au collège [3]. Comme deux ans plus tôt, deux camps se forment dans Marseille : ceux qui fuient ou s'enferment en attendant des jours meilleurs, et ceux qui acceptent le combat. Parmi eux, on retrouve l'infatigable Dr Bertrand, l'évêque de Belsunce, Langeron et les échevins, Estelle, Moustier, Dieudé et Rémusat, toujours présents et qui ne dételLent pas. Sept médecins et chirurgiens viennent spontanément offrir leurs services. Parmi eux se trouve Jacques Daviel.

Arrivé dès les premiers jours de mai, il se rend aussitôt à l'hôtel de ville, où il se présente en qualité d'envoyé de la Cour. Ses attestations, remises par les autorités de Digne, de Toulon, d'Arles et surtout de Salon impressionnent favorablement les autorités municipales. Daviel est désormais un Provençal, certes d'adoption récente, mais il est aussi le gendre du Dr Félix, en exercice sur un territoire voisin, responsable à Salon de la lutte contre la peste et personnage dont la recommandation ne laisse pas indifférent. On l'accueille donc à bras ouverts. Pour les échevins, il est important de recruter un chirurgien expérimenté, aux états de service particulièrement sérieux. La situation est encore pleine d'incertitude, et le quadrillage sanitaire de la ville bénéficiera à l'évidence d'une recrue de cette valeur. Jacques est affecté au quartier de la Blanquerie, derrière la Bourse de commerce actuelle, sous les ordres du Dr Bertrand. Celui-ci, que nous avons déjà vu à l'œuvre, est l'un des héros de la peste marseillaise de 1720. Héroïque par son civisme, présent en tous lieux et pendant toutes les péripéties de l'épidémie, il le fut aussi par ses compétences médicales, en manifestant un à-propos et un bon sens sans égal dans la lutte contre la maladie. Quelques années plus tard, il fera de la peste une *Relation historique* qui reste encore, de nos

2. M. Lucenet, *Les Grandes Pestes en France*, Aubier-Montaigne, 1985.
3. F. Alessi, « Le séjour de J. Daviel à Marseille et en Provence », thèse de médecine, Marseille, 1971.

jours, l'un des ouvrages les plus instructifs sur les ravages qu'elle fit à Marseille [4].

Auprès de Bertrand, la tâche de Jacques se révèle facile et sans rapport avec ce qu'il a connu précédemment. Il est amusant de constater que, dans les notes biographiques concernant Daviel, on insiste sur son rôle éminent dans la peste de Marseille, alors qu'il a été tardif et limité, et en aucun cas comparable avec celui, admirable, qu'il a tenu à Toulon, à Arles ou même à Salon. Daviel est l'homme de la peste de Provence plus que celui de la peste de Marseille, qui ne sera pour lui qu'un bref épisode. Les mesures préventives mises en place par Langeron et les échevins se montrent en effet d'une réelle efficacité. Au cours de cette récidive, on n'enregistrera « que » cent soixante-quatorze morts. On est loin de l'hécatombe précédente. Dès le début juin, sur soixante et une personnes hospitalisées, quarante-six sont hors de danger. Le mal continue à s'affaiblir, puis disparaît définitivement. « Le terroir est net de contagion depuis le 26 juillet et la ville depuis le 16 août », affirme Langeron, qui à partir de septembre ne cessera de publier des ordonnances de prophylaxie couvrant les cinq paroisses de la ville. Toutes les instances civiles et religieuses y participent. Il s'agit de stériliser les magasins supposés contenir des marchandises contaminées, les friperies et leurs dépôts, les demeures des familles disparues, les couvents, les églises, les entrepôts de textile, de cuir, le mouillage des navires dans la rade, etc. On « parfume » aux vapeurs de térébenthine ou de soufre les maisons vidées des literies suspectes ; on lave à la chaux ou au vinaigre les planchers, les murs, les plafonds, les portes, les poutres, l'argenterie, la vaisselle. On remplace par une croix blanche sur les façades la croix rouge qui avait signalé la présence de pestiférés dans les maisons désormais désinfectées. Il en est ainsi des maisons collectives, couvents, auberges, hôtels, bastides qu'on remet en fonction après que le responsable sanitaire du quartier et un commissaire ont dûment constaté que la désinfection a été accomplie. Jacques est associé à ce travail, qu'il accomplit selon Bertrand avec « beaucoup de zèle et d'application ».

Chef de famille, il recherche un logis capable d'accueillir un couple peu fortuné et sachant depuis quelques semaines qu'il attend un enfant. Marseille n'en est pas dépourvu, car quarante mille Marseillais ont hélas trouvé depuis peu une autre demeure. Encore faut-il que ce logis ait été désinfecté conformément aux décrets Langeron et faut-il obtenir l'autorisation de l'occuper. Jacques trouve finalement une maison dans un quartier populaire, étendu autour de l'église Saint-Martin, celui de la friperie. Il est alors constitué d'un lacis d'étroites ruelles, dont la plu-

4. M. Bertrand, *Relation historique de la peste de Marseille de 1720 (Amsterdam)*, J. Mossy, Imprimeur du Roi de la marine et Librairie du Parc à Marseille (1779), réédition.

part des maisons possèdent une boutique exiguë dans laquelle s'entassent les fripes usagées que l'on échange, que l'on rapièce ou que l'on revend. Toute une marchandise – propre à diffuser la peste – s'étale parfois sur le parvis de la petite église, et souvent même jusqu'au pied du calvaire plaqué contre le mur du presbytère et protégé seulement d'une fragile grille. « Il se dégageait de toutes ces vieilles choses usagées une odeur fade, écœurante qui faisait penser à celle des souks orientaux [5]. » Même si la puanteur était alors chose ordinaire, à laquelle la maison et les corps n'échappaient pas, il n'en reste pas moins qu'il s'agit là d'une modeste installation pour notre couple, qui pouvait prétendre à mieux. Mais pour l'instant, Marseille n'est pour Jacques qu'une ville de passage, le lieu où il négociera sa maîtrise, où lui seront payées les sommes qui lui sont dues. Il est toujours l'homme d'une mission, le major de passage. Est-il donc bien utile d'engager des dépenses importantes en habitant l'un de ces grands logis désertés, si l'on doit regagner Salon, ou quelque petite cité cherchant un maître chirurgien ? D'autant plus que le jeune ménage ne roule pas sur l'or. Jacques n'a pour l'instant touché que 900 livres d'acompte sur les 1 938 qu'on considère lui devoir. Il devra attendre un an avant d'être gratifié des 1 038 livres restantes. Ce n'est pas avec ce qu'il possède à ce jour qu'il peut faire bombance. Il faut survivre, et aux moindres frais.

Les barrières et les cordons sanitaires de Marseille ne seront levés qu'en novembre 1722. La désinfection générale est tout juste achevée en décembre, permettant aux familles réfugiées à la campagne de rentrer, aux galères de reprendre leurs fonctions et aux autorités de supprimer la garde des portes et les billets de santé. On avait chanté le *Te Deum* de la délivrance bien avant, fin septembre, mais le parlement d'Aix n'enregistre l'ordonnance de déconsignation que contraint et forcé en janvier 1723. Bien que la méfiance demeure, la ville renoue ses liens commerciaux : avec les îles d'Amérique en janvier, avec les Pays-Bas, l'Allemagne, l'Angleterre en mars, le Levant en mai, et le reste du monde en juin. Les marchandises débarquées à Marseille ne pourront à nouveau circuler en France sans quarantaine qu'à la fin du mois de juin. La foire de Beaucaire est rétablie le 22 juillet. Malgré ces heureuses décisions, il faudra toutefois attendre 1724 pour que Marseille retrouve un fort taux d'activité. Entre 1722 et 1724, la cité panse toujours ses plaies. Elle doit se repeupler, et le fait. Une forte natalité reprend. Entre 1722 et 1724, on baptise autant d'enfants que pendant les trois années qui ont précédé l'épidémie, et ce malgré les ravages démographiques. « La peste provoque l'amour », dit-on. En effet, la nuptialité double. Et le

---

5. J. Figarella, *J. Daviel, maître chirurgien de Marseille, oculiste du Roi* (1693-1762), Marseille, Robert, 1979.

nombre de nouveaux venus augmente singulièrement. Cette forte immigration est avant tout régionale, mais provient aussi des autres régions françaises et dans une moindre mesure de l'étranger. « Une fois de plus, une ville guérie de la peste attirait une forte immigration d'artisans, de commerçants, de domestiques, de journaliers appelés par les offres d'emplois et de bons salaires [6]. » Toutefois en 1765, la population ne sera que de 87 495 habitants, alors qu'un recensement de 1716 en relevait 88 645. Rappelons que la peste en avait tué près de quarante mille et que quarante-cinq ans seront nécessaires pour reconstituer la population marseillaise.

Humainement, le bilan de la peste provençale est effroyable. Économiquement il est désastreux, même si les riches négociants marseillais semblent avoir su, pendant les périodes d'accalmie, sauvegarder certains secteurs de leur activité en les exportant. En 1722, la situation est en tout cas affligeante pour le petit peuple, les fabricants, les portefaix, les constructions marines, les pêcheurs et tout un monde de petits artisans aux familles décimées et à la clientèle disparue.

Cette effroyable catastrophe, dernière des grandes pestes d'Europe, aura concerné l'ensemble du royaume : mobilisation de sept régiments de troupes régulières pour le cordon sanitaire, soit huit mille huit cents hommes renforcés de cinq mille autres. De mars à août 1721, mobilisation, entre Avignon et Sisteron, de centaines de paysans pour construire le mur de la peste, long de 100 km, haut de 2 m et bordé d'un fossé profond. Réunion de trente-trois mille fantassins et de trois mille cavaliers pour surveiller les routes, les carrefours, les villages des zones limitrophes de la Provence afin de limiter tous les déplacements, vecteurs d'épidémie. Surveillance du trafic maritime et côtier par un nombre important d'unités de la marine croisant au large de Marseille. Envoi de secours, de farines, de grains et d'argent en grande quantité, même si la ville a toujours disposé de moyens monétaires importants.

La renaissance de Marseille et la sérénité retrouvée portent à l'oubli, à l'indulgence. Les intendants, accusés de multiples irrégularités et de complaisances coupables, ne seront pas sérieusement inquiétés, pas même l'intendant semainier, Tiran, qui a fait ou laissé falsifier la déposition du capitaine Chataud. L'ancien intendant Estelle recevra la croix de Saint-Michel, des lettres de noblesse et une gratification de 6 000 livres, juste avant de mourir le 16 janvier 1723 [7]. Les autres échevins complices d'Estelle, Moustier, Dieudé et Audimar, seront aussi anoblis et recevront de bonnes gratifications. Le roi attribuera à Belsunce l'administration de l'abbaye Saint-Arnould, que ce dernier dirigera depuis Marseille, tout

6. M. Lucenet, *op. cit.*
7. J. N. Biraben, *op. cit.*

en restant l'évêque adulé de ses ouailles. Le peintre Gérard voudra l'honorer en le représentant avec des pestiférés sur les marches de sa cathédrale. Le bailli de Langeron, l'infatigable organisateur du retour à la vie normale d'une ville souillée des cadavres de ses habitants et dépourvue de moyens, méritera amplement la charge de lieutenant général des armées, en même temps que 12 000 livres d'appointements. Roze, le Chevalier, lutteur bénévole, héros du nettoyage de la place de la Tourette, recevra l'office de capitaine d'infanterie et sera immortalisé en pleine action par le célèbre tableau de De Troy.

Il convenait également d'honorer les médecins et les chirurgiens engagés dans la bataille. Si, comme nous l'avons vu, quelques-uns avaient fui, beaucoup étaient restés, et en restant avaient choisi la mort. Sur les onze agrégés de Marseille, exerçant avant l'épidémie, huit avaient conservé au moins partiellement leur poste, cinq avaient contracté la peste et trois en étaient morts. Quant aux chirurgiens, on sait par le Dr Bertrand qu'il n'en restait que quatre sur vingt-neuf et que tous les aides-chirurgiens avaient perdu la vie. Bilan effroyable s'il en est, qui témoigne élogieusement de l'engagement du corps médical dans la lutte contre l'épidémie. Notons toutefois, au passage, les différences qui marquent l'engagement des médecins et celui des chirurgiens. Ces derniers, qu'on envoyait sur le terrain en priorité, avaient moins de chance de survivre. Nouvelle illustration de la vieille tradition qui laissait aux uns les soins du corps et aux autres la réflexion du stratège. La justice veut cependant que l'on confirme le rôle admirable des médecins de la peste, qui luttèrent contre elle sans compter. Peut-être leur meilleure connaissance de la maladie et de la façon de s'en protéger peut-elle d'ailleurs expliquer leur taux de survie plus élevé.

Les médecins étrangers qui avaient répondu à l'appel des échevins seront eux aussi récompensés. Les professeurs montpelliérains tout d'abord, qui furent moins remerciés par les édiles de Marseille que par le Régent. Après un retour chaotique à Montpellier, deux quarantaines mal tolérées, un incendie et un naufrage, ils seront accueillis par leurs concitoyens au milieu des acclamations, des arcs de triomphe et des illuminations. Ils recevront des lettres de noblesse et 2 000 livres chacun. Mais les échevins veulent aussi récompenser les plus modestes praticiens, ces chirurgiens qui ont témoigné un réel dévouement à la cause pour laquelle ils se sont engagés. Avec Fondomme, Arnaud, Viguier et Nicollas, Daviel est l'un des rares bénéficiaires étrangers des remerciements des échevins. Il dispose d'antécédents valeureux sur tous les champs de la peste en Provence et de l'appui élogieux du marquis de Brancas, de l'évêque de Marseille lui-même, Mgr de Belsunce, de Langeron et surtout du Dr Bertrand.

En 1676, peu après une épidémie de peste, Louis XIV avait offert aux échevins le privilège d'accorder la maîtrise, à seule fin de les aider à regrouper autour d'eux, en cas de péril, une équipe de volontaires qu'il fallait bien motiver par quelque avantage. Rappelons qu'une démarche similaire avait été mise en place pour le recrutement d'urgence des chirurgiens-majors dans l'armée à l'ouverture de la campagne de 1709. C'était à vrai dire une procédure exceptionnelle qui contournait le cursus normal de sélection des chirurgiens. Aussi était-elle pratiquement considérée par ceux-ci comme irrégulière, et ne manquaient-ils jamais d'en contester la valeur. En effet, l'accès à la charge de chirurgien reposait, au début du XVIIIe siècle, sur le respect de règles à peu près généralement admises. Un apprentissage de plusieurs années était obligatoire auprès d'un maître chirurgien responsable. Puis il fallait présenter un chef-d'œuvre, c'est-à-dire une thèse devant un jury composé de chirurgiens-jurés. Examen sérieux s'il en était, qu'à juste titre les maîtres chirurgiens privilégiaient dans la sélection de leurs futurs confrères. Ils avaient d'ailleurs tout intérêt à le faire dans la mesure où les médecins n'hésitaient jamais à disqualifier les œuvres des anciens barbiers. La fin du cycle s'achevait par le règlement d'un droit, d'un montant de 200 livres à l'époque qui nous concerne, au Collège des chirurgiens. Celui-ci était en effet propriétaire des charges de chirurgie de la cité, et contrôlaient ainsi la démographie chirurgicale. À la réflexion, on ne peut qu'apprécier l'existence d'un tel système lorsque l'on sait combien les irrégularités entachaient alors l'exercice de la chirurgie, comme d'ailleurs celui de la médecine. Sans doute la sélection n'éliminait-elle pas tout népotisme ou toute complicité de classe, mais du moins entretenait-elle la notion de contrôle, fort nécessaire car toute récente dans cette profession. Le charlatanisme y faisait encore fureur, les rebouteux étaient légion, et les empiriques audacieux. Cette sélection justifiait la recommandation que Pierre Dionis avait formulée quelques années plus tôt : « Il y eut de tout temps des charlatans. Il y en a aujourd'hui plus que jamais, et Dieu veuille que leur nombre n'augmente pas pour le salut public [8]. »

Le 12 août 1722, Jacques Daviel reçoit solennellement, de la main des échevins, la maîtrise de chirurgie : « Nous Moustier, Dieudé, Rémusat et Saint-Michel, Échevins protecteurs et défenseurs des privilèges de cette ville de Marseille, conseillers du Roi, lieutenants généraux de police, ayant plu au défunt Roy, de glorieuse mémoire, par lettres patentes du mois de septembre 1675, de nous permettre de choisir en temps de peste tel nombre de compagnons chirurgiens que nous juge-

8. P. Dionis, *in* Delaunay, *La Vie médicale au XVIIe et au XVIIIe siècle*, Paris, 1935, éd. Hippocrate.

rons nécessaires, pour s'exposer au service des pestiférés, et après la maladie finie, leur donner des lettres de Maîtrise et exercer l'art de chirurgien, sans être obligé de faire aucun chef-d'œuvre, le Sieur Daviel, chirurgien, natif de Paris, fils de Élisabeth de Mernoville (*sic*), sait (*sic*) porté à nous dans les mois derniers et aurait offert de servir les pestiférés pendant tout le temps que durerait le renouvellement de peste, et ayant nous, accepté son service, nous l'avons employé à panser les pestiférés du quartier de Blanquerie sous les ordres de M. Bertrand, docteur en médecine de cette ville, et ayant servi avec beaucoup de zèle et d'application ainsi qu'il est justifié par le certificat du Sieur Bertrand ci-joint, nous avons eu devoir lui doner (*sic*) des lettres de maîtrise qui lui donnent droit à tous les privilèges, honneurs, prérogatives des autres chirurgiens. Il est dispensé d'examen et de chef-d'œuvre et du paiement des droits au corps des maîtres chirurgiens. À condition expresse que ledit Daviel ne pourra en temps de contagion s'absenter de cette ville mais qu'il sera tenu d'exercer la dite chirurgie et de servir sous nos ordres. » Signé : Moustier, Dieudé, Rémusat, Saint-Michel, Échevins. Serment prêté, signé en marge : Daviel.

Gagner maîtrise par les voies détournées avait été imposé à Jacques par la dure loi de la sélection dans un univers de compétition étroit et cruel. Fondomme et Arnaud, ses compagnons, avaient emprunté la même voie. Grâce à leur maîtrise, les voici tous trois chirurgiens de la peste à Marseille. Une médaille de la croix de Saint-Roch leur sera remise quelques mois plus tard en souvenir de cet événement, sur la proposition du marquis de La Vuvillière. Elle porte d'un côté la légende : « *Lud. XV instituit* », et de l'autre : « *Propter fugatam pestem massiliensem* ».

Cette décision des échevins est parfaitement claire. Sa rédaction est particulièrement précise en ce qui concerne les conditions d'obtention de la maîtrise et d'exercice de la charge de chirurgien. Elle l'est moins si l'on remarque que le prénom de Daviel n'est pas mentionné, qu'il est prétendu né à Paris, et que le nom de sa mère, Nicolas, est remplacé par Mernoville. On doute que ces informations aient pu être fournies par quelqu'un d'autre que Jacques, qui a peut-être voulu conférer à son nom une petite note de respectabilité. Les conditions d'exercice qui lui sont offertes sont en tout cas avantageuses et remarquablement protégées : autorisation immédiate lui est faite d'exercer son métier en officine, en ville, sans examen, sans thèse, sans droits, sans même le regard formel du corps des chirurgiens. De tels avantages représentaient aux yeux de ces derniers des conditions bien irritantes. Raison de plus pour penser que les échevins restaient prudents dans leur sélection et n'attribuaient ces avantages importants qu'à des sujets parfaitement méritants. Les chirurgiens auraient eu trop grand plaisir à démontrer devant leurs pairs l'inanité d'un choix imprudent.

Dans le passé, les échevins avaient déjà eu maille à partir avec les maîtres chirurgiens de Marseille. Selon un privilège propre à la ville, les enfants naturels confiés à la garde de l'hôpital du Saint-Esprit et de Saint-Jacques-de-Galice (dénomination première de l'hôtel-Dieu) pouvaient briguer, après six années de service, le titre de « chirurgien-gagnant-maîtrise » et donc celui de chirurgien, par des accords purement municipaux, échappant aux décisions des chirurgiens. En 1692, ces derniers avaient déposé plainte auprès du parlement d'Aix contre la nomination du jeune Guirard, enfant naturel. Ils reçurent à cette occasion l'appui du premier chirurgien du roi, et la décision des notables marseillais fut annulée. Les échevins se doutaient bien qu'un recours analogue serait tenté par les chirurgiens contre *leurs* chirurgiens de la peste, ne fût-ce que pour affirmer leur pouvoir et consolider des droits chèrement acquis. Les nominations de Daviel, de Fondomme et d'Arnaud, ces étrangers sans reproches, pouvaient d'ailleurs signifier à leur égard une manière de blâme, indirect mais néanmoins déplaisant. Le Dr Bertrand n'était pas étranger non plus à cette nomination, lui qui n'avait pas été avare de critiques à l'égard de beaucoup de ses collègues. Autant de raisons qui ne disposaient pas les maîtres chirurgiens marseillais à la clémence.

On ne sera donc pas étonné d'apprendre que ceux-ci refusent la nomination des chirurgiens de la peste et engagent un recours auprès du parlement d'Aix. Bien que les conditions de la nomination des nouveaux venus reposent sur des lettres patentes parfaitement explicites, ils engagent un long procès, soutenu par toute une série d'arguments aussi spécieux que rébarbatifs. Cependant, le parlement reste ouvert aux droits des chirurgiens de la peste ; celle-ci est encore présente en toutes les mémoires. L'attribution d'une maîtrise en remerciements de services exceptionnels va de soi et, dans des circonstances si tragiques, la démarche des chirurgiens marseillais apparaît bien mesquine. Aussi le parlement rejette-t-il leur démarche en donnant raison aux échevins et en condamnant le corps des chirurgiens à payer les frais du procès. Pourtant, l'affaire n'en reste pas là. Les maîtres chirurgiens font appel à plusieurs reprises, avec un acharnement qui frise l'indécence et qu'expliquent leur rancœur et leur jalousie. Rancœur d'avoir été tenus à l'écart de choix contraires à leurs principes, et de voir récompensés de valeureux jeunes gens dont le dévouement souligne et rend d'autant plus choquant leur trop mol engagement. Jalousie à l'égard de ces chirurgiens de la peste qui se révèlent rapidement pourvus de qualités et de soutiens. En effet, dès le 30 octobre 1722, selon une procédure annuelle, les échevins, qui ont un pouvoir de tutelle sur l'hôtel-Dieu de

Marseille et de ce fait régissent toute son administration, procèdent au renouvellement des chirurgiens de l'hôpital par quartier. À la grande surprise des maîtres chirurgiens, sur quatre postes à pourvoir, ils nomment trois chirurgiens de la peste : Daviel, Fondomme et Nicollas. Un seul poste est réservé à un Marseillais, Roustant, du quartier des Accoules. En cette occasion, on ne peut accuser les échevins de renier leur choix, ni même d'hésiter sur les moyens de promouvoir leurs protégés. Et on imagine aisément la stupeur des maîtres chirurgiens marseillais devant cette décision. Non contents d'exercer leur talent sur leur propre territoire, ces prétendus collègues héritent à présent de la notoriété que leur confère un rôle hospitalier ! Semblable affront ne va certes pas diminuer l'ardeur des chirurgiens en place à contester la validité des maîtrises des nouveaux venus. Pendant huit ans, par parlement interposé, deux camps irréductibles vont se livrer un combat dérisoire, nourri d'arrière-pensées, de reproches inavoués, de rancune, d'oppositions personnelles et de vieilles haines.

En effet, les plaignants, rejetés à plusieurs reprises en appel, portent l'affaire devant le Conseil d'État. Quant à Daviel, associé à Fondomme et fort de l'appui des échevins, il n'hésite pas à défendre pied à pied ses prétentions et ses droits auprès du Conseil du roi.

Dans l'ordonnance que celui-ci rendra, il est fait expressément mention de « l'intervention des deux chirurgiens de la peste ». Est-ce une mention ordinaire traduisant tout simplement la requête desdits chirurgiens excédés des lenteurs des procédures aixoises et ayant décidé de porter l'affaire devant le Conseil du roi ? Ou s'agit-il d'une manœuvre plus personnelle émanant de l'un ou l'autre de nos hommes en relation avec des protections de la Cour susceptibles de clore l'affaire en les aidant ? Auprès de qui ? Un nom vient immédiatement à l'esprit, car aucune décision ne pouvait intervenir sans l'avis et sans le contrôle de celui qui avait l'honneur de le porter : Georges Mareschal, premier chirurgien du roi. Il l'est depuis la mort de Félix en 1703. À l'époque où Daviel est censé le solliciter, Mareschal est tout-puissant. Il a fait créer, en 1724, non sans opposition de la Faculté, cinq places de démonstrateurs royaux à Saint-Côme. Il a acquis le soutien sans conditions du roi de telle sorte que, bientôt, la suzeraineté de la Faculté sur les chirurgiens ne sera plus qu'une apparence. Par ailleurs, la création de l'Académie de chirurgie à laquelle il se consacre avec La Peyronie est proche puisqu'elle se fera en 1731, une année seulement après la publication des décisions concernant nos chirurgiens. L'avis de Mareschal est donc essentiel pour toute décision concernant un conflit tel que celui qui oppose nos chirurgiens de la peste aux chirurgiens jurés de Marseille. C'est vers lui que se sont fatalement orientées toutes les recommandations que les échevins de Marseille et ceux de Daviel et Fondomme ont eu le temps de réunir au cours de cette longue procédure. À côté de ces actions directes, il est probable que d'autres recommandations ont été versées au dossier. Chicoyneau, si proche de Chirac encore présent à la Cour et témoin direct du combat contre la peste, pouvait plaider en leur faveur. Sans avoir agi sur le même terrain que Jacques, il pouvait connaître ses actions courageuses en Provence et peut-être avait-il côtoyé, pendant l'épidémie, Fondomme, l'autre plaignant. Joseph Félix et d'Isnard, à Salon pouvaient facilement approcher le marquis de Brancas. Ne l'avaient-ils pas déjà fait pour que ce dernier recommandât Jacques auprès des échevins de Marseille ? Brancas avait fait parvenir à Daviel, en mai, une lettre fort élogieuse sur sa conduite pendant la peste. Il n'était pas difficile de trouver des arguments en sa faveur et de les porter à la connaissance de ceux qu'il fréquentait à la Cour. La judicieuse recommandation d'un personnage important fait souvent plus d'effet qu'un bon dossier, fût-il irréprochable. Il fallut sans doute tout le poids de ces recommandations réunies pour que le contenu des décisions prises par le Conseil du roi fût non seulement favorable aux deux chirurgiens requérants mais encore plus spécialement à Daviel. Le paragraphe 6 de l'arrêté rendu concerne ses compétences particulières en anatomie et confirme ce qu'il fait depuis longtemps à Marseille. Sa rédaction semble avoir été dictée pour lui car ils n'étaient guère nombreux ceux qui pouvaient prétendre à une telle connaissance de la dissection. Trouver quelqu'un capable de l'enseigner à Marseille, et qui le fait depuis plusieurs années, est une occasion unique pour Mareschal et La Peyronie qui désirent doter toutes les grandes villes de France d'un tel enseignement. C'est une opportunité qu'ils saisissent dans le cadre d'une discipline dont ils favorisent l'émancipation. Nul autre qu'eux-mêmes n'aurait pu décider aussi franchement du sort de nos chirurgiens. Par ailleurs, quelle qu'ait pu être la démarche auprès de Mareschal, il n'y a rien d'étonnant à ce qu'elle ait été bien reçue. Nous avons évoqué l'origine modeste de celui qui était devenu le chirurgien le plus fameux de Paris, origine qui devait l'incliner à favoriser une carrière comme celle de Jacques Daviel ou de ses compagnons. Saint-Simon, qui l'eut comme chirurgien et comme ami, nous rapporte de son illustre contemporain les traits suivants : « Outre sa capacité dans son métier, Mareschal était un homme qui, avec fort peu d'esprit (*sic*), avait très bon sens, était plein d'honneur, de probité et d'aversion pour le contraire ; droit, franc et vrai, et fort libre de le montrer, bonhomme et rondement, homme de bien, et fort capable de servir et par équité ou par amitié, de se commettre très librement à rompre les glaces auprès du Roi, quant il se fut bien initié (et on était bientôt dans ces sortes d'emploi, familier auprès de lui) ; Mareschal était la probité et la vertu mêmes. » Tel il était auprès de Louis XIV, tel il sera auprès de Louis XV dont il fut aussi le premier chirurgien grâce à l'entremise du Régent dont il s'était montré l'ardent défenseur auprès de Louis XIV, alors qu'on l'accusait d'avoir voulu empoisonner la famille royale. Mareschal, par ces dispositions d'esprit, pouvait être sensible aux qualités de nos chirurgiens de la peste, d'autant qu'elles servaient opportunément sa politique.

Le 12 avril 1730, Daviel, Arnaud et Fondomme obtiennent donc enfin satisfaction : « Le Roy en son Conseil, en interprétant en tant que besoin les lettres patentes accordées aux échevins de la ville de Marseille au mois de décembre 1676 et celles accordées aux recteurs de l'hôtel-Dieu de la ville a ordonné et ordonne ce qui suit : "Article 1 : Les chirurgiens privilégiés de la ville de Marseille, tant des hôpitaux que de peste seront unis et agrégés à la communauté des chirurgiens de la ville pour à l'avenir, ne faire qu'un seul corps avec ladite communauté, sans en pouvoir être distraits pour quelque cause ou occasion que ce soit." »

Intégration on ne peut plus claire de nos chirurgiens de la peste dans la communauté des chirurgiens de Marseille. Suivent sept autres articles précisant l'honorabilité desdits chirurgiens, dûment attestée par les échevins, et l'assimilation de leurs rétributions à celles des maîtres de chef-d'œuvre. Quelques concessions sont toutefois accordées aux plaignants. Les chirurgiens de la peste devront en effet « subir dans l'hôtel de ville de Marseille, en présence des échevins, un simple examen d'agrégation lequel sera fait par le lieutenant du premier chirurgien, les deux prévôts de ladite communauté et le nombre de chirurgiens d'icelle qui seront commis à cet effet, par le Sieur Procureur Général du Parlement de Provence, et seront tenus lesdits chirurgiens, de payer chacun lors de leur agrégation pour tous frais et bourse commune, la somme de 200 livres ».

Le Conseil du roi, désireux de mettre un terme à cette procédure qui n'en finissait pas de rebondir, a su adroitement confirmer la décision des échevins et en moduler l'annonce aux chirurgiens revendiquants. Pour ces derniers, l'honneur est sauf. Mais l'article 6 contient des recommandations auxquelles ils ne devaient guère s'attendre : « La communauté des chirurgiens sera tenue de faire tous les ans un cours d'anatomie et d'opération pour faciliter l'instruction des jeunes chirurgiens et en cas qu'elle manque de sujet, il lui en sera fourni par les recteurs et administrateurs de l'hôtel-Dieu. » On reconnaît la position favorable à l'anatomie inspirée par la politique royale. La création d'un tel enseignement, inexistant à Marseille jusqu'alors, ne peut que favoriser directement les intérêts de Daviel, sans rival sur ce terrain.

Il est mentionné dans l'intitulé de l'ordonnance du roi qu'elle est rendue « sur intervention de Jacques Daviel et Armand-Robert Fondomme ». Sont-ils allés jusqu'à en inspirer une rédaction pour eux si favorable ?

Un arrêt du parlement d'Aix, paru le 26 janvier 1731, autorise Jacques à subir l'examen d'université recommandé par le Conseil du roi. Le procès-verbal de cet examen rapporte que « les Sieurs Maréchal et Leclerc (maîtres chirurgiens de Marseille) après avoir examiné ledit Daviel lui ont rapporté (audit Latour), que ledit Daviel avait répondu pertinemment et qu'il avait une connaissance de toutes les parties de la chirurgie et de l'anatomie et qu'il estoit très capable d'en exercer les fonctions et d'estre agrégé dans le corps des maîtres chirurgiens dudit Marseille..., signé par Montvallon, commissaire, et Séguiran adt du Roi ».

Le même arrêt confirme à Daviel l'obligation de payer les 200 livres au collège des chirurgiens qui doivent l'inscrire dans les trois jours dans « le catalogue des maîtres de ladite communauté et ce pour en jouir depuis le vingt-sept juin mil sept cent trente ».

Une note de la bibliothèque de l'université d'Aix ajoute des précisions sur la manière dont s'est déroulé l'examen d'agrégation. « Il [Daviel] l'avait subi avec tant d'applaudissement que les chirurgiens de Marseille furent condamnés à le recevoir avec dépens. » Non seulement les aptitudes scientifiques de Daviel sont reconnues, mais encore possède-t-il l'art de présenter plaisamment ce qu'il sait ; et le don d'enseigner. Nanti de telles qualités, il ne pouvait que susciter l'estime de ses amis les échevins et de ses malades, et se sentir le courage d'affronter la communauté des chirurgiens qui avait tant tardé à l'admettre dans ses rangs.

Chapitre II

UN CHIRURGIEN AU TRAVAIL

Nommé chirurgien de quartier en compagnie de Fondomme, de Nicollas et de Roustant, Daviel n'avait pas attendu la confirmation bien tardive de sa maîtrise pour remplir ses fonctions. En dehors de la pratique de la chirurgie dans son officine privée, il était tenu d'exercer pendant trois mois consécutifs (à tour de rôle, par quart d'année, d'où la dénomination de chirurgien « par quartier »), à l'hôpital du Saint-Esprit. Chaque jour de ce trimestre, il assurait une visite des blessés, tandis qu'un médecin de quartier examinait ses malades. Cette division en quartier, qui pourrait paraître segmenter les activités des chirurgiens de service ainsi désignés à tour de rôle, était compensée par l'obligation qu'avait chacun d'entre eux pendant sa période de service de tenir des réunions communes d'information, au moins une fois par mois ; cette mesure judicieuse permettait d'uniformiser le savoir et les attitudes thérapeutiques. La tradition voulait, d'autre part, qu'aucune intervention de chirurgie ne soit pratiquée dans l'hôtel-Dieu sans avoir été précédée d'une consultation des médecins et des chirurgiens de la maison. Il est intéressant de souligner ce souci d'assurer par un travail collectif et critique les meilleurs soins aux malades, souci qui, en ces temps d'imprécision scientifique, apparaissait, peut-être plus que de nos jours, comme une impérative nécessité, ou tout au moins un moyen de se rassurer.

Pendant leur temps de service, les chirurgiens de l'hôpital étaient officiers municipaux et constituaient en cette qualité le « Conseil de santé de la ville », Conseil qui devait prendre les décisions utiles aux habitants et qu'on a vu en action à maintes reprises pendant la peste. En dehors de ces attributions, ils étaient exemptés de toute charge publique [1].

Cette situation était plus honorifique que réellement rémunératrice. Jacques ne touchait que 100 livres par mois pour ses activités hospitalières. Mais elle était très recherchée dans la mesure où elle permettait à la fois d'enseigner et d'acquérir une grande expérience professionnelle. Les médecins et les chirurgiens n'étaient nommés que pour une année, mais la fonction était renouvelable. Ainsi Daviel fut-il nommé en 1723, puis en 1725 en compagnie de ses collègues Amoreux, Dalest et Aulanier. En 1727, il retrouve Fondomme avec Aulanier et Latour. En 1728, il est nommé en compagnie du Dr Bertrand, qui fait partie de l'équipe des médecins, puis en 1729 et 1731.

Rien ne distinguait réellement le travail de Daviel de celui des autres chirurgiens, et nulle spécialité ne semblait devoir lui être personnellement attribuée. Il pratiquait surtout la petite chirurgie, qui fournissait à l'époque une grande part des occasions d'opérer. En ces temps d'hygiène relative, combien d'abcès, de panaris, de plaies fallait-il inciser chaque jour, combien de petites plaies que les artisans ou les marins se faisaient aisément dans les actions quotidiennes de leur vie ? Elles constituaient, avec l'obligation des pansements, le lot commun du chirurgien. Restait la grande chirurgie, celle que l'on organisait avec les collègues ou celle que l'urgence imposait. On réparait les os brisés, on taillait la pierre, ce que Jacques avait appris à Paris avec Boudou ; on traitait les fistules, les hernies et occasionnellement on abaissait la cataracte. Mais surtout, suivant les indications des médecins, on saignait, avec tout l'art de l'époque et ses grandes variations. Jacques était aidé par un gagnant-maîtrise, choisi parmi les enfants abandonnés dont l'hôpital avait la charge, et lui-même responsable de cinq ou six apprentis. Charles Robert, son premier gagnant-maîtrise, mourut très tôt, mais Jérôme Girard deviendra l'un des plus illustres chirurgiens marseillais.

L'hôpital de Marseille, né de la lente réunion de deux hôpitaux antérieurs, ceux du Saint-Esprit et de Saint-Jacques-de-Galice, n'est alors en rien comparable au grand Hôtel-Dieu de Paris. Agrandi en 1692 et récemment en 1719, il attend une modernisation qui ne prendra corps que bien plus tard, en 1753. C'est donc dans une structure composite, dont certaines parties remontent au Moyen Âge, que Daviel exerce. On y pénètre par un escalier, très large à sa base et rétréci en son sommet, « *l'oustau dei tregie escalie* » aux treize hautes marches qui conduisent à une cour en équerre, bordée sur deux côtés par des galeries à piliers.

1. F. Alessi, *op. cit.*

Cette petite cour distribue les locaux administratifs et la chapelle. Les étages sont réservés à l'hospitalisation, pour les hommes au premier, pour les femmes au second. Les salles de chirurgie, séparées des salles de médecine, possèdent trente-neuf lits. Deux cent cinquante malades vivent dans cet hôpital, mêlés à presque autant d'enfants recueillis. La vive lumière de Provence confère à cet endroit une heureuse apparence, plus proche de celle des rues voisines que d'un centre de soins, et trop exigu pour les sept cent cinquante personnes qui y vivent quotidiennement, personnels, malades et enfants recueillis. Le désordre y est roi, et les recteurs voient avec consternation « le vice s'y introduire » et transformer « cette maison qui devrait être l'école de la vertu et l'asile de la pudeur en un tel bordeau qu'on y est saisi d'horreur et de compassion ». Rude appréciation que ne balance guère l'aspect de « caravansérail [1] » de la cour où picorent les poules et où pendent aux fenêtres des linges multicolores mollement animés par la brise. Au gré de ses nominations par les échevins, c'est ce lieu que Jacques retrouvera pour y exercer ses fonctions de chirurgien, avec des alternances pendant lesquelles il n'aura d'autres ressources que celles de sa pratique privée.

Un office avait été conçu dans sa demeure, à l'image de ceux que l'on édifiait à l'époque, sorte de boutique adjacente au logis et signalée par une enseigne, selon la vieille tradition des barbiers qu'avaient conservée les chirurgiens et que réprouvaient tant les médecins. Les gens du quartier venaient y demander secours. Jacques, longue silhouette noire dans son pourpoint à petits boutons, à grands revers un peu élimés, à rabat carré noué sous le menton et souvent défait, allait à grands pas pressés de l'hôpital à son office, de l'office au domicile d'un blessé, de celui-ci à l'hôpital. On connaissait bien dans le quartier cet homme souriant, simple, toujours ouvert à la misère du petit peuple auquel il donnait souvent et gratuitement le conseil qu'il réclamait.

1. J. Figarella, *op. cit.*

Chapitre III

UN ANATOMISTE CHEVRONNÉ

Il est un trait scientifique qui caractérise Jacques Daviel depuis qu'il a fréquenté les hôpitaux publics, dont on ne sait s'il est inné ou s'il est le résultat des enseignements reçus très tôt dans sa vie, mais qui le porte à préférer incontestablement le fait objectif plutôt que l'idée reçue. En ce sens il est, à son insu, un homme de son siècle, persuadé que l'observation des faits porte en elle une vérité qui ne s'accorde pas toujours avec ce que les enseignements passés ont considéré comme acquis. Convaincu également qu'il existe dans la critique une capacité de découverte et de progrès dont il a pu saisir la portée en maintes occasions, tout particulièrement au cours des autopsies qu'il a vu pratiquer depuis son premier séjour à l'Hôtel-Dieu et qu'il pratique lui-même avec compétence. L'autopsie, fille de l'anatomie, est, il le sait, « le rendez-vous des thérapeutes ». Rendez-vous désobligeant, quand il confirme l'erreur dans laquelle s'est enfermé le médecin auquel on peut démontrer qu'un organe qu'il accusait de tous les maux était innocent et qu'il fallait chercher ailleurs la cause de la disparition de son malade. Mais combien stimulant ! Les progrès médicaux du XVIIIe siècle dépendront pour une grande part de cette confrontation anatomoclinique, que l'anatomopathologie prolongera plus tard à l'échelon microscopique, avec tous les bénéfices que l'on sait. En 1720, l'anatomie est le moyen le plus objectif dont disposent les médecins et les chirurgiens pour faire progresser leurs connaissances. La découverte de la circulation de Harvey a eu un retentissement considérable. La notoriété de Vésale, de Riolan, de Sténon, de Bartholin, de Willis au XVIIe siècle a été universelle, et celle des

Vieussens, Winslow, Lieutaud, Tarin et Vicq d'Azyr, contemporains de Daviel, ne le sera pas moins. La connaissance médicale prend sa source à l'amphithéâtre d'anatomie. Cette évidence n'est pourtant pas partagée par tous. Comme nous l'avons vu, les hommes d'Église et la plupart des grands médecins, les uns soucieux d'interdire toute ouverture du corps, les autres de préserver leurs privilèges, voient d'un mauvais œil la dissection devenir un outil de progrès entre les mains des chirurgiens. Cependant, grâce au soutien constant du pouvoir royal, grâce aux efforts de Mareschal et de La Peyronie, la distinction entre chirurgie et pratique médicale traditionnelle sera pratiquement achevée en 1730 ; elle conduira un an plus tard à la création de l'Académie de chirurgie.

Daviel se situe résolument dans le courant de ce modernisme de la pensée médicale. Depuis l'époque de sa formation chirurgicale, il en a fait sa conviction. Il a disséqué les corps des pestiférés. Il a parfois, comme à Salon, pu démontrer que le diagnostic de peste avait été porté à tort et rassurer la population. Dès son installation à Marseille, il a, dans de rares occasions, pratiqué des autopsies à l'hôpital, mais l'hôtel-Dieu de Marseille ne favorise guère ce genre d'exercice, et les règles qui y président n'ont jamais été bien définies, comme c'est d'ailleurs le cas dans la plupart des hôpitaux de France. Dans ce domaine, rappelons-nous que l'Hôtel-Dieu de Paris avait été un précurseur avisé en définissant les règles de dissection avec précision et efficacité. Mais Paris est Paris, et il s'en faut beaucoup qu'on fasse de même en province. Pour être juste, précisons qu'à Marseille un certain Bourguignon, chirurgien, s'en était préoccupé et avait dès 1675 réclamé un cadavre pour une démonstration d'anatomie. Mais les recteurs lui avaient répondu « qu'on avait toujours repoussé de pareilles demandes et qu'il n'y avait aucune raison d'accueillir celle de Maître Bourguignon ». Douze ans plus tard, Fascon avait réitéré la demande : on lui avait accordé l'autorisation « d'ouvrir le cadavre d'un homme pour faire une démonstration à la communauté des chirurgiens ». Il semble qu'à partir de cette époque les recteurs aient accordé, sur requête des chirurgiens, le droit de faire des démonstrations anatomiques, surtout à partir de 1701 où ce droit pouvait être obtenu des recteurs et du semainier, l'administrateur local. En 1717, les maîtres et les apprentis chirurgiens avaient entrepris une démarche commune auprès du Bureau de l'hôpital. Ils avaient réclamé des cadavres et une « chambre » pour s'assembler, afin qu'un médecin de Montpellier de passage leur fît un cours d'anatomie. Le Bureau leur avait donné satisfaction, tout en recommandant de ne pas ouvrir trop fréquemment les cadavres afin « d'éviter les abus qui pourraient s'ensuivre », et l'autorisation n'avait été accordée que pour ce cours exceptionnel. En 1718, le Dr Ferran de Montpellier avait obtenu la même autorisation, mais jusqu'à l'arrivée de Daviel il n'y avait plus eu de cours de chirurgie. La peste, en vérité, n'avait guère favorisé une telle entreprise.

On doit à Daviel d'avoir relancé la pratique de l'anatomie à Marseille. Il est difficile de fixer avec précision la date à laquelle cela se fit. Peut-être pas dès 1723, mais certainement au cours des deux années suivantes. Au début, il se contente d'ouvrir, quand il le peut, quelque corps avec l'autorisation du recteur et du semainier. Mais il ne se satisfait pas des restrictions qui lui sont imposées et qui tranchent avec les pratiques recommandées à Paris. Comment exercer correctement sa mission avec si peu de cadavres et pas d'amphithéâtre ? Seuls les échevins qu'il fréquente au Bureau de santé sont capables de résoudre ce délicat problème. C'est donc à eux qu'il s'adresse. Leur réponse est fort positive : « Nous, Échevins, Conseillers du Roy, Lieutenants Généraux de Police de cette ville de Marseille, avons définitivement donné et octroyé permission audit Jacques Daviel, Maître Chirurgien juré de cette Ville, de continuer à faire [des dissections] à l'Hôtel-Dieu, en l'amphithéâtre y estant jusques à ce qu'il en ait été construit un nouveau, tous les lundy et jeudy de chaque semaine à deux heures de l'après-midi... »

Un cours d'anatomie est définitivement institué, ouvert et permanent dans les saisons « convenables », du 1er octobre au 1er avril. Il est destiné à l'instruction des jeunes chirurgiens, compagnons et autres, principalement à ceux qui sont destinés à s'embarquer sur « les navires et bâtiments de mer ». Le cours est gratuit pour les élèves et non rémunéré pour l'enseignant, à l'exception de quelques cours particuliers. Les recteurs devront fournir les instruments et les cadavres selon les besoins. Ceux-ci ne devront pas rester plus de quatre jours dans l'amphithéâtre et être enterrés ensuite dans le cimetière de l'hôtel-Dieu. La discipline doit régner pendant les cours, et l'on doit bien sûr y témoigner tout le respect dû à Me Jacques Daviel.

Peu de facultés disposent à la même époque d'un statut aussi libre. Les attributions accordées à Daviel sont tout simplement époustouflantes. Elles vont offrir à Marseille un vrai cours d'anatomie et de chirurgie, c'est-à-dire l'occasion d'un enseignement moderne, diversifiant les capacités et améliorant sensiblement la qualité des chirurgiens généralement sous-informés. C'est offrir à Daviel une situation privilégiée, lui conférant un avantage sur ses confrères. Mais peu d'entre eux auraient été capables d'enseigner à sa place. Et peu sans doute l'auraient voulu, car si la fonction était honorifique, elle était aussi accaparante et non rémunérée. Deux jours d'enseignement par semaine pendant tout l'hiver avaient en effet de quoi distraire notre homme de ses occupations privées. Encore une fois, Jacques n'hésitait pas à suivre son penchant tout en y associant le souci, habituel chez lui, de servir la collectivité. Choix personnel, choix civique par lesquels son orgueil dut trouver quelque satisfaction.

La tâche qu'il s'est imposée est rude. En attendant d'avoir pu former quelque gagnant-maîtrise travaillant sous ses ordres et sous son contrôle, il est seul. La livraison des cadavres n'est ni systématique ni simple. Des palabres accompagnent chaque signature que le semainier n'accorde que lorsqu'il est bien certain de ne risquer aucun reproche des échevins. Tous les prétextes sont bons pour refuser la permission d'« ouvrir ». Chaque petit accroc retarde d'autant la marche administrative. Le rapport des échevins fait mention d'un amphithéâtre. Mais où se situe-t-il ? Au premier étage du bâtiment d'hospitalisation, dans la salle des hommes « à la vue des malades qui souffraient beaucoup de ces opérations » ! Aussi Daviel s'empresse-t-il de trouver un autre endroit. Les recteurs lui accordent l'autorisation de déménager, mais ne veulent pas subvenir aux frais du déménagement qui lui incombent en propre ainsi qu'aux échevins. On transfère l'amphithéâtre « au magasin où sont les armoires des cadis et autres ameublements de la Maison [...] ce changement se fera au dépens du Sieur Daviel démonstrateur, à l'exception des clés et des serrures aux armoires dont l'hôpital fera dépense ».

Quoi qu'il en soit des vicissitudes de ce cours d'anatomie, il existe, et c'est pour Marseille un avantage insigne, que la ville doit à ce nouveau venu. Sans en avoir le titre, Jacques est déjà professeur d'anatomie de fait. Cela le situe à part. Son goût remarquable pour la discipline qu'il enseigne lui confère une teinte universitaire très rare chez les chirurgiens de l'époque, et si marquée que ses collègues s'étonnent de « la démangeaison intense » qu'il a pour la science anatomique. Démangeaison si forte qu'elle faillit réduire à néant tous les efforts qu'il avait accomplis et qui se traduisaient par de si beaux succès.

Chapitre IV

LA FAUTE

L'année 1729 s'annonce bonne pour Daviel. Son poste de chirurgien de quartier de l'hôtel-Dieu a été renouvelé, et son cours d'anatomie s'est ouvert avec le début de l'hiver. En février arrive à l'hôtel-Dieu un soldat moribond dénommé Fluriat. Venu de la citadelle Saint-Nicolas, il succombe rapidement à une « suffocation de sang ». Un mort comme un autre, mais sans famille... et protestant. Quelques heures après sa mort se présentent de la part du commandant deux soldats et un sergent qui réclament le corps pour l'enterrer « selon sa religion ». On le leur remet afin d'« éviter toutes sortes de contestations avec des gens de guerre », mais les soldats, au lieu de l'emmener vers la citadelle, le transportent chez Daviel. Comme le dit le rapport, le cadavre est « transmarché », mais sans précautions, « d'une manière indécente et sans garder aucun ménagement, ce qui scandalisa avec raison le public ». Les pieds du mort dépassaient sous le drap, qui recouvrait très incomplètement le cadavre. Nul ne pouvait ignorer que l'on transportait un homme mort. Ce fut un scandale. Daviel avait osé « récupérer » un cadavre sans famille pour le transporter à son domicile afin d'en effectuer à titre privé la dissection. Le risque qu'il avait couru, incontestablement important, ne pouvait se justifier que par les avantages qu'il pouvait tirer d'une telle opération. Un pur intérêt scientifique aurait-il conduit à semblable précipitation ? Ne s'agirait il pas plutôt d'une tentative d'organisation d'un cours privé ? Il n'est pas impossible, en effet, que quelques élèves aient sollicité Daviel pour qu'il leur donnât des leçons contre rémunération. Cela était implicitement autorisé dans l'ordonnance des échevins qui précisait que l'enseignement était gratuit « sauf y en ayant qui veuillent se faire montrer *en particulier* de prendre pour raison de ce *rétribution raisonnable* ». On imagine difficilement aujourd'hui une leçon d'anatomie humaine à domicile, mais nous devons revenir à l'esprit du temps. Ce type de pratique avait alors des précédents. Nicolas de Blégny, né en 1642, apprenti chirurgien à l'âge de seize ans, au service des armées du roi pendant quatorze ans, puis devenu l'un des quatre chirurgiens de la prévôté de l'Hôtel du roi, n'avait-il pas installé dans sa demeure, rue Guénégaud, un amphithéâtre anatomique sous la protection de D'Aquin ? Des pièces anatomiques devaient bien y être portées quelquefois. Certes, son aventure se terminera mal. Charlatan, chicanier, il sera incarcéré sur ordre du roi une dizaine d'années au château d'Angers avant d'être libéré et autorisé à exercer à Avignon où, malgré ses panacées miraculeuses, il mourra en 1722. Mais d'autres que lui avaient eu leurs amphithéâtres privés. Sylvius, naguère, n'avait-il pas emprunté la maison du chirurgien Guillaume pour donner des leçons d'anatomie, avant qu'on le lui interdise ? Le XVIIIe siècle, quant à lui, donnera à profusion des exemples de telles pratiques ; le Dr Busquet dispensera, dans sa demeure de la rue Basse-du-Rempart à Paris, des leçons d'anatomie payantes dans l'amphithéâtre qu'il y a dressé. Les chirurgiens Dessault, Peyrilhe, Ferrand et Pelletan donneront leur cours à 5 heures du matin. Mais nous serons alors à la fin du XVIIIe siècle. Au moment de l'incident que nous relatons, le rapport avec le cadavre est encore à la fois si rare et si précieux qu'il peut motiver des comportements qui nous paraissent bizarres. Moins toutefois qu'ils ne l'étaient au siècle précédent. Ne disait-on pas dans le cercle des chirurgiens que Vésale avait ramené un supplicié de Montfaucon pour le disséquer dans sa chambre ? Et Vésale, n'était-il pas l'anatomiste auquel on se référait le plus fréquemment ? Daviel, sans doute, n'eut pas à évoquer de tels exemples et agit selon sa propre impulsion. Perdre l'occasion d'une dissection était plus grave que tout ce qui pouvait concerner le transport clandestin d'un cadavre. Il avait d'ailleurs transporté tant de cadavres pendant la peste ! La négligence qu'il appliqua au transfert de celui-ci traduit en fait de sa part l'absence de toute hésitation et de tout remords. Ce geste, qu'il lui semblait naturel d'accomplir, ne suscita pas même en lui la crainte de possibles critiques. C'était être en avance sur son temps et... se tromper sérieusement.

La réaction fut en effet très vive. L'acte de Daviel était choquant aux yeux de la plupart de ses collègues. Il l'était plus encore pour tous ceux qui, n'étant ni médecins ni chirurgiens, éprouvaient, fortement ancré en leurs traditions, en leurs façons de penser, un respect des cadavres qui ne leur faisait admettre qu'à regret cette nécessité imposée par la science : disséquer les morts pour en savoir davantage. Capable de choquer les Marseillais, cette discipline toute récente se devait d'être pratiquée avec discrétion. N'avait-on pas fait confiance à Daviel pour qu'il en fût ainsi ? Par son imprudence, n'avait-il pas trahi ceux qui l'avaient choisi ?

Les échevins furent obligés de suivre les propositions des recteurs, qui demandaient la révocation de Daviel du poste de chirurgien de quartier. Ils ne répondirent pas officiellement à la lettre qu'ils reçurent mais écrivirent au dos de celle-ci : « Acte auxdits Sieurs recteurs de leur réquisition ; avons nommé le sieur Bozon, Maître Chirurgien, pour servir aud. hôtel-Dieu à la place du sieur Daviel. » Cet avis date du 25 février 1729, quelques jours seulement après l'exploit de Daviel. On annule sa nomination courante et on l'exclut pour deux années. Il ne retrouvera sa fonction qu'en 1731, et pour une dernière année. Les échevins, dont il est le protégé, ne lui garderont pas rancune de les avoir mis en si mauvaise posture. Mais il n'en est pas de même des recteurs, qui « voient dans ce fait regrettable le mépris de leur autorité et du règlement formel qui exige avant tout leur permission en cas d'anatomie ». C'est l'occasion pour eux de revenir au statut de 1717, qui exigeait leur autorisation, alors que l'ordonnance des échevins avait, volontairement ou non, omis de préciser cette clause en la passant sous silence. Ils stigmatisent aussi « l'impénitent Daviel *peu capable de réflexion* », ce qui n'est pas très aimable, sa frénésie de dissection et sa conduite envers les malades. L'incident sert de prétexte à préciser ce que les recteurs pensent de Daviel. Leur prose est rude : « Et quoique ces chirurgiens doivent être d'un esprit docile et attentif pour les malades, néanmoins *ces qualités ne se rencontrent guère en la personne dudit Daviel* qui est actuellement connu pour *un esprit inquiet et remuant* et pour avoir démangeaison outre de faire des démonstrations et opérations d'anatomie, n'étant en état de ne rien ménager pour cela, pas même son propre devoir pour le service des malades. » On comprend que les recteurs aient voulu sanctionner l'acte délictueux et provocateur de Daviel. Bon nombre de termes dans leur condamnation se rapportent précisément au fait condamné. Le jugement qu'ils portent sur Daviel chirurgien, sur sa vocation et à son caractère, est plus intéressant.

Même s'il faut faire la part de la rancune ou tout simplement de la rivalité, on ne peut pas ne pas s'arrêter sur des qualificatifs tels que « remuant », « inquiet » et surtout sur certaines légèretés de comportement avec les malades. Daviel ne nous était connu que par les rapports concernant son attitude pendant la peste. Rapports, tous élogieux, mais eussent-ils pu être autrement ? Il s'était engagé, et le risque pris à cette occasion valait aux rares survivants le certificat flatteur que l'on sait. Les mots utilisés concernaient une épopée, celle de la peste, et de ce fait ne pouvaient rapporter que des conduites exemplaires. Ce fut le cas pour

Daviel comme pour les autres. Or, pour la première fois, nous avons un rapport qui concerne l'homme redevenu humain, c'est-à-dire tranquillement installé dans une vie ordinaire, au milieu de ses collègues et non dans celle d'un héros. On apprend ainsi que Daviel est perçu comme un « inquiet ». Serait-il moins sûr de lui-même qu'il nous semblait ? ou se méfie-t-il de ses collègues au point que sa réticence le fasse paraître inquiet ? « peu capable de réflexion » ? Rassurons-nous en pensant que l'« impénitent » qui le précède caractérise plus sa conduite que son esprit. On retrouve ainsi le trait qui le dépeint « remuant » ; cela, on s'en doutait. Son agitation, c'est son aventure, et il faut être remuant pour décider d'emmener un cadavre chez soi, contre vents et marées et avoir une forte dose d'optimisme pour penser pouvoir en tirer profit sans ennui. C'est le qualificatif des élèves indisciplinés. Nous pouvions supposer qu'il l'était, qu'il en tirait et qu'il en avait tiré quelques avantages. Remuant auprès des échevins, du parlement d'Aix, du Conseil du roi, et, sans doute depuis toujours, avec des résultats. Remuant, il le sera à toutes époques de sa vie, et ce sera à l'évidence l'une des clés de sa réussite sociale. Notre Jacques, avouons-le, a du culot et il sait s'en servir ; un culot masqué peut-être par cet air inquiet qui cache son audace et lui permet de saisir les occasions de s'adapter avec opportunisme en toute occasion. Péchés véniels que ceux-là, dirons-nous. Plus grave est l'allusion à son comportement avec les malades. Daviel ne serait ni docile ni attentif avec eux et pas très dévoué non plus. C'est plus grave. On a du mal cependant à imaginer cela après tout ce que l'on sait de sa conduite pendant la peste. Son dévouement fut loué en tous ses passages, et il n'était pas sans risques. Faut-il supposer, s'il ne s'agit pas seulement d'une calomnie pour appuyer une demande de révocation auprès des échevins favorables à Daviel, qu'après tant d'épreuves vécues par les malades de la peste Daviel n'ait accordé qu'une attention plus modérée, moins enthousiaste, aux petits maux dont se plaignaient les malades qu'il soignait à l'hôtel-Dieu ? Peut-être Daviel était-il plus épris de science et d'aventure que de médecine. En ce temps-là du moins, car, plus tard, des témoignages confirmeront un réel dévouement et une généreuse distance avec le profit qu'il pouvait alors escompter de son talent.

À tout le moins pouvons-nous dire, en marge de cet événement, que les initiatives de Jacques Daviel n'étaient pas forcément heureuses, qu'elles pouvaient même être fort maladroites, et qu'elles étaient capables de mettre en danger les acquis de ses efforts passés. Dès qu'il en prenait une, on ne se gênait pas pour souligner ses défauts et marquer que sa nature ne recueillait pas, à l'évidence, l'approbation de tous. Le contraire nous eût étonné, d'autant plus qu'il avait, par ses passe-droits, écorché la susceptibilité et éveillé la jalousie de plus d'un de ses confrères. Ceux-là mêmes qui tenteront d'en profiter.

Les échevins n'attachèrent cependant à l'épisode du soldat Flurat qu'une attention distraite. S'ils ne purent ignorer le flagrant trait d'indiscipline que les recteurs leur avaient rapporté, ni soustraire Daviel à la sanction qu'ils proposaient, ils ne revinrent pas sur l'ordonnance accordant à Daviel la fonction de démonstrateur d'anatomie à l'hôtel-Dieu. En ce poste purement municipal, Daviel conserva ses fonctions. Sans doute les recteurs manifestèrent-ils plus souvent qu'autrefois leurs réticences aux opérations d'anatomie de l'« impénitent » Jacques, mais ils ne purent empêcher une véritable éclosion de vocations d'anatomistes. Dans une ville où, avant Daviel, seuls des cours de fortune avaient vu le jour, on se sent soudain désireux d'être démonstrateur d'anatomie [1].

Alors que le privilège d'enseigner bénévolement l'anatomie à l'hôtel-Dieu reste la propriété de Jacques et qu'il trouve cahin-caha l'occasion de l'honorer, ses collègues marseillais tentent une opération d'envergure destinée à la lui ravir. En 1733, Aulanier, qui a été chirurgien de quartier à l'hôtel-Dieu et compagnon de Daviel, révèle sa vocation : il veut être démonstrateur d'anatomie. Tout comme Ferran le Montpelliérain. Mais, contrairement à ce dernier qui porte sa demande devant les recteurs de l'hôtel-Dieu, Aulanier prend la précaution de s'adresser directement à Mareschal. À vrai dire, la démarche n'était pas sotte ; Mareschal et La Peyronie mettaient en place les instances chirurgicales du royaume, et il était opportun de se signaler à leur attention. S'appuyer sur l'autorité du premier chirurgien du roi avait l'avantage de promouvoir un enseignement qui se serait substitué à celui que les échevins avaient, par décision locale, décidé de confier à Jacques Daviel et que Mareschal avait encouragé. Aulanier espère un ordre destiné aux échevins afin qu'ils mettent à sa propre disposition les moyens financiers nécessaires à la construction d'un amphithéâtre. Sa demande est appuyée auprès de l'intendant Le Bret par M. de Saint-Florentin, qui vante les mérites « de cet homme très capable ». « Monsieur Mareschal, dans la veue qu'il a de former de bons chirurgiens, souhaiterait que les Échevins fissent fournir des cadavres pour faire des opérations anatomiques », qu'ils « fournissent une somme pour subvenir aux dépenses nécessaires » et que « le recteur de l'Hôpital donnât un lieu dans cette maison pour faire ces opérations ». La lettre est transmise aux échevins

1. Francis Alessi précise malicieusement dans sa thèse combien il est curieux que cette ambition anatomique n'ait été que contemporaine des déboires de Daviel. On ne la retrouvera plus par la suite, à tel point qu'aucun postulant ne s'affirmera à la succession de Daviel en 1746 lorsqu'il quittera Marseille. Vingt ans plus tard, il n'y aura toujours pas de démonstrateur d'anatomie, ni même d'amphithéâtre propre à l'enseigner.

par Le Bret qui les prie de lui apporter une réponse. Quelques jours plus tard, celle-ci parvient à l'intendant. Les Marseillais n'ont nullement l'intention d'aller plus loin qu'ils sont déjà allés pour promouvoir l'anatomie dans leur cité.

« Si le Sieur Aulanier souhaite d'y travailler [à l'Hôpital] nous engagerons MM. les Directeurs de cet Hôpital à luy donner dans le Cimetière un emplacement convenable à bâtir une salle pour ces opérations, après quoi il n'aura qu'à disposer la communauté des Maîtres Chirurgiens à la faire bâtir et à lui fournir ensuite les dépenses nécessaires ainsi qu'ils sont obligés par l'Édit de 1692. »

Les échevins se satisfont pleinement de la situation créée à peu de frais avec Daviel. Si d'autres aspirations sont exprimées, qu'elles s'appuient donc sur des investissements de la communauté des chirurgiens ! Or ceux-ci ne désirent pas plus à présent qu'auparavant faire les frais d'une création qui leur est pourtant imputable depuis 1692. Et ce d'autant plus qu'ils sont divisés entre les candidatures d'Aulanier et de Ferran.

Un seul cours d'anatomie perdurera, celui de Jacques Daviel, soutenu par les échevins, qui solliciteront en temps utile auprès du Conseil du roi le titre mérité de démonstrateur royal à l'intention de leur protégé. Seule la passion de Jacques pour « les opérations anatomiques » lui permettra, en attendant, de poursuivre son enseignement, malgré ses difficultés pour obtenir des cadavres et malgré la précarité des conditions de son exercice. Cette obstination, qui l'avait conduit à enfreindre les règles des recteurs, a son heureux revers. Cependant, il en attendra pendant dix ans le bénéfice.

Chapitre V

LA DÉCOUVERTE DE L'OPHTALMOLOGIE

Malgré le soutien actif des échevins, la vie publique de Jacques connut quelques vicissitudes après sa révocation. La suppression de son emploi à l'hôpital et des 100 livres par mois qui y étaient liées le mit en effet dans l'embarras, d'autant plus que son ménage s'était agrandi. Anne avait mis au monde en 1725, le 17 août, une deuxième fille, Marie-Anne Charlotte, qui reçut pour parrain un ami du Dr Félix, un Salonnais, Antoine Blanc, et pour marraine la belle-mère d'Anne, Charlotte Avon, preuve que le jeune ménage maintenait des liens étroits avec Joseph Félix et son ménage. Le 23 août 1727 naissait une troisième fille, Marie-Élisabeth, dont le parrain ne fut autre que le frère d'Anne, le jeune médecin Jean-Baptiste, et la marraine une amie, Marianne Moslan. Anne alternait en un rythme épuisant les grossesses, les naissances, les allaitements, comme c'était alors fréquent. Semblables à nombre de jeunes ménages, Jacques et Anne contribuaient au repeuplement de Marseille. En 1729 naîtra, le 10 juillet, Magdelaine, que portent sur les fonts baptismaux deux amis des Daviel, Joseph de Mol et Marie-Anne d'Auvergne, puis en 1730, le 31 août, Anne, dont le parrain, Jacques de Laurens, est un notable fier de ses titres : chevalier de l'ordre royal militaire hospitalier Saint-Lazare, conseiller du roy, grand prévôt de Provence, ce qui traduit la progression sociale des Daviel, et pour marraine Anne Gayot. En 1732 verra le jour, enfin, le 10 septembre, leur premier garçon, Jacques-Pierre Henri, que suivront encore cinq naissances. Ce garçon aura pour marraine sa sœur aînée, Marie-Anne Daviel, tout juste dotée de l'âge de raison, et pour parrain un ami des parents, Henri Mattaléon. Daviel a donc la charge d'une grande famille. Rien ne permet de penser que Jacques ou Anne aient désiré en diminuer l'importance. La régularité des naissances et le faible intervalle qui les sépare montrent chez eux l'absence de tout souci de contraception, en un temps où elle recueillait déjà quelques adeptes [1]. Ils abandonnent à la seule volonté de Dieu les effets de leur impressionnante fertilité. La solide foi des Félix et des Daviel, dont nous aurons maintes preuves, leur faisait accepter le destin d'une grande famille resserrant ses valeurs dans le baptême en liant les nouveaux venus aux parents ou aux amis les plus proches.

Pour nourrir cette grande famille, Jacques exerce la chirurgie. Le chirurgien est alors censé tout connaître de son art et applique au gré de sa formation et de son expérience des méthodes traditionnelles que le temps influence très faiblement, mais que Jacques soumet à ses connaissances précises de l'anatomie. Il n'est pas indifférent au mouvement expérimental qui anime la médecine et la chirurgie depuis le début du siècle, ni aux concepts qui bouleversent les systèmes de pensée. Un monde nouveau succède à l'ancien. Les médecins spagiristes sont en progressive régression. Amateurs de chimie et débiteurs d'analogies entre les transformations chimiques et les maladies, spécialistes des maladies secrètes, ils pullulaient au siècle galant, mais leur crédit est fort tombé. Certains, à demi sorciers, à demi empoisonneurs, ont dû changer leurs pratiques depuis l'affaire des poisons sous peine de se retrouver à Vincennes, à l'instar du sieur Suard emprisonné pour mauvais desseins prétendus contre la personne du roi. Homberg, médecin du duc d'Orléans, qu'on soupçonne d'avoir mis ses connaissances toxicologiques au profit du prétendant lorsqu'une série de deuils répétés à la cour semble ouvrir l'accès au trône à ce dernier, va se trouver lui aussi bien près de Vincennes, avant que le roi, qui l'y avait envoyé, ne revienne sur sa décision. Ce n'est plus désormais à la Bible que l'on demande le secret de l'Univers, mais au télescope. Ce n'est pas à Galien que l'on demande le secret de la vie, mais on le cherche au bout du scalpel [2]. Au terme du premier tiers du siècle, « les idées modernes influent à la fois sur les croyances, sur les connaissances, sur les mentalités et sur les mœurs [3] ». Ces idées s'épanouissent au XVIIIe siècle, mais elles sont nées au siècle précédent. Car les « Lumières sortent du Grand Siècle [4] ». Le XVIIe siècle a connu la plus grande révolution philosophique de tous les temps, d'où sont issues des conceptions nouvelles de l'homme et de la

1. E. Le Roy-Ladurie, *Histoire de la France urbaine*, t. 3, *La Ville classique*, Paris, Seuil, 1981.
2. P. Delaunay, *op. cit.*
3. J. de Viguerie, *op. cit.*
4. *Ibid.*

société, souvent radicalement différentes de celles qui prévalaient auparavant. Descartes, Malebranche, Spinoza, Locke, Grotius, Pufendorf, Fénelon et d'autres encore vont influencer, par l'intermédiaire des philosophes et des savants, un public de plus en plus large dont sera révolutionnée la manière de penser. Cela signifie qu'en ce début de siècle beaucoup de Français cultivés voient la nature humaine comme la voyait Descartes, et qu'ils conçoivent la connaissance intellectuelle comme la concevait Descartes. Cette unanimité cartésienne, source de l'idéalisme moderne, durera une vingtaine d'années. Elle sera rompue par Locke, le célèbre philosophe anglais dont Voltaire fera, en 1734 dans ses *Lettres philosophiques,* le panégyrique. N'y dit-il pas : « Locke a développé à l'homme la raison humaine comme un excellent anatomiste explique les ressorts du corps » ? Pour Locke, à l'opposé de Descartes, toutes les idées proviennent des sens. Cela choque les spiritualistes, mais les hommes de science sont convaincus et appliquent cette vision au développement de la science expérimentale. La médecine profitera du mouvement provoqué par Descartes et poursuivi par Locke même si les courants qui la composent restent multiples, et partagés. Les *iatro-mécaniciens* considèrent « le corps comme une machine statique, hydraulique et pneumatique, dont les os sont les appuis et les leviers, les muscles les cordes, le cœur et les poumons les pompes, les vaisseaux des canaux [1] ». Les *iatro-chimistes* prêtent à la chimie toutes les actions vitales. De leur pensée émergera la fameuse théorie « phlogistique » du médecin allemand Stahl. Courants divers qu'un esprit encyclopédiste comme celui de Boerhaave rassemblera en un tout, plus cohérent et plus didactique. Notons que Herman Boerhaave n'était pas seulement médecin, mais chimiste, mathématicien et botaniste. Grand partisan de la méthode expérimentale, il sut fondre ces conceptions diverses en un ensemble à peu près cohérent, un compromis mécanico-chimico-humoral qu'il appela *la médecine collective* et qui devint la charte doctrinale d'une partie du XVIIIe siècle. De l'université de Leyde où il tint ces célèbres discours (1702-1715), ses théories se répandirent dans l'Europe et en France où La Mettrie fut son vaillant traducteur et interprète. Parallèlement à cette évolution doctrinale s'imposait un classement nosologique des maladies, avec leurs signes de reconnaissance et si possible leur traitement. Pitcairne s'y essaiera en 1712, puis Boissier de Sauvages en 1731 qui saura répartir les misères humaines en dix classes, quarante-quatre ordres, trois cent quinze genres et mille huit cents espèces. Connaissant mieux les maladies que l'on traite, on peut espérer les traiter mieux, avec des moyens plus réalistes, plus scientifiques,

1. Tauvry *in* P. Delaunay, *op. cit.*

plus adaptés. Mais ces grands progrès s'appuient aussi sur le développement des techniques chirurgicales que les chirurgiens du roi sauront imposer. Des spécialités vont se dégager de la chirurgie générale. Une meilleure connaissance des maladies, leur classement et l'apport de l'anatomie vont initier des mouvements en faveur de disciplines jusque-là peu développées et parmi lesquelles l'ophtalmologie aura sa place. Dans son traité de 1740, Antoine Maître-Jan, chirurgien du roi, engage ses confrères à s'intéresser à cette discipline qui leur apparaît si particulière : « Je sçais que la plupart des chirurgiens négligent d'appliquer aux maladies des yeux ; parce qu'elles sont si nombreuses qu'on s'en fait un monstre et qu'on croit qu'elles demandent toute l'application d'un homme et une adresse toute singulière pour exécuter les opérations qui leur conviennent.

« Il n'est rien de tout cela ; elles sont très nombreuses à la vérité, mais elles sont très faciles à apprendre à un chirurgien déjà éclairé dans la profession. Je souhaite que ce traité puisse exciter un grand nombre de chirurgiens à s'adonner à l'étude particulière de ces maladies, afin que, s'étant rendus capables de les traiter, les pauvres comme les riches en puissent recevoir du soulagement, et que soit pour la plus grande gloire de Dieu. »

On pourrait presque considérer ce texte passionné comme l'acte de naissance de la spécialité ophtalmologiste. Nous disons bien de la spécialité et non pas de l'ophtalmologie, aussi vieille que le monde. Cette naissance remarquable ne peut nous laisser indifférents, car elle s'articule avec celle d'une vocation soudaine et nouvelle, inattendue, de Jacques Daviel, qui s'engage résolument dans la discipline en 1734. À partir de cette date, Jacques délaisse la chirurgie générale pour pratiquer exclusivement l'ophtalmologie. Rien auparavant, dans ses actes, ne semble pourtant l'avoir porté vers les maladies de l'œil au-delà de ce que tout chirurgien devait en savoir. Connaît-il même l'existence du chirurgien Faudran, vieil oculiste de Marseille, dont la carrière est aussi modeste que la réputation ? Rien ne le prouve. Il faut pourtant imaginer un initiateur à cette vocation tardive. Il est de règle que celle-ci se transmette par un maître, un parent, une famille, un ami. Plus tard, Jacques Daviel déterminera la vocation de ses fils et de plusieurs de ses neveux, qui deviendront oculistes et qui ne le seraient pas devenus s'il ne leur en avait donné l'exemple. Il faut convenir que le brusque tournant que prend la vocation de Jacques étonne. Nul ne sait vraiment comment il vivait et comment il entretenait sa famille devenue nombreuse, dans ce Marseille redevenu actif, commerçant et dynamique. Aurait-il pris le risque d'abandonner la pratique de la chirurgie générale pour une orientation nouvelle si celle-ci lui avait apporté les ressources qu'il en attendait ? Pensa-t-il qu'il serait bon d'ajouter à son art médiocrement rémunérateur une spécialité qui pourrait dans Marseille lui offrir sinon l'exclusivité, du moins une grande singularité ? Anatomiste chevronné, il avait aussi eu tout le loisir d'imaginer les organes susceptibles de s'offrir à ses talents et de les étudier. On peut situer à 1729 ou 1730 ses premières études anatomiques de l'œil, comme il le précisera plus tard, ainsi que les premières manifestations de son intérêt pour la discipline. Cela soutiendrait l'idée d'une « préméditation ophtalmologique » chez Daviel, préméditation bien naturelle chez un homme curieux et expert en anatomie, avant son engagement de 1734.

Mais 1734, c'est aussi la visite, à Marseille, en août, d'un célèbre oculiste, le « chevalier » Taylor, un Anglais dont la réputation était alors très grande en Europe. Cette coïncidence n'a pas échappé aux biographes de Daviel. Elle aurait eu une grande influence sur son choix. Taylor lui-même le prétendra plus tard, lorsque Jacques sera célèbre et revendiquera son initiation. Il cherchera à tirer à lui une part du succès de celui auquel il prétendra avoir soufflé la vocation, et même davantage. Faux témoignage ? Cela serait fort possible de la part d'un homme aussi suspect de supercherie que lui. Mais une chose demeure certaine : Taylor est passé à Marseille en 1734. Daviel ne s'intéressera exclusivement aux maladies oculaires qu'à partir de 1735. Son premier acte ophtalmologique authentifié se déroulera en mars de cette année, sept mois seulement après la visite prétendue initiatrice de Taylor. C'est peu pour apprendre une discipline et en parler déjà avec assurance. Aussi est-il probable qu'une longue réflexion avait précédé le choix soudain de Jacques pour l'ophtalmologie, choix qu'aurait fort opportunément confirmé le « chevalier Taylor. »

Chapitre VI

LES BONNES RECETTES DU « CHEVALIER » TAYLOR

Il n'est pas indifférent, dans l'histoire qui nous intéresse, de s'attarder sur Johan Taylor. On peut en effet affirmer que, si le passage de Taylor à Marseille ne fut pas le seul motif de la décision de Daviel de devenir oculiste, il transforma en certitude ce qui n'était qu'un projet plus ou moins élaboré chez notre Marseillais. Le personnage avait de quoi séduire et savait ne pas passer inaperçu. En 1734, il était jeune, très jeune même, quoiqu'il soit difficile de dire s'il avait trente et un ans comme ses biographes sérieux le supposent, ou vingt-six comme il le clamait, sous-entendant que la précocité de son talent était un don des dieux. Car il n'est guère modeste. Il apprécie que le doyen de Bâle écrive dans une préface à ses œuvres – à la valeur scientifique souvent douteuse – « le ciel par une grâce insigne pour notre siècle et les suivants l'a fait naître de nos jours de façon à cultiver et à perfectionner le grand art [oculistique] ».

Avec une telle idée de lui-même, il ne lésinait pas sur les moyens de se faire valoir. Il est certain que parmi les oculistes itinérants de son temps il fut, en ce domaine, un précurseur inoubliable. L'oculistique balbutiait alors autour de quelques ophtalmologistes qui devinaient sa capacité à devenir une science autonome. Mais ses exploits restaient discrets. Taylor décida d'en faire un art singulier, de le faire connaître, de le rendre « à la mode » et, détail important, de se l'approprier contre argent comptant. Il ne se refusa aucun moyen pour y parvenir, et peut-être est-ce là son vrai génie.

Avant tout, il lui faut des aptitudes chirurgicales. Il doit apprendre, et pour cela n'hésite pas à se déplacer. Il se rend chez Haller à Leyde, ce qui est un excellent choix. Il y réside en 1725. S'il est bien né en 1708, comme il le soutient, il n'a alors que dix-sept ans. Après Leyde, il rejoint Paris et s'intéresse au savoir-faire du Dr Petit, dont il retient la manière d'inciser la cataracte. C'est l'année même, 1734, où il traverse la France et se rend à Marseille.

On comprend que Jacques Daviel ait été impressionné ; Johan Taylor, qui se faisait appeler le « chevalier » Taylor, savait annoncer son arrivée. Il était entouré d'une large suite de serviteurs, dont certains le précédaient et distribuaient à grand battage ce que nous appellerions de nos jours des tracts. En 1734, ils ne pouvaient annoncer que quelques-uns des titres que Taylor s'attribuera plus tard, agrémentés de son portrait. Par exemple : « Il ne peut être qu'avantageux de connaître plus intimement le Chevalier Taylor. Taylor est bien connu depuis de nombreuses années au travers de toute l'Europe et il est au centre de toutes les conversations par l'aspect miraculeux de ses actions. Cet homme extraordinaire a accompli tant de guérisons miraculeuses qu'on ne peut l'en admirer suffisamment ni même y croire si on ne les a constatées soi-même. Il n'est pas seulement noble par sa science mais aussi par sa naissance. Sa bonne éducation et sa grande connaissance du monde ont fait de lui une Persona grata de toutes les Cours qu'il a fréquentées.

« Il est Anglais sans les travers de sa nation, un savant sans exagération, il est unique en son genre. Il sait vivre. Il est extrêmement compétent dans une partie de la science qui importe à l'humanité. Il est assuré de la protection des souverains régnants et des Nobles ; chacun essaie de lui donner de précieux présents ou autres marques de distinction au travers desquels nous pouvons lui témoigner notre reconnaissance pour ses extraordinaires mérites.

« Tout spécialement les pauvres prient le ciel pour qu'il ait longue vie ; ils seraient "crucifiés" s'il devait jamais mourir. »

On imagine l'effet d'un tel bulletin sur la foule crédule des marchés, des villes et des bourgades où s'arrêtait Taylor. On précisait le lieu où l'on pourrait avoir l'insigne bonheur de rencontrer le maître : dans une auberge ou tout autre lieu, dont une arrière-salle servirait de salle d'opération. On invitait chacun à s'y rendre sans faute, d'autant qu'une telle occasion ne lui serait pas offerte à nouveau de sitôt. On s'impatientait dans l'attente du miraculeux chevalier, mais nul n'était déçu par son retard tant son arrivée était pimpante avec ses quatre chevaux entourés de huit piqueurs qui traînaient un lourd carrosse sur les portes duquel était peint un œil entouré de la devise : « *Quid dat videre dat vivere.* » L'arrêt de l'imposant cortège, s'immobilisant au milieu du nuage de poussière qu'il traînait avec lui, des bruits des cochers, des harnais qui grinçaient, des portes qu'on ouvrait pour qu'en sorte un jeune maître repoudré de frais, la tête haute sous les soies de son col nouées avec élégance, le sourire triomphant, devait avoir l'allure de ces faits qu'on relate de nos jours dans les revues consacrées aux animateurs bruyants et vaniteux de notre temps et dont est friand depuis toujours le bon peuple qui accorde volontiers sa confiance à l'apparat.

Sitôt arrivé, et avant d'œuvrer, Taylor rendait visite aux personnalités de la ville, sans oublier ses plus importants médecins. Il aimait à donner une conférence qu'il débitait par cœur et avec force exagération dès lors qu'il vantait sa manière d'opérer la cataracte ou de traiter l'amblyopie – c'est-à-dire la cécité, rien de moins que cela. Il n'omettait pas de confier aux gazettes locales ses miraculeux résultats. Il lui fallait en effet réunir en très peu de temps le maximum de malades, les opérer en série, et enfin collecter l'argent, ce qui, compte tenu de son avarice légendaire, restait au premier plan de ses préoccupations. Il aimait ne pas rester trop longtemps dans la même cité. S'il disait attendre toujours quelques jours avant de s'en aller afin de surveiller l'évolution de ses opérés, ce n'était pas toujours le cas. On le surprit parfois en vrai délit de fuite.

On conçoit qu'un tel parti ne lui réservait pas que de bonnes choses. Dès l'année qui nous retient, 1734, on commence à murmurer sur la prétendue qualité des travaux du jeune Anglais. Un étudiant, Heister, l'attaque avec véhémence après une opération de cataracte au résultat désastreux. On lui confirme d'Amsterdam d'un ton narquois que « le fameux Taylor ne réussit pas si bien que cela et qu'il rend beaucoup de ses patients aveugles [...]. On n'a jamais entendu dire qu'un seul de ses patients aveugles ait été guéri ». Par cette dernière phrase, l'interlocuteur d'Amsterdam évoque la méthode de Taylor qui se vantait de guérir la cécité en frottant l'œil avec une cuiller d'argent, deuxième spécialité du maître avec la cure de la cataracte. Albrecht Haller, que l'on retrouvera plus tard, rapporte qu'aussitôt après avoir frotté l'œil du patient aveugle avec sa cuiller d'argent Taylor disparaissait, « sans qu'on puisse savoir où il s'en était allé. Il ne s'attardait pas sur le résultat [...] car il savait qu'il n'en espérait rien ». Rathlauw d'Amsterdam confirme qu'il s'agit là d'une vraie fraude. Taylor était aussi un charlatan. Son appétit pour l'argent ne plaidait pas non plus en sa faveur. Il demandait des honoraires très élevés pour l'époque, et les nombreuses contestations qu'exprimèrent des patients insatisfaits, auxquels il avait trop promis, rempliraient une chronique entière.

Cependant, dans la pratique de la cataracte, Taylor était de toute évidence un ophtalmologiste expérimenté. Ce que Mauchard, l'un de ses collègues, confirme avec des réserves : « Taylor est tout à fait qualifié en ophtalmologie et en matière d'opérations oculaires, riche d'expérience et non sans talent et de quelque jugement. » Cependant il le supplie de

« cesser ses vantardises et d'abandonner son arrogance et de vivre confraternellement avec les autres ophtalmologistes ». Mais Taylor n'a pas l'habitude de perdre du temps avec ses contradicteurs, qu'il méprise profondément.

Il reçoit pourtant l'appui de certains de ses collègues et s'honore d'être membre de plusieurs facultés de médecine d'Europe. Quoi qu'il en soit, les universités de Paris, de Londres ou de Leyde, les plus célèbres du temps, se gardent bien de lui accorder le moindre titre, et ceux qu'il glane ne dépendent que d'universités privées comme Cologne, Liège, Reims ou encore Francfort, Bâle et Zurich.

Ses voyages occupent une grande partie de son temps, et il n'est pas mécontent d'être devenu l'oculiste des grands de ce monde. Oculiste du roi d'Angleterre, George II, du duc de Mecklenburg-Schwerin, il sera appelé par Frédéric le Grand qui le chassera rapidement de Prusse. Ne le soupçonnait-il pas d'être un espion à la solde du roi d'Angleterre ? La formulation de l'expulsion était dure : « Si vous osez toucher l'œil de l'un de mes sujets, je vous pendrai ; j'aime mes sujets comme je m'aime moi-même. » Il n'en continuera pas moins ses voyages, en Mecklembourg, au Danemark, en Suède et en Russie, puis en Italie où il sera attaqué à trois reprises par des bandits. On le retrouvera en Belgique, en Orient, en Perse, etc. Taylor mourra en 1772. Sur sa tombe, on lira la modeste épitaphe qu'il avait préparée : « Ici reposent en paix les restes d'un homme qui fut le plus remarquable de son siècle par le savoir qu'il avait de son art, le plus utile à l'humanité ; le Créateur a fait de lui non seulement un praticien de cet art mais un inventeur. Son esprit rendait la lumière, sa main touchait aux plus profonds secrets et était guidée par l'esprit qui a créé l'être humain. »

Suivaient en français les lignes suivantes : « Ô Dieux, Taylor repose dans cette tombe, l'oculiste fameux. Après avoir si souvent redonné la lumière à ses patients, il a maintenant fermé à jamais ses yeux. »

La postérité ne réservera à sa vie aventureuse qu'une place anecdotique, cocasse, teintée de panache mais dépourvue de toute valeur scientifique. Est-il légitime de stigmatiser Johan Taylor comme l'a fait Georg Beer, professeur d'ophtalmologie à Vienne en 1799 : « Taylor fut le plus grand charlatan parmi tous les oculistes qui jamais vécurent. Tout ce qu'il fit était seulement vénal et n'avait aucune vraie valeur. Il avait seulement un grande capacité à profiter de la faiblesse des hommes de toutes classes. Il lui fut facile d'user de la superstition et de la stupidité [...] et des porte-monnaie des citoyens les plus aisés [...]. Il sut comment tirer avantage pour sa réputation des plus petites coïncidences et aussitôt savait comment éviter que ses échecs ne soient regardés comme la conséquence de son ignorance ». Terrible contraste avec l'épitaphe que

Taylor avait prévue pour lui-même, et qu'il avait peut-être eu raison de composer pour contrebalancer un aussi sévère jugement.

Que le passage de Taylor ait été déterminant ou seulement incitant dans la vocation d'oculiste de Daviel, il n'en reste pas moins qu'il dut fortement l'influencer dans *la manière* d'exploiter cette filière chirurgicale. Ce que Taylor lui a révélé, c'est que la cecité ou les maladies de l'œil font recette et que les hommes sont sensibles aux pratiques qui tentent de restaurer la vue. Daviel comprend toute la force de la propagande de Taylor, ainsi que celle de sa devise qui prétend rendre la vie en même temps que la vue. En un sens, Daviel aura été « bluffé » par Taylor, plus jeune que lui de dix ans et déjà illustre, porté aux nues par cette population qu'il a décidé de rencontrer, là où elle est, sans l'attendre. Il est également impressionné par cette impudence à affirmer des succès avec exagération, par cette vantardise indécente, mais aussi par la confiance qu'il faut avoir en soi pour entreprendre une telle aventure. Taylor s'est offert à son jugement, et il en a tiré la conviction intime que ses propres connaissances sont largement égales, sinon supérieures à celle de l'Anglais, son geste meilleur, son savoir plus précis, grâce à son expérience de l'anatomie plus étendue. Il a également remarqué que Taylor tremblait parfois. N'a-t-il pas fait une très laide et trop large incision, trop postérieure surtout, sur l'œil de ce malheureux qu'il opérait de la cataracte ? Il a voulu rattraper son erreur, mais c'était trop tard. D'ailleurs, il n'aime pas opérer de la main gauche : une femme avait payé pour qu'il lui opère l'œil droit ; au dernier moment, il l'a opéré de l'œil gauche, qui voyait encore bien ! Ses explications ont été très embarrassées, mais il a l'art de ne pas répondre et de passer au malade suivant. De tous ces constats, Jacques tire l'opinion que rien de ce qu'il a vu ne lui est impossible, sinon le luxe avec lequel l'Anglais s'impose ; mais son luxe à lui pourrait bien consister en la qualité qu'il apporterait au geste chirurgical, qu'il jugeait pouvoir être rapidement supérieur à celui qu'il critiquait chez Taylor. Il suffirait dès lors qu'on le reconnaisse ici et dans les facultés voisines pour qu'il puisse aller au-devant des malades comme l'Anglais le faisait. Était-il impossible de se faire annoncer de ville en ville ? D'emprunter les voitures des messageries, de se faire aider de quelque bon assistant ? De préparer l'écho convenant à ses actions ? Il ne fallut pas longtemps à Jacques pour comprendre les mécanismes du système Taylor, ses avantages et ses failles. Il lui en fallut encore moins pour embrasser résolument la discipline d'oculiste, juger qu'il en était capable et penser qu'avec beaucoup d'application et un peu de chance un vaste champ s'offrait à lui.

QUATRIÈME PARTIE

L'ophtalmologie par la presse

Chapitre premier

JAMAIS MIEUX SERVI QUE PAR SOI-MÊME

Entre 1735 et 1744, Daviel ne publiera pas moins de trente articles dans le *Courrier d'Avignon*, tous destinés à vanter et à promouvoir ses propres faits et gestes. Sa notoriété se développera parallèlement aux publications de ses actes chirurgicaux, effectués dans les cités qu'il visitera selon un programme très minutieusement préparé à l'avance et annoncé aux lecteurs du *Courrier* qui deviendront ses propagandistes en se confiant à lui ou en lui envoyant leurs amis. On a souri du ton dithyrambique des tracts de Taylor. On pourrait dans une certaine mesure adresser les mêmes reproches à Daviel, même si ce dernier sait mieux moduler ses vantardises. Il faut toutefois préciser qu'au siècle de Louis XV l'emphase n'était pas interdite ni même mal venue. De nombreux textes de médecins soulignent alors avec outrance des mérites bien contestables. Mais on savait si peu, on pouvait si peu qu'on comptait sur le verbe pour aider à guérir. Ces textes flatteurs étaient le plus souvent rapportés dans des publications non médicales et destinées au plus grand nombre de lecteurs susceptibles de devenir des clients. Certes, il existait une presse médicale depuis la fin du XVIe siècle : le *Journal des sçavans,* puis le *Journal de médecine,* auxquels succéderait à partir de 1757 le *Journal de médecine, chirurgie et pharmacie*. Mais aucun de ces journaux n'aurait pu apporter à Daviel la notoriété qu'il souhaitait. C'est à la presse générale qu'il convient de se confier. La chance veut qu'il existe en Provence, depuis le 2 janvier 1733, une gazette intitulée *Le Courrier d'Avignon*. Créée par un journaliste entreprenant, François Morénas, qui en rédige la plupart des articles, il est imprimé par la maison Giroud. Ce journal paraît tout d'abord sur quatre pages, une fois par semaine, le vendredi, puis sur six pages, deux fois par semaine, le mardi et le vendredi. L'abonnement coûte 6 livres par an. Une bonne gestion et des correspondances avec l'étranger lui donnent rapidement un renom qui dépassera les frontières du territoire d'Avignon, où les impressions ne sont d'ailleurs pas surveillées par le roi de France. Elles sont bien contrôlées, mais par le vice-légat du pape, détaché à Avignon, dont on vante l'ouverture d'esprit. Morénas a obtenu que les Postes royales diffusent son journal non seulement dans toute la Provence, mais aussi à Paris, dans toutes les provinces et même à l'étranger. Tiré à deux mille exemplaires en 1734, il le sera à sept mille en 1755. Daviel ne pouvait trouver mieux. Ni *La Gazette* ni le *Mercure de France*, seuls grands journaux autorisés du royaume et réimprimés en province, n'étaient accessibles au petit chirurgien provincial qu'il était. Morénas lui ouvrit les colonnes de la dernière page de sa gazette, qu'il utilisera très largement et très fidèlement pendant plus de dix ans.

Dès le 4 mars 1735, le *Courrier d'Avignon* informe les Provençaux du tournant pris par la carrière de Jacques. La gazette développe avec complaisance les modalités de sa vocation nouvelle pour l'ophtalmologie, dans un long article rédigé sans doute en grande partie par Daviel lui-même, et qui vante sans vergogne les mérites du récent oculiste. Si l'on doute encore de l'influence de Taylor sur l'orientation toute fraîche de Jacques, lisons ce premier texte publicitaire : « On apprend de Marseille que le sieur Daviel, Maître Chirurgien-Juré de cette ville, très habile anatomiste, et enseignant actuellement chez lui partie de la Chirurgie, a fait avec succès plusieurs opérations sur les yeux de différents malades que le sont venus trouver depuis le départ de l'oculiste Anglais qui passa le mois d'Août dernier. »

Ce texte n'est pas dépourvu d'audace ; il est moderne en ses intentions et précède de bien longtemps le ton de la littérature médicale contemporaine, où la compétition autorise une certaine dose d'agressivité pour s'imposer. Jacques n'a pas perdu son temps. Sept mois après la visite de Taylor, il clame haut et fort son savoir neuf, coupant court aux velléités d'autres collègues qui pourraient bien avoir la même idée que lui. N'a-t-il pas déjà été copié dans l'affaire des démonstrations d'anatomie ? Autant profiter de l'intérêt tout frais de la population pour l'oculistique, intérêt suscité par l'apparat, la faconde, l'entregent de l'Anglais, qui ont prévalu sur des compétences scientifiques laissant fort à désirer. Pourquoi ne pas s'inscrire comme le successeur de Taylor, sinon comme son héritier en matière de savoir-faire ? On les a peut-être vus ensemble. Quels secrets n'ont-ils pas échangés que détiendrait Jacques ? Taylor prétendra d'ailleurs plus tard lui avoir mis le pied à l'étrier.

L'article du *Courrier d'Avignon* ne fait en revanche aucune allusion à quelque procédure chirurgicale particulière dont Daviel pourrait se vanter. Il ne rappelle que ce qui le distingue, ses qualités d'habile anatomiste et d'enseignant. Ce qu'il ajoute pour terminer, après avoir rappelé trois cas sur lesquels il est intervenu, est fort intéressant : « Tout Marseille a été témoin de ces cures ; les chirurgiens de l'hôtel-Dieu, très habiles gens, ont eu chez eux les deux premiers malades et ont rendu justice au Dr Daviel, qui n'a pas dessein d'en imposer au public en lui offrant ses services. Il se dévoue volontiers *gratis* en faveur des pauvres pour toutes les maladies qui seront de sa compétence et surtout pour celles des yeux auxquelles il s'attachera désormais particulièrement. Il doit faire dans les premiers jours de beau temps plusieurs opérations sur les yeux dont il rendra compte au public ; il invite tous ceux qui voudront en être témoin de se rendre chez lui. Il demeure à Marseille vis-à-vis le portail de Saint-Martin. »

Habile Daviel, qui qualifie de « très habiles gens » ses collègues de l'hôtel-Dieu, affirme qu'il accorde gratuitement ses soins aux pauvres et ne manque pas d'indiquer son adresse ! On ne peut qu'admirer une belle capacité, pour un premier article, à mêler les genres, à associer la description de ses exploits dans un but strictement publicitaire à des remarques concernant l'éthique d'un métier dont il rappelle volontiers qu'il est destiné au service de tous les malades, riches ou pauvres. Il ajoute l'impudence, en s'accordant le rôle d'acteur méritant, dont il se réserve d'ailleurs de décrire le talent, à l'indiscrétion en citant les noms de ses malades, ce qui de nos jours serait inimaginable. Il est vrai qu'on opérait alors publiquement, et rien ne dit que les opérés n'étaient pas eux-mêmes contents d'être les héros de l'affaire. Le secret professionnel n'existait pas, mais nous constaterons cependant que de hautes personnalités, qui demanderont plus tard le secours de Daviel, ne seront pas nommées dans les fameux bulletins de santé qu'il continuera à publier.

Daviel décrira toujours avec complaisance les maux qu'il traitera, en insistant sur les suites forcément favorables des actes médicaux ou chirurgicaux entrepris, au point de les rappeler à plusieurs reprises au cours des années pour mieux souligner qu'il avait eu raison de les pratiquer. Il insistera également toujours sur le contexte charitable, celui du soin aux pauvres, de la gratuité, dans lequel s'inscrit sa pratique, comme si l'excès de faire-valoir n'était acceptable qu'à ces conditions. Ainsi, dans le *Courrier d'Avignon* des 20 et 24 mai 1735, répète-t-il « qu'il visitera les pauvres *gratis* », dans le *Courrier* du 21 mars 1737, qu'« il opère, et (avec) désintéressement, ayant traité gratis grand nombre de personnes, et les pauvres ayant trouvé auprès de lui beaucoup de soulagement » ou encore, dans le *Courrier* du 19 mars 1743, « et ceux qui voudront le consulter seulement par lettres, auront la bonté de les affranchir », preuve qu'il n'hésitait pas à répondre par correspondance sans le bénéfice d'honoraires.

S'il est souvent impudent, il sait aussi se montrer prudent. On ne trouve chez lui nulle fanfaronnade à la Taylor. Pas de guérison de la cécité. Pas de massage de l'œil à la cuiller d'argent, mais parfois des eaux ophtalmiques vertes ou blanches, de composition secrète, et qui accomplissent de petits miracles. On trouve en fait beaucoup de retenue dans l'ensemble de ces annonces, signe que, si l'homme habile avait su saisir l'intérêt d'une étonnante démarche publicitaire, le médecin, en lui, et l'honnête homme prévalaient. « Il se dévoue », certes, mais « pour toutes les maladies *qui seront de sa compétence* [1] ». Dans les *Courrier* des 20 et 24 mai 1735, on « trouvera en lui un chirurgien en état de traiter *toutes sortes de maladies des yeux* par l'application de la main, des eaux (ophtalmiques) et autres remèdes dont il sera toujours muni dans quelque temps qu'on le conseille là-dessus », mais il ajoute qu'« il ne prétend cependant pas qu'on le qualifie de chirurgien accompli et en état de guérir tout le monde ; et qu'on puisse penser qu'il ne se trompe jamais, comme les charlatans ont coutume de le publier. Il sait trop bien que les oculistes les plus expérimentés ont souvent fait des fautes, *qui ont ensuite servi à les rendre plus sçavans* dans leur art, mais il promet de ne rien oublier pour procurer à ses malades une parfaite guérison ». Dans le *Courrier d'Avignon* du 3 juillet 1739, il précise encore : « Il ne dépend pas toujours du chirurgien de guérir tous les malades qu'il opère. Souvent ils ne veulent pas suivre ses conseils, et se soumettre aux remèdes et au régime prescrit, souvent le défaut du tempérament et la qualité de la maladie s'opposent à sa bonne volonté. *On est homme, quelque habile que l'on soit dans son art et on ne peut que le possible. Si les chirurgiens ne réussissent pas, ils en ressentent eux-mêmes les premiers chagrins* [2]. » Ces sentences énoncées au milieu des relations de ses exploits ont à vrai dire une résonance très moderne, qui tranche sur les discours du temps par une réelle originalité, et est très plaisante pour le lecteur du XXe siècle. L'homme est sûr de lui, du moins a-t-il confiance en ce qu'il entreprend, mais il sait réduire son pouvoir aux limites des connaissances qu'il a pu rassembler sur le sujet qu'il a choisi. Il se sait homme, limité dans l'entendement qu'il a des choses de la vie. Il se sait détenteur de très peu de connaissances dans le contexte si flou des sciences médicales d'alors, où l'imposition des mains, quelques lotions magiques donnent encore l'impression de pouvoir fournir un effet. Mais il sait qu'au bout du scalpel il atteint quelque vérité, celle que lui confirme la routine des actes antérieurs et celle que lui révèle soudain une faute « qui va le rendre plus sçavans ». Il convient d'insister

1. Nous soulignons. *Courrrier d'Avignon* du 4 mars 1735.
2. Nous soulignons.

sur cette réflexion, car elle traduit sans doute l'un des traits majeurs du caractère de Daviel. Il tire de l'observation objective de ses échecs une leçon qui lui permet d'inventer, de progresser. Cette qualité est moderne en son temps, elle s'inscrit dans le grand courant de la médecine expérimentale qui accompagnera et caractérisera le Siècle des lumières, et dont Daviel tirera sa gloire. Il profite des enseignements acquis par l'expérience, dans un respect du malade auquel il promet « de ne rien oublier pour [lui] procurer une parfaite guérison », preuve évidente du goût de servir qu'il a toujours cultivé.

L'entreprise solitaire dans laquelle il s'engage comporte un risque qu'il ne néglige pas : celui de l'isoler de la communauté des chirurgiens qui ne peuvent voir d'un « très bon œil » cette autopromotion dans une presse non spécialisée et échappant à leur contrôle. Dès le premier rapport publié dans le *Courrier d'Avignon*, Daviel cite ses collègues de l'hôtel-Dieu, nous l'avons vu. À chacune des étapes de la vocation itinérante qu'il a choisi d'accomplir, et partout où il exécutera ses actes chirurgicaux, il essaiera de se concilier les chirurgiens les plus compétents et de les associer à ses prestations. Sa tâche est facilitée en cela par le très petit nombre de chirurgiens qui, en province, pratiquent exclusivement l'oculistique. Celle-ci s'inscrit parmi les autres actes chirurgicaux, et l'abaissement d'un cristallin est un acte épisodique accompli avec plus ou moins de savoir-faire et plus ou moins de bonheur. Sans doute l'arrivée de Daviel représente-t-elle pour la majorité des chirurgiens moins d'inconvénients que d'avantages. Il n'est pas inintéressant pour un chirurgien d'Arles ou d'ailleurs, une fois la petite contrariété de la concurrence admise, d'apprendre et de progresser soi-même. Et Daviel est un enseignant de talent. Au cours de ses pérégrinations, et voulant jouer la « confraternité », en déontologue avant l'heure, il n'opérera d'ailleurs qu'une partie des malades. Les bulletins du *Courrier d'Avignon* rendront compte des colloques médicaux suscités par ses passages, d'abord autour de Marseille, puis de plus en plus loin, à Salon chez son beau-père à plusieurs reprises, à Aix, à Nîmes « où il opère en présence de plusieurs médecins et chirurgiens de toutes ces villes [3] », auxquels il ne manque pas de rappeler, on l'imagine, qu'il les a secourus quelque treize ans plus tôt. Il aime se faire remettre des certificats par les médecins ou les chirurgiens qui assistent à ses opérations. Publicité là encore, mais aussi utile à une partie qu'à l'autre, car la renommée de Daviel grandit, et se trouver associé à lui peut se révéler un atout. À Toulouse, et plus tard à Bologne, des académies le recevront. Il sera moins bien reçu à Montpellier, au début de son périple, mais le temps arrangera cela.

3. *Courrier d'Avignon* du 17 juin 1736.

Chapitre II

LE RODAGE DE LA FORMULE

« La première opération du Sieur Daviel a été faite sur le nommé Issert, âgé de soixante-dix ans, natif du village de Coursegoules en Provence, diocèse de Grasse [1]. » L'opération s'est déroulée le 24 septembre 1734, quelques semaines seulement après le passage de Taylor. Elle ne consiste qu'en une dissection d'« excroissances de chair qui partoient des deux angles des yeux [...] très épaisses et très dures [elles] occupaient et recouvraient presque toute la cornée transparente ; et ne laissaient point d'ouverture à la prunelle ; de sorte que le malade ne pouvait voir aucun objet, ni même tourner les yeux d'aucun côté, tant ils étaient généz et comme arrêtés par les excroissances qui les tenoient tendus ». Il s'agissait d'un ptérygion bilatéral fort évolué, comme il en existait de nombreux cas chez les travailleurs de la campagne ou chez les palefreniers. Ils se caractérisaient par une excroissance de la conjonctive recouvrant de proche en proche la cornée voisine. Ce n'était là pour Daviel qu'un hors-d'œuvre, valant surtout par son aspect spectaculaire, et « le malade en fut si rapidement guéri qu'il y voit maintenant enfiler une aiguille au mieux qu'auparavant il était obligé de se faire conduire ».

Quelle que fût la grosseur de ces excroissances conjonctivales, elle ne fait pas de Daviel un grand ophtalmologiste. Il lui faut pour cela s'attaquer aux maladies de l'œil lui-même, dont la plus représentative et la plus connue est la cataracte. Pour son premier essai, il a l'adresse de choisir un patient déjà opéré, qu'il va essayer de réopérer avec suc-

1. *Courrier d'Avignon* du 4 mars 1735.

cès. S'il n'en résulte rien, on ne pourra lui attribuer la cause du premier échec. La fatalité aura bon dos. S'il réussit, il aura manifesté une supériorité incontestable sur le premier chirurgien et bénéficiera, comme c'est l'habitude dans un tel cas, d'une reconnaissance prometteuse. Le 9 octobre, il opère Honoré Amiel âgé de cinquante-deux ans, natif de Moustiers en Provence. Le 17 août précédent, celui-ci a été opéré de la cataracte par abaissement, de son œil droit, et la cataracte est remontée : « et le cristallin qui étoit resté de travers comprimoit et pressoit si fort l'iris de l'œil malade du coté du grand angle, qu'il lui causoit depuis l'opération des maux de tête et des insomnies affreuses. Il n'y voyait absolument rien de cet œil, qui étoit outre cela considérablement enflammé dans toute la partie externe du globe ».

Le texte du *Courrier d'Avignon* qui rapporte cette opération est strictement médical. On doute qu'un journaliste non médecin ait pu décrire avec autant de précision cette observation clinique à laquelle aucun détail ne manque. On pourrait même lui reprocher de ne pas tenir compte du degré de compréhension des lecteurs, pour lesquels les notions d'abaissement, de remontée du cristallin, de blocage de l'iris sont à l'heure même de la parution de ce texte incomplètement claires pour la plupart des chirurgiens. Ce récit de spécialiste se veut d'abord accessible aux hommes de l'art dont Daviel entrevoit le rôle de correspondants futurs. Il n'oublie pas toutefois quelques mots clés, compréhensibles par le commun des mortels, sachant que ces derniers retiendront surtout les quelques lignes qui suivent : « [le malade] tomba entre les mains du sieur Daviel, qui ne balança pas de lui faire une seconde fois l'opération de la cataracte, et à laquelle il réussit si bien, que le malade y vit sur-le-champ, distingua les objets et ne ressentit plus la douleur dont il était tourmenté avant l'opération [...]. Ce malade a été guéri totalement en 18 jours ». Daviel avait tout simplement abattu complètement un cristallin qui avait été mal détaché de ses amarres et qui était remonté derrière la pupille. Ces amarres sont constituées d'une myriade de minuscules filaments qui enserrent la périphérie de la lentille cristallinienne et la lient aux structures de l'œil. Dans le cas que rapporte Jacques, le cristallin en partie détaché et basculé au travers de la pupille entraînait une obstruction de l'évacuation des liquides circulants de l'œil et provoquait une grande élévation de la pression de ce dernier, ce que l'on dénomme de nos jours « un glaucome aigu ». Jacques témoigne d'un beau savoir pour l'époque. Sur cet œil douloureux, enflammé, il fallait accomplir, sans anesthésie, un geste précis, franc et efficace. Embrocher un cristallin en partie libéré et flottant n'est pas évident, et comporte de gros risques. Compléter la rupture de ses attaches non plus. Pour sa première intervention, Daviel a accompli un coup de maître.

Après ce succès, il est prêt pour son troisième malade. Le 1er novembre, il abat la cataracte de l'œil gauche de François Foucou, âgé de soixante ans, originaire de Moissar, diocèse de Riez en Provence, et venu consulter Daviel pour des ulcères de l'œil droit qui le privent de vision. Sa cataracte gauche existe depuis cinq ans. Daviel s'attaque pour la première fois à une cataracte classique. Il doit être plus ému que pour son précédent malade car il lui faut réussir. Un échec serait désastreux. Mais cela eût-il été que le *Courrier d'Avignon* n'aurait sans doute guère eu l'occasion de le publier ! La méthode publicitaire de Jacques était sans défaut puisqu'il en contrôlait toutes les étapes. S'il rencontrait des échecs, nul n'en savait rien en dehors du malade et de quelques voisins. Aussi en sommes-nous réduits à l'annonce d'un nouveau succès. Le malade « sortit le douzième jour après parfaitement guéri ». Si, comme il le rapporte, Daviel réussit bien successivement ces trois prouesses, admirons l'intelligence et l'aisance avec lesquelles il les a accomplies. Il peut désormais s'autoriser du titre d'oculiste, qu'il mérite bien plus que nombre de ses collègues chirurgiens, qui revendiquaient hardiment le titre sans en avoir toujours les compétences.

C'est qu'en ce début de siècle les idées concernant la cataracte ne sont pas encore parfaitement claires dans les esprits. Depuis les temps les plus reculés, on a assimilé la nature de l'opacité à une exsudation, un « catarrhe » formé devant le cristallin, et qu'il faut ôter. Bien qu'on ait depuis longtemps compris le rôle du cristallin dans la mise au point des images (grâce à Félix Plater, Johannes Kepler), on lui a dénié la localisation de l'opacité que l'on voyait se développer progressivement dans la pupille des vieillards. Quoiqu'il soit surprenant qu'avant Quarre, chirurgien parisien, personne n'ait eu l'idée d'ouvrir un œil porteur de cataracte, il fallut bien attendre la thèse de cet honorable praticien en 1651, devant le Collège des chirurgiens de Paris, pour qu'il soit démontré que le siège de la cataracte « se situe dans la lentille cristallinienne altérée ». Bien qu'un anatomiste aussi distingué que Morgagni confirmât bientôt cette évidence, elle ne trouva pas facilement son chemin dans l'entendement des amis de Saint-Côme. Quelques-uns seulement, Lasnier, Borrel, Rolfinck, rejoindront l'opinion de Quarre, mais ce seront deux chirurgiens qui consacreront quasi définitivement cette thèse : Maître-Jan et Brisseau. Le premier, chirurgien à Paris, fit une communication en 1691 dans laquelle il dit avoir disséqué les yeux d'une femme opérée un mois auparavant de cataracte et confirmé que les opacités abattues étaient bien les cristallins retrouvés dans le vitré. Il tirait clairement de cette dissection la conclusion que les cataractes étaient bien localisées dans les cristallins. Dans son traité des maladies de l'œil et des remèdes propres pour leur guérison, publié en 1707, il affirmera que la cataracte siège sur le cristallin et n'est pas une condensation de l'humeur aqueuse [1]. M. Brisseau de Tournai défend la même position. Dans une publication auprès de l'Académie des sciences de Paris par l'intermédiaire de Denis Dodard, membre de celle-ci, intitulée *Observations sur la cataracte* [2], il rapporte qu'ayant opéré de cataracte un soldat décédé quelque temps après il avait fait la dissection de l'œil opéré et confirmé la présence du cristallin cataracté dans le vitré. Il ajoutait que le cristallin n'était absolument pas nécessaire pour voir, comme on le prétendait depuis l'Antiquité où il était considéré comme le lieu, dans l'œil, de la vision, et comme c'était encore l'idée couramment admise. Selon Brisseau, on pouvait voir sans cristallin, même si l'on voyait mal. Cette vérité était difficilement admissible. Il lui fallut beaucoup répéter que « toutes les cataractes n'étaient pas rien moins qu'une membrane engendrée dans l'humeur aqueuse mais un durcissement et une opacité du cristallin », jusqu'en 1709 où celui qu'on appelait « le tournaisin » emporta enfin la conviction de l'Académie, ce qui ne voulait pas dire l'adhésion de l'ensemble des chirurgiens. Ainsi son ami Duverney, médecin à Paris, jugeant son obstination avec inquiétude, lui avait-il conseillé « de ne point mettre à jour sa découverte, s'il ne voulait point perdre sa réputation [...] » et trouver « sur son chemin des gens qui la culbuteront ». Pourtant, cet ami avait tort.

Dans leurs traités respectifs sur les maladies des yeux, Maître-Jan et Boerhaave soutiendront les idées de Brisseau. Malgré les contradicteurs que seront Woolhouse, oculiste anglais délégué auprès du roi Jacques II à Paris et enseignant aux Quinze-Vingts, Philippe Hecquet, doyen de Paris, Jean Freytay de Zurich, etc., ils rallieront peu à peu les plus éminents des ophtalmologistes européens et des hommes comme François Pourfour du Petit et Charles Saint-Yves. Ceux-ci défendront devant l'Académie de chirurgie en 1723, 1730 et 1736 cette définition récente et exacte de la cataracte.

Les discussions qui avaient opposé ces hommes les avaient paradoxalement portés à se regrouper en un ensemble de praticiens s'intéressant de plus en plus spécifiquement aux maladies de l'œil. Ainsi avaient-ils jeté les bases de l'ophtalmologie à laquelle allaient se consacrer tout spécifiquement quelques-uns d'entre eux. En ces années 1730, alors que Jacques Daviel commence sa carrière, ne dit-on pas que Saint-Yves a déjà abattu quelque deux mille cataractes ? Jacques a bien choisi son moment pour embrasser la discipline.

1. L'humeur aqueuse est le liquide qui remplit la partie antérieure de l'œil devant l'iris et la pupille.
2. Lue le 8 novembre 1705, mais mal répertoriée. M. Brisseau, « Premières observations sur la cataracte », *in Traité de la cataracte et du glaucome*, Paris, Houry, 1709.

Mais, puisque Daviel nous y entraîne, il nous faut aller plus avant dans la compréhension de l'opération de la cataracte à l'heure où il entreprend d'y consacrer une grande part de ses activités. On la traite alors par la méthode de *l'abaissement,* que l'on pratique depuis l'Antiquité sans grande variation technique. Bien avant de savoir à quoi correspond cette tache blanche qui apparaît dans l'aire de la pupille et entraîne une cécité progressive, on avait compris que cette « chute », cette « cataracte » pouvait être ôtée par un geste que les clercs, ces religieux-thérapeutes de l'Antiquité, avaient mis au point : la transfixion de la tache blanche et son abaissement dans l'œil. « Avec plus ou moins de fortune, l'opérateur cherchait à enlever de l'axe visuel la partie opaque, gênante [la cataracte], mais en la laissant dans l'œil [1]. » On embrochait le cristallin opaque situé derrière l'iris avec une aiguille en bois dur chauffé et plus tard en métal, et on le libérait de ces attaches par des mouvements de torsion, d'élévation. Puis on tentait de le précipiter dans la cavité de l'œil remplie du corps transparent et semi-liquide que constitue le vitré. Le cristallin était abaissé. À Rome, à l'aube du premier millénaire, Aulus Cornelius Celse en décrivait déjà l'impressionnante technique dans son traité de médecine : « Il faut introduire une aiguille entre le noir de l'œil ou la prunelle et l'angle le plus proche de la tempe ; après quoi il faut tourner cette aiguille du côté de la suffusion ou de la petite peau [qualificatifs du cristallin] que l'on tâche d'abaisser et de retenir au-dessous de la prunelle en sorte qu'elle ne puisse plus se relever. » Tel était le principe antique de l'« abaissement », de l'« abattage » ou du *couching* anglais. Dans le *Traité des maladies des yeux* de Guillemeau, publié en 1585, on retrouve presque mot pour mot la même technique d'abattement : « Ces choses ainsi ordonnées et préparées, faut faire tourner l'œil où est la cataracte vers le nez, comme s'il le voulait regarder, et soudain approcher l'esguille, qui soit picquante, et non trop gresle, un peu aplatie, et non ronde, à fin qu'elle perce et entre plus facilement et qu'elle ne glisse pour sa rondeur contre ladite cataracte, puis la pousser tout droit dedans au travers de la conjonctive et cornée, au milieu du noir de l'œil, et coing prochain de tempe, la menant et adressant sur le milieu de la cataracte [...]. Quand l'esguille a pénétré, il la faut adresser sur la cataracte la prenant par le haut, et tourner doucement petit à petit, pour amener ladite cataracte vers l'inférieure partie de la prunelle. »

Depuis les temps reculés où l'on accomplissait déjà l'essentiel du geste mais où l'abaissement du cristallin opaque demeurait aléatoire, rien n'avait changé, ou presque, dans cette technique. Jusqu'à l'arrivée de Daviel.

---

1. J. Sedan, *La Révolution opératoire de Daviel*, Clinique ophtalmologique, 1963.

Chapitre III

LES FRÉMISSEMENTS DE LA RENOMMÉE

Jacques progresse d'abord à pas comptés. Si l'on trouve parmi ses premières opérations deux actions sur le cristallin, un abaissement et une reprise de cataracte avec une habile réinsertion dans le vitré de fragments cristalliniens qui s'étaient répandus dans la chambre antérieure de l'œil, il se fait d'abord spécialiste des ulcères de cornée, des lésions inflammatoires des paupières, de la conjonctive, des ptérygions, toutes lésions superficielles de l'œil qui étaient alors très fréquentes [1]. Il semble que Jacques ait adopté dans la plupart des cas la solution d'un débridement de ces lésions chroniques et de leur mise à plat qui se révélaient suffisants pour stimuler une guérison qu'aucun onguent n'avait jusqu'alors engagée. Avec ces traitements limités de lésions bénignes mais modifiées par leur chronicité, il se fait une bonne réputation, en particulier auprès de la population du Plan-de-Cuques, parmi laquelle on compte ses plus nombreux clients.

Il n'opère d'abord que de petites gens, mais son beau père, le Dr Félix, lui fait profiter de ses relations en l'invitant à opérer le fils d'un avocat, notable de Salon. Joseph Félix est heureux d'engager son gendre à exercer ses nouveaux talents dans une cité qui n'a pas oublié le passage de cet étranger modeste au pire moment de son histoire. Les habitants de Salon avaient déjà éprouvé un brin de fierté à lire dans le *Courrier d'Avignon* les exploits d'un homme qui avait partagé leur destin et qu'ils rencontraient quelquefois lorsqu'il venait avec son épouse et ses

1. *Courrier d'Avignon* des 20 et 24 mai 1735.

enfants rendre visite au Dr Félix. Ils n'étaient pas peu fiers désormais de le saluer, d'échanger quelques paroles banales avec cet homme dont l'embonpoint discret et la mise citadine, simple mais de bonne taille, traduisaient mieux que tout autre signe une progression sociale qui tranchait avec le souvenir qu'ils avaient de lui. Le 23 mars 1735, Daviel se rend donc à Salon pour opérer le fils de Me Gerfret, avocat au parlement d'Aix. Le patient est âgé de seize ans. « Il avait sur la partie interne et inférieure de la paupière de l'œil gauche une tumeur lymphatique depuis près d'un an [...] devenue peu à peu grosse comme une noisette [...] très adhérente au globe de l'œil [...] [qu'elle] pressait [...] et poussait en dehors de l'orbite [causant] au malade de très vives douleurs. » Cette tumeur de l'orbite était sans doute plus qu'une tumeur lymphatique, mais elle fut cependant très accessible à notre récent spécialiste : elle fut excisée « en trois minutes de temps », et le malade en guérit en huit jours. Tout Salon est témoin de cette cure.

Et la renommée, aussi radicalement soutenue, s'installe. On en trouve les preuves dans le *Courrier* du 9 décembre 1735. Les premières lignes de l'article soulignent que l'« on apprend de Marseille [comme si l'information était portée jusqu'au journal par quelque élogieuse rumeur, et non par les bons soins de celui qui la suscite] que le Sieur Daviel [qui a de la suite dans les idées], le célèbre Maître Chirurgien anatomiste et oculiste, continue ses opérations sur les yeux avec tous le succéz possible. Il a fait encore depuis quelque temps quantité d'opérations de la cataracte et autres, qu'on ne cite point, dont voici quelques-unes qui méritent le plus d'attention ». Suit la description de quatre cas de kératite ou de corps étrangers de la cornée qui, à vrai dire, ne forcent pas notre admiration et nous font nous interroger sur les raisons qui ont conduit Daviel à les choisir plutôt que d'autres, plus spectaculaires. Souci d'originalité ? Mise en avant d'affections traînantes et mal traitées plutôt que de la cataracte plus communément prise en charge par les chirurgiens ? Démonstration de l'étendue de son champ d'activité en ophtalmologie, susceptible d'attirer vers lui un très grand nombre de patients ? N'est-ce pas plutôt pour pouvoir rapporter que l'une des malades, Marie-Antoinette Besson, du village de Touët près de Nice, guérie d'un ulcère de cornée, a témoigné de sa guérison devant « messieurs les échevins de Marseille », ou encore pour placer que le lieutenant-criminel, M. Basside, et que M. Mandine, directeur des boucheries, tous deux personnages de Marseille, lui ont confié leurs yeux ? Daviel aime à citer les notables qui lui font confiance et ne manque pas de souligner qu'ils ont consulté en sa personne un oculiste sachant porter attention à la souffrance de ses patients : « Quoique ces sortes d'opérations ne soient en apparence que peu de chose, cependant les maladies considérables qui en résultent [la douleur intolérable], comme l'ont malheureusement éprouvé quantité de malades, font qu'ils doivent y faire une sérieuse attention de même que les chirurgiens oculistes. »

Peu à peu, Daviel élargit sa clientèle. Bientôt, aucune catégorie de malades n'échappe plus à sa sagacité. Des enfants de onze mois, deux ans et six ans, porteurs de lésions cornéennes ou palpébrales, sont guéris par le célèbre oculiste [1]. Le Dr Brémont, chirurgien de l'université d'Aix et lithotomiste de la province, fait appel à lui pour qu'il vienne traiter « la Demoiselle Thiéri, actrice de l'Opéra de la Demoiselle du Jardin, âgée de 18 ans, qui avoit une inflammation aux deux yeux qui l'empêchoit de voir le jour depuis près d'un mois, et qui souffroit de grandes douleurs causées par des ulcères sur les cornées transparentes ». Elle « a été guérie parfaitement par l'eau ophtalmique », recette de Daviel dont nous ne savons rien sinon qu'elle avait diverses couleurs et qu'en à peine un jour elle permit à la danseuse d'ouvrir les yeux. Daviel a donc une réelle connaissance des maladies de la surface de l'œil et a acquis un savoir séméiologique assez subtil compte tenu du peu d'éléments dont il dispose. Par la seule observation et la palpation des lésions, auxquelles s'ajoutent des connaissances anatomiques inhabituelles, son grand sens clinique lui permet de réussir mieux que ses confrères en un temps où l'on ne peut compter sur les actions d'agents thérapeutiques efficaces. De petits moyens, un grattage, un débridement, un nettoyage, deux ou trois lavages judicieusement appliqués soulagent des malades atteints d'affections chroniques qu'ils supportaient jusqu'alors avec résignation. Ces gestes simples permettent à Daviel d'acquérir rapidement une solide réputation d'efficacité. Désormais, l'habile anatomiste, le chirurgien de la ville, est considéré comme un oculiste à part entière.

1. *Courrier d'Avignon* du 18 mai 1736.

Chapitre IV

CHIRURGIEN SUR LES GALÈRES DU ROI

Au mois de janvier 1736, Jacques est nommé chirurgien sur les galères du roi [1]. Si le père avait risqué d'y être envoyé avec son complice faux-monnayeur, le fils pouvait désormais donner un sens heureux au mot « galère ».

Au Grand Siècle, les galères étaient destinées à accueillir des « criminels condamnés par la justice [...] pour [...] être détenus et servir ledit seigneur Roi [2] ». Ce n'avait pas toujours été le cas. Jusqu'au XVIe siècle, le pouvoir avait exclusivement fait appel à des volontaires pour tirer la rame, et cette tradition ne s'était jamais perdue complètement qui avait attiré des crève-la-faim, des chômeurs des villes n'ayant pas d'autres choix pour gagner leur pitance. Les voyages ne dépendaient alors que de l'effort de volontaires, et non de la souffrance de bagnards. Les galères étaient moins atroces qu'utiles et servaient en particulier aux expériences scientifiques. Ainsi, en 1640, dans le port de Marseille, le comte Allais « fit voir sur une galère qui sortit en mer sur l'ordre du Prince, qu'une pièce lâchée du haut du mât, tandis que la galère vogue avec toute la vitesse possible, ne tombe pas ailleurs qu'elle ne le ferait si la même galère était arrêtée [3] ». Par cette expérience, Gassendi vou-

1. *Courrier d'Avignon* du 18 mai 1736.
2. F. Bluche, *Dictionnaire du Grand Siècle, op. cit.*
3. A. Comte, *in* S. Deligeorges, *Foucault et ses pendules,* Paris, Éditions Carré, 1995.

lait nier le rôle actif du mouvement de la Terre sur la chute des corps, idée galiléenne que contredira Foucault deux siècles plus tard [1].

Lors du rétablissement des galères en 1660, et leur localisation à Marseille, ces « volontaires » qui animaient les galères représentaient encore un millier d'hommes. Sans eux, toutes les galères que le roi souhaitait mettre en service n'auraient pas eu assez d'équipages. Quinze ans plus tard, ces engagés disparurent lorsqu'on destina les galères à la chiourme et qu'il parut difficile de les faire cohabiter avec ceux que l'on dénommait les « Turcs » et les hérétiques. Les « Turcs » étaient des barbaresques, des pirates capturés en mer ou parfois même des esclaves « razziés » sur les côtes de l'Afrique du Nord. Certains étaient achetés sur des marchés méditerranéens. En 1680, il y en avait deux mille à Marseille, et on estime à dix mille le nombre de ces hommes réduits en esclavage pendant le règne de Louis XIV. Mais Colbert, puis son fils Seignelay cherchèrent à substituer à ces musulmans, réputés solides et courageux, des hommes moins coûteux, des Grecs orthodoxes, des Albanais, des Russes, des Polonais, voire des Noirs ou même des Iroquois. Ce fut un échec. Si en 1713 on recensait encore un millier de Turcs, ils étaient moins de deux cents en 1748. C'est aussi que, peu à peu, les criminels avaient occupé majoritairement les galères. Les Parlements et les autres Cours souveraines étaient devenus les pourvoyeurs naturels des galères avec la justice prévôtale. Les hommes condamnés à tirer la rame par force (d'où leur nom de « forçats ») n'étaient pas tous français. Outre les condamnés français et étrangers du roi, les étrangers condamnés dans leur pays étaient eux aussi envoyés aux galères. Suisses, Lorrains, Savoyards, ressortissants des principautés allemandes constituaient une sorte de Légion étrangère avant la lettre. Pour les besoins en rameurs des quelque quarante-deux galères initialement mises en chantier, il fallait un millier d'hommes par an. Pendant longtemps, la justice ne put répondre à un tel besoin. La promulgation de nouvelles lois sur la désertion, sur la contrebande et surtout la révocation de l'édit de Nantes résolurent ce singulier problème. C'est ainsi qu'on expédia à Marseille, entre 1680 et 1715, quelque trente-huit mille condamnés, militaires pour presque la moitié, les autres étant des délinquants de droit commun, des criminels, des contrebandiers de sel et de tabac. Après 1685, près de trois mille protestants furent mêlés à cette pègre des galères. Ils ne composèrent heureusement jamais plus de 4 % des effectifs, et il semble qu'on ait évité à la moitié d'entre eux l'épreuve terrible de la rame. Il n'en restait pas moins qu'ils abordaient comme tous les autres des moments redoutables, se terminant pour les deux

1. S. Deligeorges, *op. cit.*

tiers d'entre eux par la mort dans les trois premières années. Être envoyé aux galères signifiait en réalité l'équivalent d'un emprisonnement à perpétuité. La sentence comportait souvent une limitation de la peine dans le temps, mais, le roi ayant du mal à maintenir un effectif de forçats entraînés, on avait tendance à oublier de libérer les détenus. Seul le besoin d'effectifs pour le combat pouvait donner lieu à un transfert de forçats vers les lignes de feu. Le désastre d'une épidémie de peste pouvait aussi conduire les échevins, comme ce fut le cas en 1720, à réquisitionner les galériens pour l'inhumation des cadavres, contre la promesse d'être libres. On connaît le ravage que fit la peste dans leurs rangs.

La description des conditions de vie des galériens à la fin du XVIIe siècle diffère peu de la description de celles de l'esclavage. Un galérien était un homme civilement mort. Au tout début de son incarcération, il devait affronter les affres d'un terrible voyage jusqu'à Marseille. Il rejoignait ses congénères dans la capitale ou quelque ville de province. Avec eux il gagnait Marseille, ou l'un des autres bagnes des galères, cheminant à pied en traînant de lourdes chaînes rivées à ses chevilles, sous les assauts incessants des brutes qui le gardaient. Mal nourris, battus, épuisés, beaucoup perdaient tout espoir de survivre et mouraient avant d'arriver au port. Seuls les plus vigoureux résistaient. Encore fallait-il affronter la chiourme, les gardiens sans pitié, les codétenus anciens qui faisaient la loi et brimaient les plus fragiles, et surtout les maladies endémiques ou épidémiques qui emportaient les nouveaux arrivants. Il était pratiquement impossible de s'évader. En cas de tentative d'évasion, les sanctions étaient terribles. Cependant, les conditions de vie et les tâches des galériens avaient varié avec le temps. On ramait beaucoup au début, lorsque plus de quarante vaisseaux étaient en état de marche. Il s'agissait d'élégants navires de plus de 40 m de long et de presque 6 m de large. Chaque bord portait quelque vingt-six avirons, dont chacun était déplacé en cadence, sous l'insulte et le fouet du garde-chiourme, par quatre hommes. La *Rosalie* était commandée par le général des galères. Elle avait 180 pieds de long (58,32 m), embarquait vingt-quatre officiers dont le chirurgien, six cent cinquante hommes dont trois cent soixante-dix rameurs sur soixante bancs. La *Patronne* était commandée par le lieutenant général et embarquait quinze officiers, quatre cent cinquante hommes dont deux cents rameurs. Les rames de ces galères atteignaient 24 cannes (12 m) de long. À l'époque de Daviel, l'arsenal ne possédait plus autant d'unités, et encore quelques-unes seulement restaient-elles parées à naviguer. Barras de la Penne, dans une lettre adressée en 1723 à Maurepas, jeune secrétaire d'État à la Marine de Louis XV, rapporte : « Le corps des galères, Monseigneur, autrefois si illustre a été composé de quarante galères. Je l'ai vu dépérir peu à peu en sorte qu'aujourd'hui il est réduit à quinze parmi lesquelles il n'y a que quatre corps de galère propres à servir en mer, savoir deux toutes neuves : *Réale* et *Héroïne* et deux autres *Patronne* et *Fortune*. » C'est cette dernière qui accueillera treize ans plus tard Daviel. Un lent déclin frappera l'arsenal des galères qui coûtait trop cher pour un usage de plus en plus réduit de ses navires. Les galères n'entreprenaient aucun voyage au long cours, elles n'étaient mises à la mer qu'à la belle saison, et les sorties, la plupart du temps, se réduisaient à des manifestations de prestige. Le temps était loin où l'on avait construit pour le marquis de Seignelay, en visite à Marseille en 1679, une galère en un jour. Il faudra les circonstances exceptionnelles de 1746 pour que quatre galères soient envoyées à Toulon contre les Austro-Sardes qui envahissaient la Provence. Ce ne fut d'ailleurs que peu de temps avant la fermeture définitive de l'arsenal des galères, en 1748. Les marins-forçats disparaîtront alors et se transformeront en d'ordinaires bagnards.

Au moment de la nomination de Daviel, le galérien ne prenait déjà plus que rarement la mer. Il était plus volontiers employé à des travaux d'entretien sur les vaisseaux, sur le port ou dans les ateliers de l'arsenal. Avec un peu de chance, il pouvait travailler en ville chez un artisan ou dans une maison bourgeoise. Certains se livraient même sur le port à de petits trafics autour de grêles baraques, tandis que d'autres, sachant écrire, vivaient dans les bureaux. Cependant, chanceux ou malchanceux, ils étaient les membres d'une communauté contrôlée et soumise à la seule volonté de gardiens qui avaient pratiquement droit de vie ou de mort sur eux. Comme dans tout univers concentrationnaire, certains, les moins nombreux, étaient privilégiés par rapport à la masse de ceux qui vivaient très misérablement.

C'est dans cet étrange monde que Sa Majesté le roi de France plonge le chirurgien Daviel, depuis peu voué à l'ophtalmologie. Aucun rapport n'existe entre sa nouvelle vocation et cette nomination qui repose sur un emploi de chirurgie générale. L'attribution de ce poste s'explique plus volontiers par l'amitié qui unit Jacques avec Louis de Joyeuse, médecin en chef de l'hôpital des galères, amitié qui se perpétuera avec les années. Le poste était fort recherché en raison du prestige qui s'attachait à la fonction et des avantages qui y étaient liés. On bénéficiait d'une rente de 600 livres par an, d'avantages en nature, vin et viande détaxés, et de la présence d'un « Turc » à la maison pour les travaux domestiques ; de quoi réjouir Mme Daviel. En outre, l'obligation de naviguer était rare. Elle éloignerait rarement de Marseille, et seulement pour de brèves sorties, le chirurgien Daviel qui tenait à conserver ses autres privilèges : ses fonctions à l'hôtel-Dieu, ses leçons d'anatomie et, bien sûr, ses activités privées qui commençaient tout juste à devenir lucratives. Par cette promotion, Jacques parvenait enfin à s'assurer le confort matériel et la sécurité auxquels il aspirait tant. Il était de surcroît fier d'entrer par la grande porte dans une institution réputée de la cité marseillaise. C'est que l'arsenal des galères, même réduit dans ses activités et très dégradé depuis qu'on lui portait moins d'intérêt, avait encore fière allure. Son ordonnance et son imposante apparence frappaient tous ceux qui le voyaient pour la première fois. Construit au fond du port et sur sa rive sud, c'était un vaste quadrilatère, flanqué de quatre tours carrées, surmonté d'une cinquième érigée en son centre en haut de laquelle un vaste toit abritait l'horloge qui lui prêtait son nom et que tous les Marseillais connaissaient. Une grande fleur de lys l'ornait qui brillait comme les ors qui couraient sur des murs bleus. La porte de « la Darse », qui ouvrait l'édifice sur le port, portait en latin ce distique triomphant : « Le Grand Louis aux flottes invincibles a bâti cette citadelle. D'ici, il dicte ses lois à la mer domptée. »

Autour de la cour, à l'intérieur du quadrilatère, étaient disposés les ateliers et les magasins. Sur le port s'ouvraient quatre darses avec formes et écluses servant à la construction et au radoubage. Deux immenses bâtiments abritaient la caserne, le bagne et les entrepôts. Vers l'angle sud on découvrait un endroit charmant, entouré d'un parc : la maison du roi qu'occupait le général des galères (entre 1716 et 1748 ce sera le grand prieur d'Orléans, fils naturel du Régent). La somptueuse décoration des salons de la maison du général des galères faisait l'admiration des visiteurs ; on y donnait des fêtes magnifiques, en particulier dans la salle d'armes dont le centre était occupé par un soleil de 30 pieds de diamètre ; un immense portrait de Louis XIV y était entouré d'un rayonnement de pertuisanes, de lames d'épée et de baïonnettes. On raconte qu'au Grand Siècle on y avait enchaîné des Turcs pour donner l'illusion qu'ils portaient sur leurs épaules le grand disque du soleil royal. L'intendant Arnoul, visitant les lieux, n'avait-il pas écrit à Colbert : « Je vous assure que Venise n'a rien d'aussi beau » ? En 1740, Jean-Jacques Lefranc de Pompignan y étant reçu pour dîner par M. d'Héricourt, constatera « que le décor de la grande salle n'a guère changé avec ses murailles couvertes d'espaliers, de fusils et de mousquetons et ses pyramides de sabres, d'épées, de baïonnettes » avec ses plafonds décorés de « soleils composés de rayons de fer » et ses extrémités couvertes de « grands trophées de tambours, de drapeaux et d'étendards ». Ne pouvant échapper à sa manie de mal versifier, il termine par les vers suivants son élogieuse description :

Ces lieux où reposent les dards
Que la mort fournit à la gloire
Offrent ensemble à nos regards
L'horrible magasin de Mars,
Et le temple de la Victoire.

Il avait quelques jours plus tôt découvert Marseille. « C'est une des villes dont on ne dit rien pour en avoir trop à dire. Elle ne ressemble point aux autres villes du Royaume, sa beauté lui est particulière ; ses dehors mêmes et ses environs ne sont pas moins singuliers. C'est un nombre infini de petites maisons qui n'ont à la vérité ni cour, ni bois, ni jardin mais qui composent en total le coup d'œil le plus vivant qu'il y ait peut-être au monde. Que le port est frappant. » Et il enchaîne, ne pouvant résister à ses muses :

D'un coup d'œil on voit, on admire,
Sous ce millier de pavillons,
Royaume, République, Empire ;
Et l'on dirait qu'on y respire
L'air de toutes les nations.

On ne sait ce qu'il faut critiquer le plus, des vers ou de la prose de notre « reporter » ! Mais il a l'avantage de nous confirmer que l'arsenal des galères conservait encore quelques-unes de ses splendeurs passées au moment même où Jacques Daviel y prenait ses fonctions.

Naguère, plus de quinze mille personnes croisaient en ce lieu les fils de leurs vies : officiers, comites (c'est-à-dire maîtres de manœuvre) et sous-comites, chargés de faire exécuter les ordres à la chiourme (les rameurs) à coups de sifflet, argousins et sous-argousins, officiers de ronde chargés de surveiller les « Turcs » à bord et de châtier les rameurs négligents ou récalcitrants, charpentiers, maîtres calfats, bombardiers, canonniers, pertuisaniers et autres soldats et chirurgiens. Au moment de l'arrivée de Daviel, il ne subsiste que des projets de rénovation et d'agrandissement, qui resteront de pieuses intentions sans la moindre chance d'exécution. Le roi s'intéresse de moins en moins aux galères, où tout, faute d'entretien, se dégrade dangereusement.

On a toutefois construit à l'intérieur de l'arsenal un hôpital, après avoir abandonné l'usage d'anciennes infirmeries. Édifié à l'ouest de la maison du roi (sur l'emplacement actuel de l'opéra), c'est alors un très beau bâtiment, comportant six salles pour les forçats, une salle pour la troupe et un secteur réservé pour les officiers. Il s'agit d'un hôpital actif, recevant un nombre impressionnant de malades compte tenu de l'hygiène déplorable qui règne dans le bagne. La mort y est coutumière. Mort de sujets sans état civil, que l'on peut sans vergogne « ouvrir ». Daviel n'y manquera pas. Il ne lui est en effet pas indifférent de pouvoir disposer comme il l'entend des corps des « Turcs » morts. Dans ce lieu où le pouvoir des gardes-chiourme n'a pas de limites, il est bien facile de disposer d'une pièce anatomique que personne n'aura l'intention ni le pouvoir de réclamer. C'est pour Daviel un avantage considérable. Rompant enfin avec les embarras de l'hôtel-Dieu et les encombrants intendants, l'anatomiste qu'il est va enfin pouvoir accomplir sa tâche facilement.

Grâce à ses premiers patients, il a pu comprendre et traiter de plus en plus efficacement certaines maladies oculaires. Mais il n'a eu que trop rarement à l'hôtel-Dieu l'occasion de disséquer des yeux, et de confronter ses hypothèses à la réalité anatomique. Sans doute se doit-il à la chirurgie générale pour laquelle il a été engagé, mais il n'oublie pas l'ophtalmologie et, chaque fois qu'il le peut, associe à ses dissections du corps celles de l'œil. En 1749 il écrira : « J'ai étudié l'œil et ses maladies pendant prés de vingt-cinq ans dans les hôpitaux [...] surtout dans celui des galères de Marseille où j'ai fait plus de sept mille expériences sur des yeux de cadavres et nombre d'autres opérations de toute espèce sur des sujets vivants, comme je suis en état de le prouver [1]. » Daviel fut chirurgien aux galères dix ans, de 1736 à 1746. Si l'on en croit ses dires, c'est donc sept cents dissections d'yeux (trois cent cinquante cadavres) qu'il pratique chaque année aux galères. Ce qui voudrait dire qu'il y a au moins, chaque jour ou presque, un mort dans les lits de l'arsenal. La rumeur qui voulait qu'on y mourût beaucoup serait ainsi parfaitement fondée [2]. Cela signifierait également qu'en dépit de ses autres tâches Daviel s'astreint à disséquer tous les jours. Que cherche-t-il, alors qu'on hésite encore à qualifier les structures de l'œil et les fonctions de celles-ci ? L'avenir nous le dira. En attendant, sa nomination auprès du général des galères lui apporte, outre des privilèges corporatifs fort importants, des avantages sociaux indiscutables, et constitue par là une étape essentielle de sa carrière.

---

1. Réponse de Daviel à M. de Roussilles, *Mercure de France*, juillet 1749, p. 221.
2. J.-J. Bouchard (1606-1641) dans son journal de voyage, certes bien antérieur au temps de Daviel, disait : « Dans les galères, où se voit toute la misère, l'ordure, la saleté, la puanteur et les infirmités humaines, de sorte qu'il ne se passe pas un jour sans qu'il y meure quelqu'un », « Voyage de Paris à Rome », *in Le Voyage en France*, J. M. Goulemot, P. Lidsky, D. Masseau, Paris, Robert Laffont, coll. Bouquins, 1995.

Chapitre V

LE TEMPS DES VOYAGES

En date du 29 mai 1736, on peut lire dans le *Courrier d'Avignon* l'annonce suivante : « Le Sieur Daviel, dont il a été parlé il y a quelque tems, ayant été appelé en Portugal pour une opération de conséquence sur les yeux, et ayant reçu congé pour cela de Sa Majesté, est parti pour ce païs-là. »

Le comte d'Ericeira, membre du Conseil du roi et du Conseil de guerre, député des États du royaume et lieutenant général des armées de Sa Majesté le roi du Portugal, est l'auteur de cet appel. Important personnage s'il en est, il est aussi fort bien informé puisqu'il fait appel à un oculiste marseillais pour être opéré de cataracte. Cette dernière relègue alors les plus puissants seigneurs au rang de subalternes handicapés dès lors qu'elle les conduit au seuil de la cécité. Tout le monde, surtout celui des grands, en connaît le remède, mais ils savent aussi qu'il est périlleux ; chacun a en mémoire de cruelles histoires de couteau maladroit, de cristallin récalcitrant ou d'infection fulgurante, qui portent à réfléchir à deux fois avant de prendre la difficile décision de se faire ou non opérer. Certains, tel Montesquieu, ne s'y résolvent jamais et préfèrent le lent progrès de la cécité plutôt que le risque non négligeable d'un accident irréversible. Aussi est-on particulièrement attentif au succès de quelque maître dont le talent paraît supérieur à celui des autres. En ce temps-là déjà, la réputation des médecins se fondait plus sur l'opinion que s'en faisaient les malades que sur la valeur de leurs diplômes. Sans doute Daviel a-t-il été remarqué au cours de l'une de ses opérations par quelque témoin d'importance, capable de colporter des compliments flatteurs jusque dans le cercle des grands. Une véritable réputation, alors comme aujourd'hui, ne pouvait cependant se perpétuer que si l'opinion publique favorable correspondait à une réelle valeur théorique. Voyons donc Daviel à l'œuvre.

En homme organisé, il prépare d'abord son voyage avec une grande précision. Le chemin qu'il choisit pour aller à Lisbonne est loin d'être le plus direct, et c'est voulu : Aix, Salon, Arles, Nîmes, Béziers, Narbonne, Carcassonne, Castelnaudary, Toulouse, Bordeaux avant de rejoindre Bayonne pour se rendre à Lisbonne par l'Espagne. Dans chacune de ces villes, il examinera « ceux qui pourront avoir besoin de son secours [1] ». Le 19 juin, on apprendra, toujours par le *Courrier*, les rectificatifs intervenus dans le déroulement du voyage qui pour la première fois franchit les limites du territoire qu'il avait l'habitude d'explorer. Il reste plus longtemps que prévu à Aix pour y opérer des personnes « de considération [2] ». À Arles, Salon et Nîmes, il exerce son art devant un aréopage de médecins et de chirurgiens. À Montpellier, il reste une semaine, du 14 au 21 juin, logé à la Poste, sans que l'on puisse rien deviner de l'accueil qui lui a été réservé en cette grande cité universitaire dont les tout-puissants professeurs tiennent la dragée haute à leurs collègues parisiens. Étaient-ils capables d'accorder de l'importance à ce jeune trublion venu d'ailleurs ? S'ils l'avaient été, nous le saurions ! Daviel se serait empressé de le confier au *Courrier*, comme il le fera quelques jours plus tard quand Toulouse l'accueillera, avec une attention toute différente. Le *Courrier* nous précise en effet « qu'il y étoit attendu depuis longtemps, et il a opéré avec tout le succez qu'on peut attendre dans des maladies aussi délicates. Il s'y est attiré l'estime de tous ceux qui l'ont vu opérer, et il a eu l'honneur d'être agrégé à la Société des Sciences. M. de Nupée, Président au Parlement et Président de la Société le proposa et il fut reçu *Una Voca* ». Il semble que Daviel ait été présenté devant cette société par le Dr Carrière, l'un de ses fondateurs avec son collègue Gouazé. Cette société, de création récente, est due à l'initiative d'un apothicaire, Antoine Le Sage, qui, vers 1712, a décidé de pérenniser les cours de botanique que Jean Dufaur et son successeur, Armand de Perpessac, tenaient traditionnellement dans un jardin de la rue Saint-Bernard. La Société des sciences possède elle-même un jardin botanique où l'on accueille gratuitement les étudiants. C'est devant cette jeune et dynamique institution que Jacques est invité à présenter un malade, dénommé Jean Milhau, atteint d'une hydropisie du

1. *Courrier d'Avignon* du 29 mai 1736.
2. *Courrier d'Avignon* du 19 juin 1736.

globe de l'œil [1]. La communauté médicale toulousaine fait preuve de curiosité et de tolérance en ouvrant ainsi ses portes à un visiteur réputé talentueux mais encore peu connu. Le choix du cas est intéressant. On connaissait mal les causes de l'hydropisie du globe oculaire et la définition même de l'affection laissait à désirer. C'est ainsi que l'on peut lire dans le *Traité sur les maladies des yeux* de Guérin, Montpelliérain exerçant à l'hôtel-Dieu de Lyon, publié en 1769, donc trente ans plus tard, que le globe oculaire peut acquérir dans certaines circonstances un volume considérable en cas d'hydropisie (on la confondait avec l'exophtalmie, qui est caractérisée par la saillie du globe oculaire hors de l'orbite). Les causes de cette dilatation du globe sont tantôt rapportées à un excès d'humeur aqueuse (un glaucome), tantôt à un état fluxionnaire du corps vitré (inflammation chronique du globe oculaire). Le sujet restait à l'époque fort confus et soulevait sans doute d'importantes interrogations. Daviel en présente une observation anatomique, ce qui traduit un bon sens tactique puisqu'il choisit le terrain où il excelle et où il peut entretenir la discussion sans risque de s'égarer. Grâce à sa démonstration, il est désormais membre de la Société des sciences de Toulouse. En l'admettant dans leur compagnie, ses confrères sanctionnent en Daviel de réelles qualités pédagogiques et chirurgicales, et offrent une première consécration officielle à son talent.

Quelques jours plus tard, il part pour Montauban, puis Agen où on le retrouve le 29 juillet. Le 1er août il arrive à Bordeaux, où il restera huit jours. Malgré l'énorme progrès des messageries et des routes, les voyages en ces voitures de postes, qui ne seront suspendues qu'à partir de 1737, engendrent de terribles courbatures. À peine arrivé dans une ville nouvelle, Jacques, aidé d'un ou deux aides, doit repérer les lieux, signaler sa présence en plaquant ses affichettes aux portes du relais de poste, préparer ses instruments, recevoir les malades, les sélectionner, les opérer sans omettre de nouer des relations avec les édiles de la ville et avec ses chirurgiens. Mais, sans craindre la fatigue, Daviel poursuit son chemin vers l'Espagne. Le voici à Bayonne où il fait « quantité d'opérations de toutes espèces avec beaucoup de succez [2] ». De même à Saint-Jean-de-Luz, Saint-Sébastien, Bilbao et Vitoria. Partout on vante les exploits du célèbre oculiste marseillais : tous les malades recouvrent la vue ou sont délivrés de térébrantes douleurs après des années de souffrance. Du moins toujours selon les dires du *Courrier* avignonnais. En octobre, il atteint Madrid. Le hasard, ou la réputation qu'on lui a faite, met sur son chemin « M. d'Aven, chef du Gobelet d'Espagne », qu'il gué-

1. Compte rendu de la Société des sciences toulousaine du 17 juillet 1736, de la main du révérend père Planque.
2. *Courrier d'Avignon* du 4 décembre 1736.

rit de « vaisseaux variqueux » et dont il abat avec succès la cataracte. Puis il guérit la fille du marquis de Montalto, corregidor de Madrid et favori du roi, d'une fistule lacrymale qu'elle avait depuis sept ans de telle sorte qu'ensuite « il ne paroit pas même qu'elle en ait jamais eue ». On imagine la publicité d'un tel succès au sein de la cour d'Espagne. Tout le monde parle de ce chirurgien français qui se rend à la cour de Lisbonne. De quoi aiguiser la curiosité et donner l'occasion au représentant diplomatique français Bournonville de présenter notre talentueux chirurgien à Leurs Majestés Catholiques. L'entrevue, à laquelle Jacques se prépare fébrilement, a lieu le 3 novembre. Un instant, effleurant de son visage le gant de Philippe, puis l'observant à distance, Jacques peut remarquer, sur ses traits, la lumière du rêve dont on le dit habité, cette tendre tristesse et ce regard distant qu'il promène sur le jeu des hommes. N'a-t-il pas dû guerroyer pendant près de quinze ans pour pouvoir enfin tenir fermement les rênes de son royaume ? N'a-t-il pas dû reprendre la couronne qu'il avait laissée à son fil Louis, mort prématurément ? En s'engageant pendant cinq ans dans les armées du Roi-Soleil, Jacques a d'ailleurs contribué à le maintenir sur son trône alors fragile, que son grand-père Louis XIV lui avait confié à la lecture du testament du malheureux Charles II, son prédécesseur. Il a en un sens risqué sa vie pour lui. Le royal monarque n'en peut rien savoir pendant ce bref instant où est offerte à Daviel l'occasion de baiser son auguste main et celle de la reine. Mais, à travers Philippe, le monde reconnaît enfin la pertinence de ses choix, la valeur de son éducation, l'habileté de ses mains.

À partir de cette date, Jacques mêle avec allégresse succès médicaux et succès sociaux, les uns renforçant les autres en une spirale ascendante qui ne manque pas de le griser. Son succès l'entraîne à davantage d'audace et de bonheur chirurgical. La guérison de Mlle de Montalto (qui lui avait « fait un honneur infini ») attire des patients de cinquante lieues à la ronde. Tous les gens de distinction se précipitent pour demander son avis. Avant son départ, il opère avec succès don Juan Manuel de Vosillo, aide-garde des Dix Marcs du prince des Asturies, d'une « cataracte très mauvaise ».

Le 8 décembre, Jacques arrive à Lisbonne. Depuis la fin de la guerre de Succession d'Espagne, le Portugal est entré dans une longue ère de paix. Jean V est monté sur le trône en 1706, à l'âge de seize ans, et depuis 1715 y règne sans entrave, en monarque absolu mais éclairé qu'il sera jusqu'à sa mort en 1750. Le souverain profite de la prospérité qu'apporte au Portugal l'or du Brésil depuis la fin du siècle précédent. Prospérité apparente, car le pays lui-même, confiné en ses structures archaïques, reste très pauvre. Toutefois, le roi, grand constructeur, donnera à son règne un éclat dont le Portugal porte encore les marques. À l'arrivée de Daviel, le palais de Mafra est achevé depuis un an. Jean V y vit souvent, mais son goût de l'opéra et de la musique le rappelle fréquemment sur les bords du Tage, dans le palais royal du « Terreiro do Paço », non loin de la tour de Belém. C'est à lui encore que l'on doit la construction du fameux aqueduc des « Eaux libres » qui résoudra les problèmes d'alimentation en eau de Lisbonne. On lui doit aussi la magnifique bibliothèque de Coimbra. Ce souverain fastueux n'en est pas moins soucieux de moderniser le Portugal. Il accorde sa protection au monde des lettres et des sciences, crée des académies et le premier cours d'anatomie du Portugal. Il fait volontiers appel à des spécialistes étrangers susceptibles d'aider au développement de son pays, en particulier à des Français, dont la mode et la culture le fascinent. Le marquis d'Argenson a présenté depuis peu ses lettres de créance au roi. L'agent du Portugal en France, D. Francisco Mendés de Goes, s'occupe déjà activement, depuis plusieurs années, des commandes qu'il reçoit de la cour de Lisbonne. En date du 18 avril 1731, on lui a passé commande de lunettes pour Sa Majesté le roi : « Votre Excellence va nous envoyer des lunettes pour Sa Majesté du n° 18 [...] que les verres soient bien taillés, car si ce n'est ainsi, au lieu de permettre la vue ils l'obscureront. » En 1743, on sollicitera à nouveau Mendés de Goes pour Sa Majesté qui a cassé ses lunettes. « Votre Excellence m'enverra par courrier au moins six paires et six autres à la première occasion pour m'en envoyer jusqu'à deux douzaines. »

Le comte d'Ericeira, qui a appelé Daviel au Portugal, n'est pas un maigre personnage. Appartenant par sa naissance à la plus haute noblesse du royaume, il est l'une des figures marquantes du règne de Jean V. Gentilhomme de grande vertu, très érudit, très consciencieux et très méticuleux [1], il permit à peu d'hommes de son époque de rivaliser avec ses talents. Ceux-ci étaient un peu débordants si l'on en croit ses contemporains selon lesquels il « lui importait de parler beaucoup même si la tournure de ses propos était quelconque [...]. Pour soutenir ce qu'il savait, il surchargeait ses descriptions de tant d'ornements et de doctrines qu'elles en paraissaient ridicules ». À la longue, ces façons agacèrent le roi qui en vint à demander l'aide du cardinal de La Mota pour se débarrasser de lui [2]. Le comte n'en publiera pas moins cinquante-six œuvres imprimées. *El Tresor de la armonia*, écrit en vingt heures, comporte quatre mille vers ! Le tremblement de terre de 1755 détruira pratiquement tous ses manuscrits, tout comme sa grande bibliothèque et son palais de la place de l'Annonciation (Largo da Anunciada). Malgré

1. Préface d'Eduardo Brazao du Journal du quatrième comte d'Ericeira, alias Don Francisco Xavier de Menezès, *O diario do conde de Ericeira, 1731-1733*, Coimbra, Editora Eda, 1943.
2. Lettre de Jean V au cardinal de La Mota du 8 avril 1746.

les critiques qu'il a suscitées, il n'en reste pas moins l'exemple d'une rare et précoce réussite. Manifestement très doué, il touche à tout, aussi bien à la poésie qu'aux mathématiques. Il sait le latin, parle l'italien, l'espagnol et le français. Président de nombreuses académies portugaises, il est aussi membre de plusieurs sociétés étrangères. Sa carrière militaire n'est pas moins brillante. On le trouve aux côtés de dom Pedro II pendant la campagne de Beira. Il participe aux campagnes de la guerre de Succession d'Espagne du côté des Habsbourg, de 1708 et 1709, où il se fait remarquer par sa conduite héroïque. Depuis 1735, il est lieutenant général du royaume (mestre de campo general) et conseiller de la guerre. Il est enfin extrêmement riche. Seigneur d'Ericeira et de ses alentours, il en perçoit tous les droits royaux, de même qu'un cinquième de ceux de la ville de Mafra ; il est également seigneur de bien d'autres lieux auxquels s'attachent autant de titres glorieux et de convenables revenus.

Le comte à soixante-six ans et sa cataracte gêne considérablement la vie trépidante qu'il assume à la Cour. Aussi accueille-t-il son chirurgien avec aménité, se charge-t-il de répandre la nouvelle de son arrivée et de le présenter au roi dès le 20 décembre. Le souverain souhaitait connaître Daviel. Faut-il rapprocher ce désir des troubles visuels dont il semble souffrir, et que ne parviennent pas à éradiquer les paires de lunettes dont il dispose ? Il reçoit en tout cas fort aimablement notre voyageur au cours d'une première entrevue. Quelques jours plus tard, Jacques revient au palais ; il y retrouve Sa Majesté accompagnée de la reine et de la famille royale. Le roi donne des audiences très régulièrement et semble attacher à celles-ci un prix particulier. Elles se tiennent trois fois par semaine. « Le samedi à la noblesse, qui ce jour-là a l'honneur de parler debout au Roi, les deux autres jours tout le monde indifféremment est admis à l'audience, nobles, roturiers, riches et pauvres. Chacun a l'honneur d'approcher Sa Majesté, de lui remettre son placet, et de lui parler aussi longtemps qu'il est nécessaire. L'audience commence par les hommes et finit par les femmes. On parle à genoux au Roi, qui est assis dans un fauteuil sous un dais et appuyé contre une table, sur laquelle on met une corbeille remplie de petits paquets de pièces d'or, dont Sa Majesté gratifie charitablement ceux de ses sujets qui se trouvent dans un pressant besoin, surtout les officiers et les femmes. Elle le fait avec tant d'adresse qu'on ne s'en aperçoit pas [...]. L'habillement des Dames est souvent très galant ; elles sont couvertes d'une espèce de mante ou domino depuis la tête jusqu'aux pieds, lorsqu'elles vont à l'Audience de façon qu'elles se ressemblent toutes et soient méconnaissables. Mais lorsqu'elles sont aux pieds du Roi et pour ainsi dire entre ses genoux, elles se découvrent et laissent voir des beautés qui ne peuvent que lui toucher vivement le cœur. Sans altérer pourtant sa gravité majestueuse, et son air de bonté qui inspire de la hardiesse à la personne qui lui parle. Sa Majesté lui fait parfois des questions et lui parle obligeamment [1]. »

Les obligations officielles terminées, Jacques passe aux choses sérieuses. Il est venu pour opérer le lieutenant général des armées, comte d'Ericeira, et le tapage qui a précédé son entreprise et que le comte lui-même, selon sa coutume, a favorisé fait obligation à notre homme de réussir. Nul ne comprendrait qu'un illustre oculiste, venu de si loin, ratât l'extraction de la cataracte d'un si noble, si réputé et si généreux personnage. Il faut une nature forte pour savoir accepter des hommages anticipés alors qu'on s'apprête à réaliser un acte dont rien ne prouve qu'il ne sera pas médiocre ou désastreux. La chance n'est pas toujours au rendez-vous du chirurgien. On imagine aisément l'attention avec laquelle Jacques se prépare à l'opération du comte. Certes, il a l'habitude d'agir devant un public, mais ce jour-là il ne sera pas seulement observé par des chirurgiens et des médecins ordinaires, mais par ceux du roi et par quantité de seigneurs de la Cour qui rapporteront à Sa Majesté ce qu'ils ont vu. Toute hésitation, toute malhabileté, toute erreur sera colportée, déformée, amplifiée à l'excès, au risque de ternir à jamais sa gloire. Le risque est considérable. Il tente de dominer son inquiétude par la force de son expérience, l'étendue de ses connaissances anatomiques, la confiance qu'il a en ses gestes. Et puis Dieu viendra à son aide.

L'opération a lieu le 26 janvier. En quatre minutes, il abat brillamment la cataracte gauche « en présence des Médecins et des Chirurgiens du Roi et de quantité de Seigneurs de la Cour qui en firent rapport [...] au Roi lui-même qui voulut être informé de tout ce qui regarde cette opération [2] ». Après ce succès, Jacques a l'occasion de confirmer son talent sur dona Marie-Thérèse de Portugal, sœur de dom Antoine Guédes, ministre et secrétaire de la Marine et de la Guerre, et d'opérer quantité de patients de toutes natures « avec tant de succès qu'aucun de ses malades ne s'est repenti de s'être mis entre ses mains [3] ». Mais son séjour s'achève, et il ne peut soigner tous ceux qui réclament son secours. Après avoir été reçu une troisième fois par le roi, il quitte le Portugal à regret.

Daviel ne rejoint Marseille que le 26 septembre, après un long détour par le sud de l'Espagne et, selon ses dires, plus de deux mille malades soignés au cours de l'ensemble de son périple. Après une

1. J. Pinto de Ferreira, *Mémoires instructifs pour un voyageur dans les divers États de l'Europe*, Amsterdam, 1738.
2. *Courrier d'Avignon* du 21 mars 1737, qui ne pouvait manquer de donner de l'importance à un si remarquable exploit.
3. *Courrier d'Avignon* du 21 mars 1737.

absence de seize mois, il retrouve son foyer, situé désormais place Janguin (ou Zanguer) « près le grand Mazeau », dans un quartier plus cossu que celui de la paroisse populaire de Saint-Martin. Avec le soutien de son père et de sa belle-mère, Anne a dû subvenir seule pendant ces longs mois aux besoins de ses cinq filles et de ses deux garçons. Thérèse était née le 18 mars 1735, avant le départ de Jacques, et Louis, l'année suivante, le 12 décembre 1736, en son absence. Thérèse a pour marraine Thérèse Félix, la demi-sœur d'Anne, et pour parrain un ami, Pierre Janson. Deux amis d'Anne, Louis Favre et Magdelaine de Lanuset, ont porté Louis sur les fonts baptismaux en l'absence de son père. Ce ne sera pas la dernière fois qu'Anne accouchera sans son époux. L'éloignement de Jacques, le sacrifice de sa vie de famille, s'impose comme l'une des nécessités de sa réussite sociale, et restera l'une des conditions de la poursuite de sa carrière. Des années durant, ses voyages le sépareront d'Anne et de ses enfants.

Son absence de seize mois aurait pu consacrer son oubli et favoriser opportunément les oculistes rivaux. Mais le *Courrier d'Avignon*, en relatant dans non moins de sept numéros, et de la façon la plus élogieuse, les exploits de notre chirurgien, ne permet pas qu'on oublie l'illustre praticien. Aucun de ses collègues marseillais n'a de princes parmi ses patients, ou s'il les a il ne sait pas le faire savoir. Aussi Jacques trouve-t-il à son retour une impatiente clientèe, alléchée par sa renommée. La clientèle est si nombreuse que Daviel est obligé de retarder son départ pour la Cour où il a été convié et pour lequel Sa Majesté lui a accordé un congé. Ce retard semble plus précisément justifié par la requête d'un important personnage, capitaine-lieutenant de la Compagnie des cadets de M. le marquis de Dreux, lieutenant général, grand maître des cérémonies et gouverneur de l'île de Sainte-Marguerite, où fut emprisonné l'Homme au masque de fer, tout près de Cannes. M. de Gleise est venu exprès à Marseille consulter Daviel pour « une louppe chancreuse, ulcérée et avec des bords cailleux, de la grosseur d'une noisette, qu'il avait depuis vingt ans dans le grand angle de l'œil droit et qui était collée aux deux points lacrymaux et à la caroncule lacrymale ». Daviel l'opère avec succès et sans larmoiement « comme le craignoient les plus habiles chirurgiens que M. Gleise avoit consultés en divers endroits du Royaume, qui n'avaient jamais voulu tenter l'opération, regardant la maladie aussi dangereuse que l'opération, qui est expressément défendüe par Monsieur de Saint-Yves, fameux oculiste de Paris dans son traité des yeux, page 88. M. de Gleise mande des Isles de Ste-Marguerite du 1er Février dernier qu'il est parfaitement guéri, que ceux même qui l'avoient vu avec la tumeur, ont peine à distinguer à quel œil elle était. Plusieurs des plus habiles chirurgiens de Marseille ont vu le malade après l'opération, de même que quantité de personnes de distinction qui seront toujours en état de rendre justice à la vérité [1] ». Daviel s'est permis, au cours d'une intervention sur un personnage important, de préconiser une attitude contraire à celle soutenue par le célèbre Saint-Yves dans son *Traité*. Il a eu raison et ne se prive pas de le faire savoir. Le dire passerait encore, mais l'écrire est franchement audacieux. Est-ce son audace naturelle qui le porte à s'engager dans des causes jugées perdues par les autres ? Est-ce l'appel de la Cour qui l'incite à se vanter avec quelque imprudence ? Est-ce la bonne opinion que ses voyages lui ont donnée de lui-même ? Toujours est-il que, fort de ce nouveau succès, il se dispose à partir pour Paris.

Cette fois encore, il prépare méticuleusement son voyage, dont chacune des étapes, annoncées dans son fidèle journal, lui permettra de se faire de nouveaux clients. Le 15 avril, il est à Avignon, chez son ami Morénas, le journaliste du *Courrier d'Avignon*, chez qui il opère plusieurs malades de la ville ou des environs. Arrivé le mardi, Daviel reste chez Morénas jusqu'au dimanche. Les deux amis ont tout lieu de se féliciter de leur entreprise. L'un et l'autre ont eu un grand succès, et ni l'un ni l'autre n'ont l'intention de changer une formule qui marche si bien. Le « reporter » Daviel sait « vendre » la médecine par la presse.

Lorsqu'il quitte Avignon le 20 avril, le *Courrier* paru deux jours plus tôt a convié les patients souffrant des yeux à le rejoindre tout au long de son itinéraire. Il leur est conseillé d'aller « le trouver positivement le jour de son passage, ne pouvant s'arrêter dans chaque ville plus longtemps qu'on le marque, étant pressé de se rendre à Paris. On apprendra chez tous les Maîtres de la Poste aux chevaux l'auberge où il ira loger ». À Orange, il reçoit au logis du Griffon, à Pont-Saint-Esprit, le 26, à celui de la Rose, à Montélimar, le 28, à celui du Poulet, à Valence à celui de Saint-Jacques, à Vienne, le 3 mai, à La Croix Blanche, et Au Parc sur les Terreaux à Lyon deux jours plus tard. Il a repris son dur labeur qui le conduit sans perte de temps d'une auberge au nom charmant à une autre. Dans presque toutes ses haltes, il ne reste qu'un jour ou un jour et demi. Si l'on prend pour référence les « plus de deux mille opérations » de sa campagne hispano-portugaise qui s'est étalée sur seize mois, cela fait un minimum de cent vingt-cinq malades par mois, soit quatre par jour en moyenne. Les examens sont brefs, consistant en quelques gestes simples : examiner l'œil à la lumière – il est préférable de bénéficier du jour au travers d'une large baie bien exposée et de travailler le matin en évitant toutefois un éclairage trop vif, susceptible d'éblouir les patients –, palper l'œil tandis qu'on interroge. En quelques instants Jacques sait faire la différence entre les cas pour lesquels on

1. *Courrier d'Avignon* du 1er octobre 1737.

peut quelque chose et ceux pour lesquels on ne peut rien. Les yeux opérables sont traités sur-le-champ. Quelques minutes suffisent là encore pour être efficace sans faire trop souffrir. D'où l'intérêt évident de l'annonce du passage du maître. La plupart des patients le rejoignent à l'auberge où il réside et où un ou deux aides peuvent préparer un sommaire lieu de travail. Il y a tout lieu de croire que le rôle de Daviel et de ses confrères se résume essentiellement en ces quelques actes très rapides et solitaires. Certes il faut tenir d'une certaine façon le patient que l'on opère pour qu'il ne bouge pas, mais si l'on ne bénéficie pas de l'aide entraînée d'un compère habituel, on peut certainement s'accommoder d'un comparse informé de fraîche date et que n'effraie pas la perspective de la chirurgie. Daviel opérant souvent devant des médecins et des chirurgiens, il lui est d'ailleurs facile de demander à l'un d'entre eux de l'aider. Après Lyon, où il reste huit jours, Daviel rejoint Mâcon, Chalon, Dijon pour huit jours, puis Auxerre et Fontainebleau. Il arrive enfin à Paris le 4 juin. Que vient-il faire à la capitale ? Le *Courrier* reste étonnamment elliptique sur ce point : « Quoique M. Daviel, maître chirurgien et Oculiste de Marseille, ait obtenu un nouveau congé de la Cour pour rester à Paris, encore quelques mois, il partira cependant de cette ville le 7 Septembre prochain pour se rendre à Marseille, ayant fini ses affaires à Paris [1]. » Ses « affaires » semblent s'être réglées à son avantage. Le 7 septembre 1738, le jour même de son départ de Paris, le Conseil du roi, réuni à Versailles, a en effet décerné à Jacques Daviel le titre de démonstrateur royal d'anatomie et de chirurgie à Marseille.

1. *Courrier d'Avignon* du 8 septembre 1737.

Chapitre VI

JACQUES ET SES MAÎTRES

La nouvelle promotion de Jacques s'inscrit dans la longue période de lutte entre chirurgiens et médecins dont nous avons déjà vu quelques épisodes. Son propre combat symbolise en effet, à l'échelle de sa personne, la quête de définition des chirurgiens français d'alors. On s'était opposé à ce qu'il devînt chirurgien tout comme les médecins, défendant hargneusement un privilège qui tenait parfois du savoir mais aussi trop souvent de la volonté du prince, s'opposaient à ce que les chirurgiens, fussent-ils les plus talentueux, devinssent des partenaires égaux. On doit reconnaître que Jacques ne se débrouillait pas si mal dans cette jungle sociale, lui qui, parti de rien, avait su saisir chaque fois qu'elle s'était présentée la main que lui avait tendue la chance. Il bénéficiait du mouvement qu'avec ferveur animait depuis longtemps Mareschal. Fortement irrité par l'arrogante prétention de la Faculté de médecine, le talentueux chirurgien avait pour projet la création d'une Académie de chirurgie, projet auquel il avait facilement rallié son cadet de vingt ans, La Peyronie. Ce dernier avait acquis sa réputation en qualité de chirurgien-major de l'armée sous les ordres du maréchal de Villars. Louis XV, informé de sa brillante conduite, l'avait contraint à quitter Montpellier et convié à la Cour. Fixé à Paris, il obtint un succès immédiat. On vint le consulter de partout. Le czar de Moscovie, le roi de Prusse, le roi de Pologne, le duc Théodore de Bavière, le Dauphin eurent recours à lui. Ces succès fixèrent sa réputation, mais il dut sa gloire à la guérison du marquis de Vitzani, protégé du pape Clément, qu'il sauva par une périlleuse intervention ; il réséqua son os pariétal qui portait deux dangereuses fistules.

Ayant tous deux la faveur du roi, Mareschal et La Peyronie pensèrent qu'il leur serait possible de mener à bien leur projet de création d'une Académie de chirurgie. Une première tentative, menée auprès de Chirac, échoua, car la Faculté s'y opposa avec une violente et rare indignation. Puis, Chirac étant mort, le projet fut momentanément abandonné. Devenu premier chirurgien du roi après la retraite de Mareschal, La Peyronie revint à la charge et obtint, enfin, l'autorisation de créer l'Académie de chirurgie. Le 18 décembre 1731, il pouvait adresser au roi le message suivant : « C'est sous votre haute autorité Royale que vient de se former l'Académie de Chirurgie », manifestant sa fierté d'annoncer le succès de sa difficile entreprise. Il pouvait croire en effet que l'affaire était entendue. Elle ne l'était pas. Contre toute attente, le comte de Maurepas, secrétaire d'état de la Maison royale, circonvenu par les médecins, partit en guerre contre les chirurgiens et tenta de ruiner leur Académie. Aussi fut-il décidé, dans un climat détestable, de suspendre provisoirement le titre d'Académie et de n'autoriser que celui d'*Assemblée académique des chirurgiens de Paris,* en attendant des décisions ultérieures. La nuance était subtile autant que mesquine. Et l'Académie de chirurgie n'avait encore aucune existence légale. Ses premiers statuts virent le jour en 1739, mais il n'était toujours question à cette date que d'une *Société académique de chirurgie.* Mareschal était mort depuis trois ans et La Peyronie restait seul pour défendre son projet. Il tiendra bon cependant et longtemps, mais pas assez pour jouir de sa victoire. Il mourra en 1747 et ce ne sera qu'un an plus tard que La Martinière obtiendra enfin, du roi, le titre tant souhaité d'*Académie de chirurgie.*

Dans cette longue lutte, il n'était pas indifférent de rallier sous sa bannière les meilleurs des chirurgiens. Encore moins de faire reconnaître officiellement leur valeur. Anatomiste distingué, brillant chirurgien, Jacques possède toutes les qualités requises. Il fut « choisi par M. de la Peyronnie (*sic*), premier chirurgien de Sa Majesté [1] ». Certes, la fonction de La Peyronie l'impliquait naturellement dans toutes les décisions concernant la chirurgie du royaume, quel qu'en fût le bénéficiaire. Toutefois, l'arrêt du Conseil d'État portant la nomination de Daviel précisait que cette décision avait reçu la faveur royale en « étant bien informée [S. M.], de la capacité et expérience du Sieur Daviel sur laquelle la Ville de Marseille [toujours les échevins] a jeté les yeux pour remplir les fonctions de Démonstrateur d'anatomie, par les bons témoi-

1. *Courrier d'Avignon* du 3 juillet 1739.

gnages quy luy en ont été rendus par le Sieur de La Peyronnie (*sic*), son premier chirurgien, lequel l'a présenté à Sa Majesté comme digne d'exercer ladite fonction ». Jacques ne pouvait espérer plus belle reconnaissance de son talent.

Aussi reprit-il la route de Marseille le cœur gonflé d'orgueil. Son premier séjour à Paris depuis son engagement de 1720 se révélait fort productif. Il avait approché les plus grands chirurgiens du royaume, qu'il ne connaissait jusqu'alors que par ouï-dire, et avait pu constater que les recommandations qu'on avait bien voulu faire de sa personne avaient été jugées légitimes. Son sort désormais solidement fixé, il rentrait à Marseille avec la certitude de pouvoir y mener le reste de son existence. Désormais démonstrateur royal d'anatomie, et à ce titre praticien à l'hôtel-Dieu qu'il retrouvait avec un titre officiel, perdu depuis 1731, n'avait-il pas enfin conquis sa ville d'adoption ? À son titre s'ajoutaient ses fonctions de chirurgien aux galères, avec les gratifications qui en dépendaient. Secoué dans la chaise de poste qui l'emportait sur le chemin de Marseille, Jacques songeait à sa notoriété nouvelle, qui doterait son officine de patients nombreux et fortunés. Ainsi pourrait-il faire vivre sa famille beaucoup plus aisément qu'autrefois. Il caressa du regard les courbes aimables et ensoleillées des coteaux bourguignons, qu'il avait parcourus autrefois avec ses compagnons d'aventure en partant combattre la peste. Il repensa à l'imprudent jeune homme qu'il était alors. Et pourtant, il devait à son imprudence tout ce qu'il était à ce jour : ses titres de chirurgien, de démonstrateur d'anatomie, jusqu'à ses relations. Il s'avouait avoir été séduit par la vie parisienne, par le pouvoir de ses protecteurs auxquels il semblait que rien ne dût résister, par leur renommée, leur fréquentation de la Cour et du roi. Il avait découvert un monde extravagant et séduisant, dont il n'avait fait qu'entr'apercevoir les règles, mais dont les particularités semblaient révéler qu'on pouvait y être protégé, à certaines conditions de service qui comportaient plus d'avantages que d'inconvénients. Il ne tirait aucune espérance de ce monde. Mais au moins l'avait-il entrevu. Quel chemin parcouru depuis son arrivée à Paris avec son oncle, trente ans plus tôt ! Jacques recompta... Il y avait bien trente ans ; c'était en 1708. Il se revoyait avec attendrissement dans le rôle du tout jeune apprenti chirurgien de l'Hôtel-Dieu. Sa pensée errante se fixa sur l'Hôtel-Dieu, où il était retourné à plusieurs reprises pendant son séjour, voulant revoir son cher et grand hôpital. Son auberge était d'ailleurs située dans le Marais tout proche, près du port Saint-Paul, en face de l'île Notre-Dame, qui portait ses premiers beaux hôtels, ceux qui feraient plus tard sa renommée. Il avait rêvé sur les lieux de son adolescence et retrouvé avec émotion les chemins où s'étaient forgés, dans une douloureuse solitude, les traits de son caractère, l'esquisse de ce qu'il serait lui-même et qui lui permettrait d'affronter la vie. Mais les souvenirs qui vous sont les plus chers, ceux qui sont inscrits dans les pierres, sont aussi fragiles que ceux qui sont liés à l'existence des hommes. L'Hôtel-Dieu avait brûlé, une fois encore, l'année passée, et l'on devinait sur les murs des salles qui surmontaient le pont au Double les traces enfumées de l'incendie, qui avait été effroyable. La mère Saint-Éloi y avait trouvé la mort ainsi que quelques autres religieuses et serviteurs. On avait entrepris de reconstruire les salles du Pont-Saint-Charles et du Rosaire. Lors de sa visite, Jacques avait souhaité rencontrer le Dr Pierre Boudou, son ancien maître, toujours présent et actif. Il était désormais entouré de douze compagnons chirurgiens, de chirurgiens commissionnaires et de nombreux élèves externes. Grâce aux explications de Boudou, Jacques avait reconnu la routine d'un exercice qui n'avait guère changé depuis son départ. Mais peut-être serait-il plus facile à ces jeunes apprentis chirurgiens de faire carrière qu'à lui-même ? Grâce au combat de ses pairs, le métier de chirurgien avait désormais une existence mieux reconnue qu'à ses débuts. Toutefois, à l'évocation de ces jeunes apprentis et du chemin qu'ils devraient accomplir, il ne fut pas mécontent de se dire qu'il avait quitté pour toujours ces années d'incertitude. Les difficultés étaient décidément bien loin derrière lui. Il s'était surpris lui-même à annoncer à Boudou, avec une once de vanité, sa promotion comme démonstrateur d'anatomie. N'était-ce pas la conclusion heureuse de tant d'heures de dissection passées sous le regard d'un Boudou lui-même alors simple gagnant-maîtrise ? Plus que d'une douce revanche sur le sort, il s'agissait d'une récompense, oui vraiment, une récompense à tous ses efforts et à ses audaces. Boudou était resté à Paris, pendant que lui avait couru l'aventure. Jacques adolescent avait compris que, sans elle, sans un pari sur la vie, il n'avait aucune chance de gagner, contrairement à ceux dont la voie était toute tracée. Et comment regretter un passé qui vous a réussi ? Jacques pensait que son avenir restait ouvert, alors que celui de son maître s'était très tôt borné à la routine du quotidien. Au fond, chacun d'eux était satisfait, l'un d'avoir couru des dangers, et l'autre de s'en être bien gardé !

Chapitre VII

EN ATTENDANT LE GÉNIE

La lumière s'est assombrie dans le carrosse, et l'on devine en ce soir de fin d'été les signes avant-coureurs de l'automne : une lueur plus pâle dans le ciel, des nappes ténues de brouillard répandues en écharpe sur les prés. La conversation de ses voisins annonce à Jacques que l'on approche de Chalon, première étape de son retour. Comme à l'habitude, il a pris la précaution d'envoyer un courrier à Morénas pour que ce dernier porte à la connaissance de ses possibles patients le calendrier de son voyage. Le 19 septembre, il sera à Lyon et le 24 à Montélimar. Morénas a annoncé son passage à Avignon le 1er octobre, mais il n'y arrive que le mardi 14, signe qu'il a trouvé en chemin plus de patients que prévu, sans doute à Lyon où son passage quatre mois plus tôt l'a enfin fait connaître. Il reste quatre jours à Avignon, à l'auberge du Pélican, où ses malades savent pouvoir le trouver, avant de regagner Marseille, épuisé mais avec le sentiment du devoir accompli.

En juin, sa femme a mis au monde des jumeaux, François et Joseph, jumeaux si fragiles qu'ils n'ont vécu que quelques heures. Des amis l'ont alors secourue, et c'est Joseph Chaulan, aidé de Marcelin Fruchet qui s'est chargé d'en faire la déclaration au prêtre de la paroisse et d'organiser leur enterrement. C'est une Anne encore éprouvée qu'il retrouve. Mais il peut la rassurer. Grâce à sa nomination, désormais l'essentiel de sa vie se passera à Marseille. Ainsi la quittera-t-il moins. Le temps de ses absences a en effet été bien long : neuf mois en 1736, complétés par neuf mois en 1737, c'est-à-dire dix-huit mois consécutifs, puis cinq mois en 1738. Anne a vécu plusieurs grossesses, plusieurs naissances et même plusieurs deuils en l'absence de son mari. Mais il sera là à présent.

Le 1er décembre, il inaugure en effet son cours d'anatomie. Les étudiants sont nombreux à y assister. Pendant toute la période au cours de laquelle les dissections sont autorisées, du 1er octobre au 1er avril, Daviel est tenu de donner deux leçons par semaine. Leur thème est emprunté à ceux des démonstrations de Saint-Côme qui ont été dûment fixées par des lettres patentes de Sa Majesté en septembre 1724 et stipulent qu'ils doivent exprimer les principes de la chirurgie et « continués sur les autres matières concernant cet art ». Les cadavres sont mis à la disposition de Daviel « tant par les juges que par les directeurs des hôpitaux de Marseille » et « pourront rester dans l'amphithéâtre autant de temps que ledit Démonstrateur en aura besoin, conformément à ce qui se pratique à Paris aux escholes de Saint-Côme. Après quoy ceux de ces cadavres qui seront dans le cas de jouir du droit de sépulture seront remis à l'infirmier de l'Hôtel-Dieu pour les faire enterrer, et à l'égard des autres ledit professeur sera tenu d'en avertir les officiers de police pour y être par eux pourvu ainsy qu'il appartiendra ». Les annonces des cours sont affichées ainsi que le lieu de leur tenue : l'amphithéâtre de l'hôtel-Dieu. S'agit-il du même qu'autrefois ? On sait qu'en 1733 les échevins avaient refusé d'assumer les frais de construction d'un nouvel amphithéâtre et proposé que le directeur de l'hôpital mît à la disposition des chirurgiens un emplacement dans le cimetière où il leur serait possible de construire à leurs frais l'édifice en question. On ignore quand le vieil amphithéâtre fut abandonné. On ne sait rien de précis sur celui qui l'aurait remplacé. Pour Francis Alessi [1], Daviel aurait toutefois connu un nouvel amphithéâtre. Il se serait situé au-dessous de réservoirs d'eau, localisés au rez-de-chaussée de l'hôpital. Alessi appuie son argumentation sur un rapport de 1783, retrouvé dans les archives de l'hôtel-Dieu, qui mentionne une réparation de la voûte de l'amphithéâtre « qui est en danger de filtration » afin de « prévenir la filtration des eaux supérieures à cette voûte ». Alessi suppose même que Daviel peut être à l'origine de la construction de cet amphithéâtre. Il s'appuie pour cela sur une curieuse démarche en faveur de Daviel, entreprise par le duc de Villars, fils du célèbre maréchal et gouverneur de Provence, auprès des échevins de la ville. En voici la teneur : « Quoique le Sieur Daviel ait lieu d'être extrêmement content, messieurs, de l'attention que vous aves pour l'établir Démonstrateur en conséquences des lettres patentes accordées par le Roy, il me demande pour vous cette lettre de recommandation que je lui accorde volontiers. Il m'en est revenu beaucoup de bien

1. F. Alessi, *op. cit.*

et m'a été recommandé par les premiers chirurgiens du Roy. Je ne doute pas que vous cherchiez les occasions de lui rendre les services qui dépendent de vous. » La lettre est en date du 21 octobre 1738. Quel était le service que souhaitait obtenir Daviel ? Il est curieux qu'il ne se soit pas adressé directement à ceux qui jusqu'à présent l'avaient soutenu sans défaut. Peut-être n'avait-il plus avec les nouveaux venus les relations qu'il avait entretenues autrefois avec ceux qui avaient combattu la peste à ses côtés. D'ailleurs, le souvenir de celle-ci s'estompait, et Daviel avait été peu présent à Marseille au cours des deux années précédentes ; les liens qu'il avait avec les magistrats locaux s'étaient sans doute relâchés. La faveur des puissants l'inclinait également à se servir de leur protection, si pleinement efficace. On voit mal, par ailleurs, Daviel réclamer un avantage pour lui-même. Reste donc l'hypothèse d'un engagement des échevins dans la construction du nouvel amphithéâtre. Comme on le sait, ceux-ci exerçaient un contrôle de l'hôtel-Dieu et avaient le pouvoir de décider l'engagement de moyens financiers importants. Accordons donc à cette hypothèse une option favorable.

Pendant les deux années 1739-1740, Daviel jouit pleinement de la vie marseillaise. En dehors de ses cours, il travaille activement. Son officine de soins remporte le succès espéré. Anne vit confortablement et sans écueil sa nouvelle et dernière grossesse. Elle conduira, le 13 décembre 1739, à la naissance du dernier enfant Daviel : Jean-Joseph, dont le frère Jacques Pierre-Henry, tout juste âgé de sept ans, sera le parrain et dont la sœur, Magdelaine, âgée de dix ans, sera la marraine. La mort emportera Thérèse, leur petite fille de quatre ans, à la fin de l'année 1740.

Tout autour d'eux, la grande cité phocéenne retrouve un rythme d'activité qui répare les méfaits durables de la peste [1]. Si Marseille progresse moins vite que d'autres cités voisines, telle Toulon, il n'en reste pas moins que son négoce est grandissant. Le commerce des draps languedociens est important, ainsi que celui du sucre et du café qui transitent dans ses dépôts. Même si la ville reste peu ouverte à l'industrie ou à la manufacturation des produits, elle augmente très sensiblement son activité et ne cessera de le faire jusqu'à la Révolution. Pendant le même temps, sa population sera en constante augmentation, pour atteindre cent dix mille habitants à la fin du siècle. Elle attire de nombreux immigrés, des Italiens, piémontais surtout, des habitants de la vallée du Rhône, des pentes des Alpes, de l'arrière pays languedocien. Tous gens illettrés pour la plupart, destinés à des emplois modestes de manœuvres, d'employés de maison, à la vie difficile et parfois dévoyée.

1. E. Le Roy-Ladurie, *Histoire de la France urbaine*, *op. cit.*

Marseille fait la connaissance du *melting-pot* urbain avec tout ce qu'il comporte de problèmes non résolus d'éducation scolaire, d'habitat, d'aide sociale et hospitalière que tentent de prendre en charge la municipalité et les nombreuses congrégations qu'une foi, souvent ostentatoire, anime efficacement.

Dans ce centre actif, dynamique, rude, voire dangereux, la chirurgie et la médecine trouvent une part naturelle d'activité. Jamais les hôpitaux n'ont abrité tant de pauvres déracinés, qui s'y rendent épuisés, ruinés et malades. Leur accueil s'est amélioré au cours des temps, et l'enfermement ne leur est pas toujours aussi néfaste que la postérité a bien voulu le dire. Jacques les accueille à l'hôtel-Dieu comme aux galères, tandis que les nantis de ce renouveau économique se retrouvent plutôt en son office. Certes, Daviel exerce avec talent son art, mais dans le cadre d'une tradition toujours fort routinière. Nulle invention ne semble poindre. Selon le précieux *Courrier d'Avignon,* toujours là pour témoigner des activités de notre héros, nous apprenons que les cataractes, les ptérygions, les ectropions sont le lot commun de ses activités, avec parfois quelque tumeur déformant les paupières. Aucune innovation dans ces longues énumérations d'opérations effectuées à Marseille, à Montpellier où il fait un séjour en juillet à l'auberge du Petit-Paris, ou à Nîmes à celle des Arènes. Sauf peut-être une avancée dans le traitement des fistules lacrymales pour lesquelles Daviel se vante d'appliquer « une méthode très douce et infiniment meilleure que celles qui sont pratiquées jusqu'à présent, sans larmoyement, qui est ce que les malades ont à craindre après leur guérison, et on ne craint plus surtout la récidive ». Que pouvait apporter Jacques aux méthodes alors à la mode dans ce domaine ? Assez peu si l'on se réfère aux textes du temps. La fistule lacrymale se définit alors comme l'ouverture à l'extérieur d'un sac lacrymal « ulcéré », par un « trou dans la peau ». On en attribue justement l'origine à une obstruction du conduit nasal que l'on s'efforce d'effondrer et de maintenir béant [1]. En quoi la méthode de

1. Guérin illustre bien les étapes de son traitement dans son *Traité des maladies des yeux*, un peu postérieur au temps qui nous retient puisqu'il date de 1759, mais faisant référence aux pratiques classiques de Petit, de Méjean ou de Pouteau : « Marguerite, nous dit Guérin, vint à l'hôtel-Dieu [de Lyon] avec une fistule du côté droit : en pressant sur la tumeur du grand angle le pus sortait par les points lacrymaux, sans qu'il en passât rien par le canal nasal. J'augurai, par ce symptome, que le canal était bouché et je me déterminai à lever l'obstruction par la méthode de M. Méjean ; je passai le stylet qu'il conseille par le point lacrymal dans le sac lacrymal ; la pointe du stylet parvenue au canal rencontra les obstacles que j'avais prévus ; je tâtonnai quelques instants, je retirai de fois à autre le stylet pour le repousser, enfin je traversai les obstacles, et saisis avec le crochet mousse le stylet passé dans le nez. Dans les premiers temps, après cependant les trois premiers jours, je changeai la mèche, tantôt d'onguent brun, tantôt d'onguent vert affaiblis ; la suppuration fut abondante pendant quinze jours ; les onguents furent

Daviel était-elle « plus douce et infiniment meilleure » ? Peut-être son talent d'anatomiste lui accordait-il une aptitude particulière à saisir les voies les plus simples, les moins délabrantes dans l'abord des foyers chirurgicaux. N'oublions pas qu'il s'est vanté d'avoir disséqué aux galères quelque sept mille yeux et orbites. Cette expérience exceptionnelle devait lui conférer une habileté remarquable. Ainsi opère-t-il les cataractes, les ptérygions, les déformations palpébrales avec brio, mais de la façon la plus classique. On pourrait craindre à cette époque qu'il ne devienne qu'un oculiste un peu mieux qualifié que les autres, mais surtout plus connu que les autres par la grâce d'une bonne publicité, qu'il entretient lui-même. Et pourtant il travaille beaucoup, nous l'avons vu. Ses dissections, son entraînement manuel, ses réflexions devaient constituer une manière d'obsession comme on en rencontre chez tous ceux qui un jour changent le cours des choses. Pour l'heure, seul son talent remarquable était alors visible, et manifestement reconnu. Pas encore son génie. En février 1740, l'Académie de chirurgie, ou plutôt ce qui n'est encore que la Société académique de chirurgie, le reçoit dans ses rangs. M. de La Peyronie, son président, lui en a envoyé les lettres d'associé correspondant. Le *Courrier d'Avignon* ne manque pas de mentionner ce grand honneur, mais peut-être convient-il d'atténuer l'importance de l'événement, car la mesure semble avoir concerné l'ensemble des membres de la compagnie de Saint-Côme, à laquelle appartenait Daviel, dans le but d'accroître l'activité scientifique de la célèbre compagnie [1].

Quelques mois plus tôt, en juillet 1739, la galère à laquelle Daviel est affecté, la *Fortune*, et qui fait partie d'une flottille de trois unités, a dû se rendre à Livourne, à quelques centaines de milles marins en suivant la côte par une mer d'été et sur un superbe vaisseau. Certes, Jacques était le chirurgien chargé de la bonne santé des hommes de bord, mais la croisière à laquelle il participait avait une noble et délicate mission, celle d'aller chercher Mlle de Valois, Charlotte Aglaé d'Orléans, fille du Régent, qui avait épousé en 1720 le douzième duc de Modène, François III Marie d'Este, un beau parti, d'autant que la mère de Charlotte était doublement bâtarde. Le retour de Livourne à Marseille constituerait le moment noble du voyage, puisqu'il serait dominé par le souci de plaire à Son Altesse Royale, mais l'aller ne serait qu'un cabotage le long de la côte où les galères « toucheront jusqu'à Gênes et

---

dans la suite moins actifs ; je leur substituai ensuite les dessiccatifs et les décoctions vulnéraires, et je cessai l'usage de la mèche, lorsque je crus que le canal était libre et bien détergé : je connus qu'il était libre par l'aisance que j'avais à tirer la mèche ; et la nature, de même que la petite quantité de suppuration, m'apprirent qu'il était détergé. »

1. J. Figarella, *op. cit.*

Livourne » et où « tous ceux qui voudront consulter le Sieur Daviel pour quelque maladie que ce soit qui regarde son art » pourront le consulter. « Il sera charmé d'être utile au public [1]. » Il est vraisemblable qu'un tel dévouement ne sera pas autorisé au retour de Livourne, lorsque les galères escorteront la royale passagère. On s'est interrogé sur les motivations du voyage de la duchesse dans le midi de la France, et l'on a voulu y voir l'occasion de rencontrer sa grande amie la marquise Pauline de Simiane, fille de la comtesse de Grignan et petite-fille de la marquise de Sévigné dont elle partageait le goût pour la correspondance [2]. Mais celle-ci est morte en 1737, c'est-à-dire depuis deux ans. Aussi peut-on plus volontiers penser que la princesse parisienne éprouvait le désir de retrouver pour un temps le charme d'un pays qui lui manquait et qu'elle souhaitait revoir de temps en temps avant que trop des témoins de sa jeunesse qui, comme Saint-Simon, l'avaient connue « parfaitement belle » n'aient disparu. Charlotte Aglaé a trente-neuf ans. Son époux ne semble pas faire partie du voyage. Il n'en reste pas moins que la position du duc de Modène, dont le blason des Este avait été sérieusement redoré par les Brunswick et les Stuarts, dut influencer la tenue de la croisière. On devait multiplier les attentions autour de l'illustre passagère, en tentant, par exemple, de lui épargner les lourdes senteurs de la chiourme excitée au-dessous de son délicieux carrosse, ce logement exquis établi sur le pont, à l'arrière de la galère, et recouvert d'une tenture d'un éclat incomparable. Le capitaine y séjournait ainsi que ses officiers, veillant avec respect au bonheur de leur précieuse invitée. La timidité, les hésitations de Jacques devant les grands personnages s'étaient évanouies. Grâce à ses passages à la cour d'Espagne et à celle du Portugal, il connaissait les gestes convenus qui, au lieu de se faire remarquer par sa maladresse, permettent de passer inaperçu, ce qui témoigne déjà d'un grand progrès. Il avait même su emprunter, çà et là, quelque grâce bien venue qui éveillait un sourire de connivence et constituait presque l'ébauche d'un langage. Il savait attendre qu'on lui adressât la parole et connaissait l'usage d'une bonne réponse. Lors de son récent voyage à Versailles, il avait pu tester ces effets et constaté sans mécontentement qu'il se comportait avec suffisamment d'aisance pour être approuvé. Certes, il n'entrevit que très épisodiquement Son Altesse et les quelques personnages de son entourage sur cette galère qui les ramenait à Marseille par petites étapes, au gré des arrêts dans les ports de la côte. On ne le convia qu'en cas de besoin, un petit malaise, une blessure, un mal de dent. Son rôle n'était pas de plaire, mais de soigner. Il avait d'ailleurs du travail avec les rameurs. Pas assez toutefois pour lui faire oublier

1. *Courrier d'Avignon* du 3 juillet 1739.
2. J. Figarella, *op. cit.*

l'extraordinaire beauté d'une mer idéale que l'étrange vaisseau, aux passagers si radicalement divers, n'abordait que par calme plat et que frappaient en cadence les pales de rameurs ahanants au rythme dur du comite « qui, une latte à la main, du haut de la proue donnait les coups de sifflet [1] ».

Au printemps suivant, à la fermeture de son cours d'anatomie, Jacques part pour un nouveau voyage. Comme à l'habitude, il opérera dans ses gîtes d'étape, à Aubagne, Toulon, Nice puis en Italie, à Alassio. Rien que de très banal, des cataractes et encore des cataractes. À l'occasion de son passage à Turin, invité par le roi de Sardaigne Charles-Emmanuel III et par la reine, il renoue avec son goût des princes. « Sa Majesté lui a même fait l'honneur particulier de l'entretenir pendant deux quarts d'heure », sans doute d'ophtalmologie. Puis Daviel va rendre hommage à la duchesse de Modène lors de son passage dans cette ville. Il y fait la connaissance du duc. On y évoque le voyage de l'an passé sur la *Fortune*. Mais le grand rendez-vous a lieu à Bologne. Daviel y renouvelle son exploit de Toulouse. Il opère devant ses pairs et expose ses idées avec un tel talent que les membres de l'Académie des sciences et de l'Institut de Bologne l'élisent à l'unanimité (*una voca* et sans scrutin) dans leur compagnie. L'hommage est grand et très flatteur. Cette Académie est célèbre. Créée en 1690, elle a été récemment incorporée à l'université de Bologne. La volonté des collègues de Daviel de lui conférer ce titre éminent tient autant à ce qu'ils savaient de lui avant son arrivée qu'à ce qu'ils ont jugé sur place. Chaque fois qu'il enseigne ou démontre, Daviel obtient les meilleures notes. Il gardera avec cette Académie, en particulier avec Francesco Zanotti, son secrétaire, des relations suivies. Il y fera inscrire son protégé, le chirurgien d'Avignon Manne en 1742, accompagnant sa lettre de recommandation d'un rapport scientifique sur les tumeurs [2].

La tournée italienne, qui sera courte, se poursuit par Florence, Livourne et Gênes. À chaque étape, Daviel opère les humbles et les notables. Il est consulté par le prince de Craon et le duc de Salviati à Florence, et le marquis de Brignoles le rappelle de Gênes pour qu'il opère son fils qui présente un abcès de la cornée. Le *Courrier d'Avignon* rapporte que « le Sieur Daviel l'a guéri parfaitement ». D'ailleurs, « le sieur Daviel s'est acquis dans tous les endroits où il est passé l'estime générale de toutes les personnes de considération qu'il a eu l'honneur

1. J.-J. Bouchard, *op. cit.*

2. Pour le Pr Filipi-Gabardi (*Giornale italiano di oftalmologia*, vol. X, mars-avril 1957), une correspondance entretenue entre l'Académie de Bologne et Jacques Daviel laisserait supposer qu'il séjourna à Bologne à la fin de 1739 (?), à l'occasion du voyage de la duchesse de Modène sur la *Fortune*. Ce premier contact aurait favorisé la réception ultérieure dont on comprend mieux qu'elle ait été unanime.

de voir et en particulier de tous les Médecins et Chirurgiens [1] ». Brave *Courrier* qui continue de marteler l'évidence ! Il rappelle même l'adresse du maître à Marseille, au cas où on l'aurait oubliée !

Dès son retour, Daviel « traite quantité de maladies des yeux et fait des opérations considérables [2] ». Il enlève une loupe pesant cinq onces sur la paupière supérieure de Jacques Garnier du village des Postes à cinq heures de Grenoble, qui est venu exprès à Marseille. À 30,59 g l'once, cela fait une belle tumeur ! Il s'agissait d'un dermoïde [3], car elle était pleine de poils, « ce qui a paru très singulier ». Cataractes, excroissances, orgelets, composent le quotidien de notre héros dans les deux années qui suivent. Alors qu'il s'apprête à se rendre chez son beau-père à Salon, ainsi qu'à Avignon et dans plusieurs villes du Sud-Ouest où l'attendent de nombreux malades, il est requis pour reprendre la mer sur la galère la *Fortune*. Deux galères ont pour mission d'aller croiser dans le golfe du Lion. Elles appareillent le 11 juillet. On est en pleine guerre de Succession d'Autriche, les alliances se nouent et se dénouent autour de l'Autriche dont l'empereur Charles VI a publié l'an passé l'acte de « la pragmatique sanction » visant à assurer l'avenir de la puissance autrichienne au travers de sa fille Marie-Thérèse. Tout semble s'arranger lorsqu'en octobre 1740 il meurt. Quatre souverains s'empressent de briguer sa succession contestant les droits de Marie-Thérèse. En mai 1741 la France, l'Espagne, la Bavière, la Saxe, la Sardaigne et bientôt la Prusse forment une alliance. La guerre s'engage qui ne cessera qu'en 1748. En Méditerranée, on s'agite. Les quelques galères du roi croisent devant Sète où elles relâchent et transportent des soldats. On ne sait combien de temps dura l'agitation sur laquelle on regrette pour une fois que le *Courrier* ne soit guère prolixe. Il est probable cependant que ces activités guerrières n'empêchèrent pas Daviel de reprendre son cours d'anatomie en octobre comme à l'accoutumée. Mais ce n'est qu'en juin 1742 que le *Courrier* reprend le fil de sa vie professionnelle. Il nous apprend que notre oculiste a entrepris une nouvelle tournée dans le Sud-Ouest français, celle qui avait été décommandée par les événements de juillet 1741. Elle le conduit à Montpellier où on le demande « pour une grande opération » sur « une personne de considération » et « qui a parfaitement bien réussi. Il a opéré en présence de tout ce qu'il y a d'habiles médecins et chirurgiens dans l'Université, sur tout ce qu'il y a de rare

1. *Courrier d'Avignon* du 31 mars 1741.
2. *Courrier d'Avignon* du 24 juillet 1741.
3. Tumeur bénigne congénitale, caractérisée par une inclusion ectopique de divers composants de la peau.

et de plus curieux en fait de maladies des yeux et s'est acquis les suffrages de tous les savants de la faculté [1] ». Enfin, dirons-nous !

En mars 1743, il y retourne pour opérer de fistule lacrymale une « personne de distinction » qu'il guérit. Plusieurs célèbres médecins et chirurgiens de la Faculté, ainsi que des intendants, recteurs et syndics de l'Hôpital général et de celui de Saint-Éloy confirmeront alors les talents de Daviel « par des certificats authentiques [2] ». L'occasion avait dû paraître favorable à Daviel qui n'y reste pas moins de quarante jours. Elle lui permettait de nouer des relations avec la grande faculté de médecine. Ne caressait-il pas d'ailleurs un projet avec elle ? Sa compétence en anatomie étant très largement admise, ne serait-il pas possible d'imaginer qu'il l'exerça avec autant de talent à Montpellier qu'à Marseille ? Alessi suggère cette hypothèse, avec finesse, d'autant que notre démonstrateur d'anatomie était rattaché à Saint-Côme et non rémunéré. Un titre de faculté, outre son grand prestige, était rémunéré. Il n'en fut rien, parce que les professeurs de Montpellier savaient bien protéger leurs places ou tout simplement parce que cette hypothèse n'eut jamais de réalité.

Mais cette vie routinière ne lui ôte rien de ses ambitions. Le 29 novembre 1743, il est à Paris, tout simplement pour poser sa candidature à un poste d'associé correspondant devant l'Académie royale des sciences ! Composée de vingt et un membres, l'Académie comptait dans ses rangs les plus grands savants de l'époque : trois astronomes, trois anatomistes, un botaniste, deux chimistes, sept géomètres, un mécanicien, trois physiciens et un non classé. L'abbé Nollet côtoyait ses collègues physiciens Du Fay et Réaumur, aussi bien que le duc de Chaulnes, passionné d'astronomie. Elle réunissait des membres honoraires, des membres associés et des adjoints en nombre réduit. Il n'était pas simple d'y être admis. Deux versions différentes existent de la candidature malheureuse de Daviel : selon la première, une querelle de cliniciens serait la cause de son échec [3]. Notre ophtalmologiste, s'étant livré à une dissection anatomique devant la noble compagnie, aurait diagnostiqué une cataracte osseuse. Morand, le spécialiste de la question, qui avait décrit et interprété certains aspects de cataractes particulières dans une communication auprès de l'Académie dès 1722, n'aurait guère apprécié que l'on discutât ses propres travaux, et aurait vu dans cette cataracte osseuse un cristallin pétrifié, voire un corps vitré ossifié. Mais il existe une autre version des faits : le 20 novembre 1743, Daviel lit devant

1. *Courrier d'Avignon*, 12 octobre 1742.
2. *Courrier d'Avignon*, 19 mars 1743.
3. T. Vetter, *Jacques Daviel, chirurgien oculiste, 1693-1762*, Annales d'oculistique, t. CLXXXXV, n° 9, 1962, p. 817 à 829.

l'illustre assemblée un mémoire de chirurgie sur plusieurs cataractes de naissance. Contrairement à sa tradition, l'Académie ne nomme pas de commissaires pour évaluer la valeur scientifique de cette communication. Le 29 novembre, M. Duhamel du Monceau propose de donner à « Monsieur Daviel, chirurgien à Marseille », des lettres de correspondance avec l'Académie. La Compagnie est d'accord pour les lui accorder dès son retour à Marseille, mais elle souhaite que le mémoire présenté soit soumis à des commissaires pour examen. MM. Petit et Morand sont désignés pour accomplir cette tâche. Mais Daviel, impatient et soucieux comme à son habitude de faire connaître ses actions d'éclat, n'attend pas leur rapport pour se déclarer membre correspondant de l'Académie. Le 8 janvier, M. Grandjean de Fouchy, secrétaire perpétuel de l'Académie, prend la parole : il vient de lire « un article dans la gazette de Hollande, dans laquelle le sieur Daviel, chirurgien des galères à Marseille, auquel on avait arrêté de donner des lettres de correspondance, [prenait] d'avance cette qualité, et même celle d'associé correspondant de l'Académie ». La Compagnie, choquée, décida de surseoir à l'expédition de ces lettres jusqu'à ce que MM. Petit et Morand aient élaboré leur verdict. Celui-ci, rendu le 26 février suivant, se révéla implacable : « Cette pièce [le mémoire] ne valait pas la peine d'en faire un rapport. » L'Académie entérina leur avis. Aucune lettre de correspondance ne serait envoyée à Daviel [1].

La lecture de ce mémoire, que l'on peut faire à la bibliothèque de l'Académie, confirme l'impression des rapporteurs. Il s'agit d'un travail bâclé, au sujet peu cohérent, dans lequel Daviel mêle d'une écriture raturée, inégale, précipitée, des faits qui semblent plus souligner sa présence à Florence, à Madrid, à Montpellier qu'un réel talent scientifique. On y trouve bien peu des cataractes de naissance annoncées et beaucoup de verbiage sans conviction. On comprend que Petit et Morand n'aient pu accorder à ce mémoire la caution scientifique que la Compagnie exigeait avant de remettre ses lettres de correspondance.

L'Académie des sciences ne veut pas de Daviel. Mais d'autres académies l'ont honoré, avec lesquelles il reste en relation. Sa famille prospère. Sa clientèle s'étend. Son poste de professeur lui assure une notoriété que vient confirmer son talent d'ophtalmologiste. Il a assimilé les connaissances classiques de la discipline, les applique avec un grand savoir et une grande sûreté clinique. En février 1744, il renonce à ses chroniques médicales dans le *Courrier d'Avignon*. À cinquante et un ans, n'est-il pas en effet temps de souffler ?

---

1. Dr Maxime, *La Chronique médicale*, 1er février 1933, p. 29-30.

CINQUIÈME PARTIE

Une révolution chirurgicale et biologique

Chapitre premier

LA RÉVÉLATION

Par un beau jour de l'année 1745, un ermite d'Aiguilles vient trouver Daviel. Opéré sans succès d'une cataracte à l'œil droit, il espère que l'ophtalmologiste marseillais, dont il connaît la renommée, saura sauver son œil gauche. Or, très vite, la situation se révèle difficile. Ayant pénétré l'œil avec son aiguille ordinaire, tranchante sur les côtés, Daviel non seulement ne parvient pas à abattre le cristallin dans le vitré comme il le souhaite, mais le brise en plusieurs morceaux qui passent dans la chambre antérieure de l'œil, devant l'iris. Il a le temps de constater son échec avant qu'un saignement abondant ne masque définitivement l'iris, la pupille et les fragments de cristallin. Fort marri, il hésite sur la conduite à tenir, puis retire l'aiguille devenue inutile et dangereuse. C'est alors que lui revient en mémoire une communication rapportée en 1708 par Jean-Louis Petit devant l'Académie royale des sciences. Le Dr Petit avait ouvert la cornée pour évacuer un cristallin passé malencontreusement devant l'iris au cours de son abattement. Pourquoi ne pas essayer d'en faire autant ? Avec de petits ciseaux courbes, Daviel agrandit la première ouverture de la cornée et évacue facilement tout le sang ainsi que les fragments de cristallin qui occupent la chambre antérieure. Le malade distingue aussitôt tous les objets qu'on lui présente.

Une intuition, une réminiscence, un geste audacieux ont sauvé la situation. Tout aurait pu en rester là et confirmer le succès de l'initiative de Daviel si une malencontreuse suppuration ne s'était installée sur l'œil de l'ermite, lui faisant perdre un bénéfice visuel bien transitoire. Daviel tente d'en expliquer la survenue par « les tiraillements des membranes internes de l'œil et la division de l'humeur vitrée », alors qu'il s'agit probablement d'une surinfection microbienne.

L'échec final de l'opération engage à la prudence. Jacques ressasse pourtant l'aventure qui lui est arrivée. Au lieu d'être poussé en arrière dans le corps vitré, derrière l'iris et la pupille, le cristallin s'est présenté en morceaux au travers de la pupille. Juste avant que le sang de l'iris blessé ne vienne obscurcir leur image, Jacques a eu le temps d'observer cet accouchement des fragments blancs du cristallin cataracté dans la chambre antérieure. En 1707, Jean-Louis Petit n'avait-il pas affirmé que l'on pouvait « tirer les cataractes de l'œil plutôt que de les abattre » ? Sa communication de 1708 était très explicite. Elle concernait un prêtre dont le cristallin abattu dans le vitré deux ans auparavant était repassé soudainement, par l'orifice pupillaire, devant l'iris, dans la chambre antérieure de l'œil. Le Dr Petit avait alors proposé à ce prêtre de « tirer le cristallin » hors de l'œil. Charles de Saint-Yves, chirurgien et apothicaire à Saint-Lazare, et Jean Méry, chirurgien et anatomiste de l'Hôtel-Dieu, assistaient à l'opération. Méry racontera que Petit « traversa d'abord la cornée transparente avec une aiguille » rainée [1] « pour guider l'introduction d'un instrument, au-dessus de la prunelle, conduisant ensuite une lancette dans sa rainure ; il coupa la cornée depuis le trou de l'entrée de l'aiguille jusqu'au trou de la sortie, et tira enfin avec une petite curette d'argent cette prétendue cataracte par l'incision, ce qu'il fit avec beaucoup d'adresse [...]. Le prêtre guérit et put lire du même œil avec une loupe les gros caractères que les imprimeurs appellent Parangon ». En 1716, fort de cette première expérience, Charles de Saint-Yves entreprit une opération semblable, dont il fit la relation dans son *Traité des maladies des yeux*, paru en 1722. Il y décrit « la manière d'opérer les cataractes qui sont dans la chambre antérieure de l'humeur aqueuse ». Daviel retrouve dans ces exemples l'inspiration qui l'a conduit à ouvrir la cornée de l'ermite. Pour Petit comme pour Saint-Yves, l'ouverture de la cornée s'était révélée nécessaire *a posteriori*. Mais ne peut-on aller plus loin ? Ne peut-on ouvrir d'emblée la cornée, dans le cas de cataractes ordinaires restées en place, derrière l'iris, et visibles au travers de la pupille ?

« Le hasard [...] me fit prendre la résolution de ne plus opérer qu'en ouvrant la cornée, comme j'avais fait à l'hermite (*sic*), et d'aller chercher le cristallin dans son chaton [2], pour le faire passer par la prunelle dans la chambre antérieure, et le tirer ensuite de l'œil. Je fis pour la première fois cette opération chez une femme ; j'ouvris la cornée comme je l'ai expliqué, ensuite en portant la petite spatule [...] sur la partie supé-

1. Marquée par une petite rainure.
2. C'est-à-dire dans son enveloppe.

rieure de la cataracte, je la détachai et la tirai en morceaux hors de l'œil avec cet instrument. La prunelle parut nette ; la malade n'eut pas le moindre accident, et fut guérie quinze jours après.

« Ce succès m'ayant encouragé à pratiquer cette méthode, elle me réussit encore sur quatre malades ; mais elle manquait apparemment en plusieurs points nécessaires à sa perfection, puisque ayant été mise en usage sur plusieurs autres malades, elle n'eut pas de suites aussi heureuses. Je sentis alors la nécessité de tenter une nouvelle façon d'opérer, au moins pour établir la comparaison de ces différentes méthodes, et tâcher, s'il était possible, d'en trouver une exempte des accidents trop ordinaires [1]. »

Ayant entrevu la possibilité d'opérer « autrement » la cataracte, Daviel ne renonce pas immédiatement à l'opération classique, celle de l'abattement. Compte tenu des échecs constatés avec sa nouvelle méthode, il lui paraît imprudent de la généraliser trop tôt. Ce qu'il souhaite, c'est la comparer à l'ancienne, tout en donnant à l'« extraction » des atouts nouveaux qui permettront d'améliorer ses scores. Cette grande rigueur scientifique lui permettra de démontrer clairement que c'est par comparaison qu'il en est venu à préférer l'« extraction » du cristallin à son « abaissement ».

Tout en développant ses théories opératoires, Daviel cherche aussi à améliorer l'instrumentation de la chirurgie de la cataracte. « Je résolus de pratiquer l'opération de la cataracte avec deux instruments, dont le premier fait d'acier, et figuré comme un petit bistouri droit, me servait à ouvrir la sclérotique à l'endroit ordinaire ; au moyen de cette ouverture, je portai ensuite la petite spatule vers le haut du cristallin, entre ce corps et la partie postérieure de l'iris, et j'abattois ainsi la cataracte avec beaucoup de facilité et de promptitude [...]. Je crus devoir en conclure que cette méthode était préférable aux autres, et je fus en état de comparer, tant pour les instruments que pour le manuel, toutes celles qui avaient été imaginées jusqu'alors. »

Bien qu'ayant en tête son idée révolutionnaire, il n'en cherche pas moins à améliorer les conditions du classique « abaissement » : « J'ai mis en usage toutes les différentes espèces d'aiguilles , j'ai aussi pratiqué l'opération de différentes manières [2], tantôt en portant l'aiguille derrière le cristallin, pour rompre la lame postérieure du chaton, et placer ce corps dans l'humeur vitrée ; tantôt j'ai essayé d'ouvrir la capsule cristalline dans sa partie inférieure pour précipiter par cette ouverture le cristallin dans l'humeur vitrée. D'autres fois j'ai tenté de porter la petite spatule sur la partie antérieure de la cataracte que j'abaissois facile-

1. J. Daviel, Lettre à M. de Joyeuse, 30 septembre 1748, *Mercure de France.*
2. Ce qui suppose une aisance chirurgicale remarquable.

ment ; mais j'ai observé que l'opération, suivant ce dernier procédé, ne réussit exactement que lorsque la membrane du cristallin est mince et fort fine ; pour lors le cristallin précipité sous l'humeur vitrée ne remonte pas aisément, et il n'en résulte que les accidents communs à toutes les espèces d'opérations. Il n'en est pas de même quand on rencontre une membrane ferme, une cataracte molle, et l'humeur vitrée en même temps un peu trop épaisse : alors l'irritation des membranes, causée par l'aiguille, et la division faite nécessairement à l'humeur vitrée, occasionne souvent des accidents considérables, quelquefois même des suppurations dans l'œil, et l'atrophie de cet organe. »

On ne peut qu'admirer la pertinence avec laquelle Daviel classe les situations rencontrées. C'est en effet tout l'art du chirurgien de ne s'adresser qu'à des cas uniques et de les traiter chaque fois avec de subtiles différences. Les chirurgiens de 1745 capables d'observer de telles nuances entre les cataractes qu'ils devaient opérer étaient sans doute peu nombreux. Les choses n'ont guère changé de ce point de vue : il n'est pas de chirurgie heureuse sans intelligente analyse et sans artisanale mémoire. Le secret des grands chirurgiens dépend du regard qu'ils savent porter sur les situations, ce regard qui guide ensuite leur main heureuse. Jacques ne pouvait savoir que les suppurations dont il parle dépendaient de l'absence d'asepsie. Les germes bactériens n'étaient pas connus. Toutefois, il ne lui avait pas échappé que les grandes attritions de l'œil, « l'irritation des membranes », étaient un facteur d'infection.

« Quoique j'eusse tenté, pour ainsi dire, toutes les façons d'opérer la cataracte, cependant, peu content du succès, je projettai de faire de nouvelles expériences pour examiner avec précision quel dérangement des parties antérieures de l'œil doit résulter d'une opération faite avec une aiguille quelconque. » Aussi essaie-t-il des variétés différentes d'aiguilles. Avec les unes, l'abattement est franc dans l'humeur vitrée, avec d'autres, des fragments de cristallin brisé par l'aiguille passent par la pupille dans la chambre antérieure de l'œil, et les mouvements de celle-ci pour les rattraper conduisent à une aggravation de la situation. « Souvent j'ai trouvé une difficulté extrême à faire sortir le cristallin de son chaton, et enfin il m'est arrivé de le rencontrer placé entre la rétine et la choroïde [?], et ces deux membranes déchirées en plusieurs endroits. » Il compare alors ce qu'il constate à ce qu'il a remarqué au cours de ses dissections : « Je ne doutai plus dès lors que le dérangement des différentes parties, que j'avais aperçu sur les yeux de cadavres, dérangement susceptible de beaucoup de variétés, ne fût la cause des désordres dont les vivants ne ressentent que trop les malheureux effets. » Il en conclut que ces malheureux effets « dépendoient non seulement de l'introduction d'une aiguille dans l'œil de quelque espèce qu'elle pût être, mais encore de la résistance des membranes, et surtout du cristallin selon l'endroit où il peut arriver qu'il soit placé après sa dépression. [...] Il est tout simple qu'il arrive que le cristallin nuise par sa présence aux différentes parties de l'œil, ce qui dépend, ainsi que je viens de le dire, des diverses situations qu'il peut recevoir après sa dépression ».

Daviel est convaincu que l'abaissement entraîne un nombre important de complications [1]. Toutefois, tandis qu'il opère les nombreux Marseillais qui se confient à lui, Daviel demeure prudent : « Malgré ces différents inconvénients, je crus devoir continuer, par préférence, ma dernière méthode qui consistoit à employer un instrument tranchant, et ensuite une aiguille aplatie pour abaisser la cataracte, en attendant que l'idée que j'avais conçue de l'opération faite à l'hermite, eût acquis dans mon esprit un certain degré de maturité. »

Très sage, Daviel pense qu'il est trop tôt pour conclure que son idée d'opérer de façon différente la cataracte soit un bénéfice pour ses patients. Il dit tout net que l'idée doit mûrir.

1. Nous constatons de nos jours, chez les populations africaines qui préfèrent les abaissements traditionnels à l'extraction moderne que leur proposent les médecins, les mêmes complications, faites d'hypertension oculaire, de réactions inflammatoires intarissables, d'atrophie du globe oculaire et qui conduisent à 70 % de cécités après quelques années d'évolution.

Chapitre II

DANS LE COURANT

Au cours de l'année 1745, Jacques expérimente sa nouvelle méthode. En septembre, son septième malade est un illustre personnage, venu exprès de Paris « après le témoignage que lui avoient rendu sur mon compte des personnes d'un rang distingué sur les galères du Roi, et d'autres personnes dont le malade connaissoit la probité et les lumières, pour être à toute épreuve ». L'opération, une cataracte de l'œil droit dont le patient souffre depuis neuf ans, se fait « en présence de tout ce qu'il y a de plus respectable dans le corps des Galères ». Une fois de plus, la nouvelle méthode réussit. Son succès se répand « dans bien des endroits, et est même parvenu jusqu'à Paris ». En effet, quelque temps plus tard, Daviel est appelé « par un seigneur des plus distingués de la Cour », qui souffre lui aussi d'une cataracte, « à laquelle de concert avec M. Morand, célèbre chirurgien [il n'a] pas encore jugé à propos de toucher ». On ignore qui est ce « seigneur des plus distingués de la Cour ». De même, on ne peut que supposer l'identité de cet illustre Parisien qui a recommandé Daviel à la Cour. Peut-être s'agit-il du duc de Villars-Brancas, lieutenant général de Provence au moment de la fin de la peste marseillaise, qui avait connu Jacques à cette époque et était ensuite intervenu en sa faveur [1]. Quels que soient les soutiens dont dispose Jacques à Paris, ils se révèlent suffisamment influents pour le convaincre de venir s'installer dans la capitale. Cette décision, toutefois, ne laisse de surprendre. Daviel avait depuis peu décidé de réduire la fré-

1. C'est en tout cas ce qu'avance Figarella, *op. cit.*

quence de ses voyages et de se consacrer aux soins des Provençaux. Il l'avait annoncé sans détour dans le *Courrier d'Avignon*. Cela correspondait d'ailleurs à ses intérêts et à ceux de sa famille, au souhait de son épouse. On ne peut que s'étonner d'une décision totalement opposée à ces déterminations récentes. Qui put l'y engager ? On imagine difficilement des oculistes parisiens souhaiter s'adjoindre un concurrent sérieux capable d'opérer, à leur place, les malades. Sauveur Morand, qui a examiné de concert avec lui « le distingué seigneur de la Cour », ne sera pas, nous le verrons, le moins jaloux des succès de Daviel. C'est une chose d'avoir sollicité l'avis d'un concurrent, c'en est une autre de l'installer à sa porte. C'est donc que d'autres personnages, non directement affectés par la concurrence et sensibles aux qualités de Daviel, ont suggéré au célèbre oculiste marseillais qu'il pouvait trouver un rôle à Paris. Le duc de Villars, désireux de protéger un homme de talent et de l'introduire dans la société parisienne ? ou plus vraisemblablement des chirurgiens de la Cour rencontrés à l'occasion de ce voyage ? Il en connaît certains, il a profité déjà de leur soutien. Des propositions ont dû être formulées de manière précise pour que Daviel prenne la résolution de quitter Marseille pour Paris. Une place de chirurgien par quartier à la Cour, promise à cette occasion et achetable bientôt à l'un des tenants du titre, ne fut-elle pas une raison pour se décider ? Une raison suffisamment séduisante pour qu'elle replaçât Jacques Daviel sur le chemin d'une nouvelle aventure alors qu'il venait tout juste de s'engager dans le confort et la sécurité d'un notable marseillais. Aux propositions qu'il a reçues, il va réfléchir un an.

C'est le 7 novembre 1746 que, laissant provisoirement sa famille à Marseille, Jacques s'installe au numéro 19 « sur le quai Malaquais, près de l'hôtel de Bouillon, dans la maison de monsieur Mandar, Maître des requêtes, où il continue à faire des cours particuliers pour les maladies des yeux, de prendre des pensionnaires chez lui pour ces sortes de maladies ». Le 19, quai Malaquais, future résidence de George Sand, était alors l'annexe de l'hôtel de Bouillon, où habitait le maître des requêtes Gallyot de Mandat (et non Mandar) et son fils. Ce dernier, commandant en chef de la garde nationale de Paris, sera massacré le 10 septembre 1792. La façade de l'hôtel, que l'on peut encore admirer aujourd'hui, était réservée au propriétaire, tandis que l'immeuble du fond de la cour était loué. Dans ce bel endroit, Jacques se retrouvait mêlé à la noblesse et aux acteurs de la vie parisienne. Du porche voisin sortait à grand tapage l'équipage du prince de Conti, qui contrastait avec la sobriété de celui du maréchal de Lautrec, autre voisin. Tout ce qu'il y avait de vivant, de parfaitement à la mode se rencontrait dans ce quartier.

Une fois réunie, dix-huit mois après l'arrivée de Jacques, la famille Daviel s'accommode bien vite de sa nouvelle situation. Le climat général porte d'ailleurs à l'optimisme. Certes, on guerroie toujours pour la succession d'Autriche, mais les choses bougent, et le peuple, avec cette capacité si particulière qui le pousse tantôt au bonheur tantôt à la morosité, perçoit plutôt les bonnes nouvelles que les mauvaises. Il n'a pas tort, car les indices sont là, qui justifient cette embellie dans la vie du royaume. La population augmente, la mortalité infantile et juvénile diminue, de même que celle des adultes. Le *Mercure de France* publie même une chronique sur les centenaires, soudain moins rares [1]. On mange davantage en France. On réfléchit à son confort. On commence à entrevoir les bénéfices d'une contraception qui, réduisant le nombre des enfants par famille, permet de mieux s'occuper de chacun d'eux. Pourtant, on abandonne aussi beaucoup d'enfants illégitimes [2] ! Mais surtout on vit une période de très forte expansion économique. La stimulation de l'activité profite à tous, même si l'enrichissement touche peu les salariés et les petits artisans. La production agricole s'accroît, les progrès technologiques stimulent l'industrie et favorisent la création de grandes entreprises. En fait, sans le savoir, les Daviel s'installent à Paris au sein d'une société en pleine mutation. Si l'expression du petit peuple et des artisans reste encore bien pâle, celle de la noblesse et du clergé perd beaucoup de ses moyens. Les privilèges de ce dernier sont de plus en plus contestés, par les philosophes d'abord et, à un moindre degré, par le pouvoir lui-même. La noblesse, dont les valeurs s'appuyaient sur la défense du royaume et la protection du peuple, semble avoir perdu ses grâces. En charge de la guerre, elle tarde à trouver de grands capitaines comparables à ceux de jadis. Elle prend parfois conscience de l'affaiblissement de son rôle, mais ne s'oriente que tardivement vers le commerce dans lequel elle voit le seul moyen de se sauver [3]. On verra bientôt des nobles aspirer à ce que « chacun fût fils de ses œuvres et de ses mérites [4] ». Saine autocritique, mais combien dangereuse pour tant de nobles qui ne survivent que par leurs privilèges. À côté d'eux, les avocats, les médecins, certains chirurgiens, les gens de métier apparaissent comme une gente très laborieuse, qui s'enrichit et contribue à la prospérité de la société, même si la très grande inégalité de la répartition de la richesse réserve, pour la fin du siècle, de cruelles surprises.

La société que rejoignent Daviel et sa famille est le témoin privilégié d'un ensemble de mouvements, de faits, de décisions, de prises de conscience qui constituent le temps des Lumières. En 1746, Denis Dide-

1. J. de Viguerie, *op. cit.*
2. E. Le Roy-Ladurie, *op. cit.*
3. Abbé Coyer, *in* J. de Viguerie, *op. cit.*
4. Marquis d'Argenson, *ibid.*

rot, futur grand admirateur de Daviel, publie les *Pensées philosophiques*. Le contrat de publication de l'*Encyclopédie* sera signé le 16 octobre 1747. On sait qu'elle réservera à son maître d'œuvre bien des vicissitudes, dont quatre mois de prison à Vincennes ; entre 1751 et 1766, dix-sept volumes paraîtront, au prix de débats, d'oppositions véhémentes, d'interdits qui soulignent l'extraordinaire impact qu'avait la publication de chaque volume sur les esprits. C'est que l'*Encyclopédie* oppose, et avec quelle audace, l'objectivité scientifique aux idées reçues ou protégées. Subversion suprême, elle prétend expliquer ce que l'on préfère tenir pour inexplicable ou surnaturel. Ne définit-elle pas, en reprenant la thèse conciliatrice de l'archevêque anglican Tillotson [1], l'enfer dans un sens opposé à celui que la religion lui a, depuis toujours, donné ? Aussi l'Église catholique voit-elle dans les textes de l'*Encyclopédie* une volonté de détruire la foi, une foi encore profondément ancrée dans l'esprit du peuple. Mais le rôle le plus important de l'*Encyclopédie* est de valoriser les sciences. La mécanique, la physique, les mathématiques, l'astronomie retrouvent dans ses pages un fascinant prestige. Il en est de même des lettres, de l'histoire, de la géographie, des sciences naturelles. L'*Histoire naturelle* de Buffon est publiée à partir de 1749. Toutes les sciences trouvent alors une place privilégiée dans les livres, les journaux, les communications des sociétés savantes. Le nombre des bibliothèques augmente, les ouvrages, et avec eux les connaissances, s'accroissent, suscitant une nouvelle « vision du monde [2] » partagée par quelques dizaines de milliers de personnes dont l'appétit culturel est insatiable et enthousiaste. Cette manière de voir les choses n'est pas étrangère à Jacques dont l'originalité des observations n'avait tiré sa force que de la stricte objectivité du regard porté sur les faits. Il avait trouvé ses propres lumières dans la solitude, il lui était facile de les mêler à celles de ses grands contemporains.

1. J. de Viguerie, *op. cit.*
2. J. de Viguerie, *op. cit.*

Chapitre III

« UNE OPÉRATION SINGULIÈRE »

Dès l'installation quai Malaquais, la clientèle afflue. Jacques reçoit ses malades, opère et, selon son habitude, enseigne l'anatomie à quelques élèves particuliers. Il retrouve à la fois son enthousiasme et son inquiétude des débuts. Certes, les malades sont nombreux, mais les oculistes aussi. Chacun d'entre eux profite des avantages que procure quelque puissant protecteur. Daviel ne serait pas à Paris si quelque influent protecteur ou collègue ne l'y avait appelé. Il sait que sa notoriété ne suffit pas à le protéger de confrères qui n'admettent pas facilement l'installation de ce Marseillais, tout ancien élève du collège de Saint-Côme qu'il soit, sur leur territoire. On est à la merci des langues parisiennes qui n'hésitent pas à faire et à défaire les réputations. Qu'on évoque en bien ou en mal votre savoir-faire chez la marquise de Lambert ou chez Mme de Tencin facilite ou compromet votre carrière. Aussi Daviel retrouve-t-il le réflexe qui l'avait si bien servi en Provence, le recours à la presse. Il ne s'agit plus du *Courrier d'Avignon*, mais du *Mercure de France*. Sa première information paraît dans le prestigieux mensuel en 1748 [1]. Marmontel dit du *Mercure* qu'« il eût été difficile d'ima-

1. Fondé par Théophraste Renaudot sous le nom de *Mercure françois*, suspendu en 1716 sous le titre de *Mercure galant*, le *Mercure de France* était réapparu en 1724. Sous Louis XV, c'est un volumineux numéro mensuel, de quelque deux cents pages d'un petit format facile à emporter. Destiné à un public français et étranger aisé – le prix de l'abonnement est cher –, il est consacré aux nouvelles littéraires, aux arts, aux sciences, et donne quelques informations sur la vie de la Cour. Il s'intéresse à la philosophie à partir de 1750 et offre ses colonnes aux encyclopédistes.

giner un journal plus varié, plus attrayant et plus abondant en ressources [...] et les talents n'ont ni fleurs ni fruits dont le *Mercure* ne se couronne [...]. Il est comme le rendez-vous des sciences et des arts, et le canal de leur commerce [1] ». On y publie des articles sous forme de lettres adressées à quelque illustre correspondant. C'est donc une lettre que Daviel confie le 30 septembre 1748 au *Mercure*, lettre à M. de Joyeuse, son vieil ami, médecin des hôpitaux des galères à Marseille. Ce long article de vingt-deux pages ne traite pratiquement que de technique ophtalmologique ; nos lecteurs, quoique friands de propos médicaux, le trouveraient bien fastidieux aujourd'hui dans un journal de vulgarisation. Les spécialistes y découvrent pourtant la progression d'une vraie pensée scientifique créative et moderne.

Daviel y rapporte que, depuis son arrivée à Paris, il a été consulté par quelque quatre cents malades et a opéré plus de deux cents patients en moins de deux ans ; sur soixante-quinze opérations de la cataracte, soixante et une ont réussi. Parallèlement, Daviel a poursuivi ses recherches. Le comte d'Argenson, depuis peu ministre de la Guerre, l'a autorisé à opérer à l'hôtel royal des Invalides où il retrouve son collègue Xavier Bouquot qu'il avait connu à l'Hôtel-Dieu, devenu le chirurgien-major en chef des Invalides.

Sur le ton de la confidence amicale, Jacques expose avec simplicité les réflexions que lui inspirent les interventions de ses confrères sur l'affection qui lui tient à cœur entre toutes. « L'opération de la cataracte, surtout, m'a paru toujours très douteuse, quoique le public ait voulu s'imaginer qu'aujourd'hui ce doit être de toutes les opérations la plus sûre, et qui ne peut manquer que par la maladresse ou l'ignorance de celui qui la fait. Il est même des chirurgiens qui sont encore de cet avis. » En grand chirurgien fort d'une vaste expérience, Jacques expose ses certitudes : chaque intervention sur un œil comporte des risques que les chirurgiens nient pour ne pas inquiéter les patients tandis que ceux-ci préfèrent croire qu'un échec ne dépend que du chirurgien et non de la possible fragilité de leur œil ou de leur état général. Il poursuit : « Quant à moi je pense tout différemment, et ce n'est qu'après beaucoup d'expériences faites sur les yeux des cadavres, et un grand nombre d'opérations sur ceux des vivants, dans la vue de perfectionner la méthode d'abaisser la cataracte, que j'ai appris tous les dangers et tous les sujets de doute qu'on peut avoir dans cette matière. En multipliant les expériences et les opérations, j'ai été forcé de reconnoitre à la fin qu'il s'en faut beaucoup que celle-ci soit aussi certaine et aussi facile que bien des gens l'ont cru, et que je l'ai cru moi-même, quand j'ai commencé à la

1. J.-F. Marmontel, *Mémoires*, cité par de Viguerie, *op. cit.*

pratiquer. Je dois cet aveu à la vérité, quoiqu'il semble d'abord faire quelque tort à l'art auquel je me suis entièrement livré depuis environ dix-huit ans et que j'ai résolu de professer uniquement tout le reste de ma vie. » On ne peut se montrer plus sceptique et plus agressif à l'égard de ceux qui s'endorment dans les habitudes et acceptent la fatalité de leurs actes. Après ces constats, Jacques offre des solutions et utilise la tribune du *Mercure* pour les développer. Si l'opération de la cataracte est si dangereuse, c'est qu'on agit pour l'abattre avec une aiguille pointue et tranchante. Il préconise donc l'usage d'une nouvelle aiguille sans pointe ni tranchant qu'il peut tourner à son gré dans l'œil sans craindre de blesser l'iris et de provoquer des hémorragies. Il avoue son étonnement que les grands maîtres de l'art n'aient pas songé à « chercher une méthode, moins propre à faire trembler le malade et le chirurgien » et affirme : « Enfin pour prouver invinciblement que ma méthode d'abattre la cataracte est entièrement préférable à l'ancienne, je crois qu'il me suffit de rapporter le grand nombre d'opérations qui m'ont réussi, au lieu que par l'ancienne méthode on est souvent fort heureux, lorsque sur dix opérations on réussit à cinq ou six, et quelquefois moins, quoique les cataractes soient bonnes et sur des sujets bien constitués. » Et Daviel énumère un nombre impressionnant de patients de toutes conditions sociales, sur lesquels il a pratiqué avec succès cette nouvelle opération d'abaissement du cristallin, moins traumatisante. La méthode s'inspire d'un solide bon sens et d'une parfaite connaissance anatomique de l'œil. Après ce long exposé, Daviel revient sur « l'ouverture de la cornée transparente ». Il évoque la méthode qu'il a utilisée sur l'ermite et qu'il dit avoir appliquée plus de soixante fois « sans qu'il en soit résulté le plus petit accident ». Parallèlement à la poursuite de la pratique de l'« abaissement », qu'il a améliorée par l'utilisation de son aiguille sans pointe et sans tranchant, il pratique l'ouverture de la cornée afin d'extraire le cristallin. L'intervention sur le perruquier Garion, menée le 8 avril 1747, lui a permis de compléter son expérience tirée de l'opération sur l'ermite. Comme dans ce premier cas, c'est la rencontre d'une difficulté opératoire qui l'a conduit à trouver la bonne solution. L'abaissement du cristallin de Garion ayant en effet été un échec, Daviel a décidé d'ouvrir la partie inférieure de la cornée et, écartant celle-ci avec une pince, a fait sortir avec son aiguille le cristallin à travers la pupille puis à travers l'œil par l'ouverture pratiquée dans la cornée. « Je vous prie, Monsieur, de vouloir bien faire attention à l'importance de cette opération, puisqu'il s'agit d'une cataracte tirée de la chambre postérieure de l'œil, et non pas de l'antérieure [comme chez l'ermite] ; il y a sur cette dernière plusieurs observations rapportées par feu M. de Saint-Ives, dans son nouveau traité des maladies des yeux, pages 304, 305, 306 et 307, mais cet auteur célèbre ne fait aucune mention des cataractes tirées de la chambre postérieure de l'œil. [...] Cette opération est d'autant plus digne de remarque, qu'outre que je la crois sans exemple [...] [elle] a eu un si grand succès que le malade n'a pas ressenti la moindre douleur ; il voit à lire aujourd'hui fort distinctement, au moyen d'une lunette à cataracte [...]. Voici une opération singulière, qui intéresse trop le public pour la passer sous silence. » On comprend que Daviel souhaite vivement qu'on ne la passe pas sous silence, car il entrevoit tout le parti qu'il peut tirer de ce succès. Dans cette description de l'opération du perruquier Garion, il exprime pour la première fois son sentiment d'avoir découvert une nouvelle voie d'accès à la cataracte. Il lui faudra peu de temps pour transformer cette intuition en certitude. Il confiera en 1752 : « Depuis ce temps-là, et pendant trois années de suite [jusqu'en 1750], je pratiquai quelquefois cette opération sur des sujets vivants pour m'y accoutumer peu à peu. » Jacques éprouve sa méthode, continue à la mettre au point « peu à peu », prudemment, pour la dominer et limiter les complications. Il sait qu'il a raison, mais il sait aussi qu'il ne possède pas encore les instruments adéquats ni ne maîtrise la procédure qui pourraient transformer sa démarche en une méthode universelle. Aussi attend-il les occasions favorables, des « vivants » qui présentent les conditions anatomiques l'autorisant à utiliser sa méthode. Un souci éthique tempère constamment son effort de progrès et son désir de gloire [1].

Ayant l'orgueil de réussir, Daviel prend son temps, éprouve sa procédure, accumule les preuves de la supériorité de sa technique sur l'ancienne façon d'opérer. Utilisant avant l'heure la méthode expérimentale, il compare, continue à « abaisser » des cristallins tout en « extrayant » d'autres cristallins. Il crée des instruments nouveaux pour l'une et l'autre méthode. Certes, il n'en est pas à la « randomisation » de notre époque, mais son idée d'une évaluation comparative de deux procédés est exemplaire.

Ainsi la révolution qu'il prépare est-elle double. Chirurgicale, elle propose d'extraire l'essentiel du cristallin de l'œil et de dégager de façon permanente la pupille, créant ainsi des conditions optiques stables à la vision. Elle présente un progrès optique sur l'« abaissement » qui demeurait souvent incomplet ou transitoire, le cristallin restant accroché partiellement à ses attaches mal rompues et remontant derrière la pupille. Mais elle est surtout biologique. Le cristallin abattu dans le

1. Des attestations de MM. Morand et Bouquot, chirurgiens aux Invalides, de Faget, chirurgien-major à la Charité et du marquis de Forbin miraculeusement guéri d'une affection chronique des paupières, terminent la longue lettre de Daviel à M. de Joycuse. Daviel a toujours aimé collectionner les certificats, utiles à opposer à d'éventuels contradicteurs.

corps vitré et demeurant dans l'œil provoquait des complications que les ophtalmologistes ne comprenaient ni ne savaient traiter. Tardives, qu'il s'agisse d'hypertonie oculaire ou d'inflammation torpide de l'œil, ces complications n'inquiétaient le malade que plusieurs mois après l'intervention mais apparaissaient fréquemment. La culture anatomique de Daviel et sa prescience de la physiologie oculaire soutenaient sa conviction que l'extraction du cristallin était la solution.

Chapitre IV

OCULISTE DU ROI

De la lettre à M. de Joyeuse nous avons retenu l'essentiel, la description des travaux d'ophtalmologie qui occupent la vie de Daviel. On y apprend également que, dès 1748, Daviel est conseiller, chirurgien ordinaire du roi en survivance et par quartier.

Comment le chirurgien a-t-il eu accès à cette fonction officielle, honorifique, mais aussi porteuse de risques ? Quelle est l'organisation de la médecine autour du roi ?

Comme sous Louis XIV officie à la cour de Louis XV un aréopage de médecins et de chirurgiens qui se cooptent et achètent leur charge. L'archiatre, au sommet de la hiérarchie, est directement lié au souverain, dont il tient directement sa dignité ; contrairement à celle de ses confrères, elle est non vénale et cesse avec la mort du roi. Chicoyneau est titulaire de cette charge en 1748, et la gardera jusqu'à son décès en 1752 lorsque Sénac sera préféré à Quesnay que la marquise de Pompadour soutient sans succès contre le roi. À la mort de Sénac, Quesnay partage avec Monnier la fonction, mais non le titre. Le poste n'est pas une sinécure. L'archiatre est présent en permanence auprès du roi, le suit dans ses déplacements, est responsable de tout incident de santé. La maladie du roi, à Metz, en 1744, qui valut à Louis XV son surnom de Bien-Aimé tant le peuple craignit pour sa vie et le manifesta, faillit en revanche compromettre la réputation de Chicoyneau et de ses assistants, Chirac et La Peyronie.

Sous l'autorité de l'archiatre exerce un médecin ordinaire qui le remplace si nécessaire. Huit médecins l'assistent par quartier qui remplissent leurs fonctions un trimestre par an deux par deux. Un nombre variable de consultants complète l'équipe. Le premier chirurgien, dont le rôle est moins important que celui du premier médecin, est assisté, par quartier également, de chirurgiens qui l'accompagnent dans les chasses à courre du roi. Daviel est devenu l'un de ceux-là.

C'est en survivance de M. de Luze que Daviel est devenu chirurgien ordinaire du roi. Il en a racheté la charge qu'il paie en plusieurs traites. La vacance de la charge lui a peut-être été signalée par François Chicoyneau, l'archiatre, ou par le duc de Brancas, l'un des favoris du roi, tous deux relations de Daviel. C'est la perspective de cette promotion évoquée dès son voyage à Paris de 1745 qui l'a vraisemblablement convaincu de quitter Marseille et de rejoindre la Cour. Il s'agit, tout comme ce l'était pour les galères de Marseille, d'une fonction de chirurgie générale et non d'ophtalmologie.

Daviel se dit aussi « conseiller » (du roi). À notre connaissance, seul le médecin ordinaire portait un tel titre. Daviel se distinguerait-il des autres chirurgiens par quartier et exercerait-il comme chirurgien ordinaire sous l'autorité du premier chirurgien, dans un poste de plus grande responsabilité ? Peu importe, car le 1er janvier 1749 Jacques Daviel devient chirurgien oculiste de Sa Majesté, « servant par extraordinaire », exerçant à temps plein auprès du roi.

Louis XV, en 1749, est au sommet de sa puissance sinon au meilleur moment de son règne. Après le succès militaire de Fontenoy, il est, malgré son rapprochement avec l'Autriche, moins heureux en politique étrangère. Le Bien-Aimé de 1744 devient un mal-aimé. Les problèmes affluent : retombées difficiles de sa vie privée enchevêtrée, la difficulté de gouverner avec des parlements qui vont transformer leurs relations en conflit permanent. Le roi est toujours ce bel homme « qui plaît et sait qu'il plaît [1] », conscient de ses devoirs, ardent au travail autant qu'à ses plaisirs. Épris de grand air, d'exercice physique, il trouve un divertissement quasi quotidien dans la chasse à courre. Toutefois, « timide, secret, dissimulé, peu loquace [2] », les soucis le portent à se replier sur lui-même et à affronter avec réticence les corps constitués et les nombreux acteurs de la cour de Versailles. En 1749, on évoque volontiers son « humeur noire » et on critique ouvertement autant ses influentes maîtresses que « le cercle particulier » de ses amis avec lesquels il vit la plupart du temps. Ses amis-là courent le cerf avec lui, terminent la journée dans ses « petits appartements » et le suivent chaque fois qu'il quitte

1. Duc de Croÿ, *in* A. Maurepas et F. Brayard, *Les Français vus par eux-mêmes, le XVIII*^{e} *siècle*, Anthologie des mémorialistes du XVIIIe siècle, Paris, Robert Laffont, Bouquins, 1996.

2. J. de Viguerie, *op. cit.*

Versailles pour Choisy, Compiègne, Meudon ou quelque résidence qui lui offre l'occasion d'échapper à la Cour. Brancas est l'un de ces amis-là, comme d'autres, souvent désignés par la marquise de Pompadour qui en fait « son groupe de pression et sa masse de manœuvre [1] ». Ce monde restreint, complété de celui que compose sa nombreuse famille à laquelle il est très attaché, constitue le refuge du roi. La présence permanente à la Cour que la charge de Daviel lui impose facilite certainement des rencontres avec le roi sans pour autant les rendre intimes. En revanche, il lui est fait obligation, selon le calendrier des charges qui commandent le service ordinaire, d'accompagner, de loin, le souverain et ses intimes pendant la chasse à courre. Pas un jour sans que Louis XV ne commande pour 14 heures, dès après son dîner, la voiture légère, la « gondole » qui l'emmène avec ses invités, suivie de ses gardes du corps et de ses gendarmes, de ses mousquetaires à cheval, vers le lieu de rendez-vous d'une chasse toujours minutieusement préparée, où aboient les chiens choisis par les piqueux parmi les quelque deux cent cinquante dressés à cet effet. Sans doute Jacques suit-il la « gondole » royale dans l'une des multiples voitures – carrosses, calèches, chaises de poste – qui accompagnent le souverain au grand galop. Parvenu sur les lieux du rendez-vous, le roi enfourche son cheval, et tous disparaissent à train d'enfer dans la forêt en quête du cerf, du sanglier ou du chevreuil repérés. Le roi sème en route « les trois quarts de son monde [2] », ce qui inquiète ses chirurgiens, car il fait des chutes fréquentes. Daviel écrit de Choisy-le-Roi : « Le grand Prince, qui avait fait une chute à Compiègne l'été passé, a contus son genou gauche et ne fut pas saigné. Il est d'une patience d'ange. » C'est au retour de l'une de ces parties de chasse que Louis XV, dont on sait l'intérêt qu'il porte à l'anatomie, demande à Daviel de lui montrer sur l'œil d'une biche, dans le parc de la Muette, les gestes de l'opération de la cataracte. L'adroit anatomiste n'a jamais rencontré plus favorable occasion de pratiquer son exceptionnel talent en dissection anatomique. Preuve aussi qu'on sait que Daviel y excelle ; la cataracte est devenue, grâce à lui, un sujet à la mode. Tout le monde en parle à la Cour.

En 1750, Louis XV a quarante ans, Marie Leszczynska, sept ans de plus que lui, âges auxquels on a peu recours à l'oculiste. La Cour, elle-même, est jeune. Aussi ne possède-t-on sur les rencontres de la famille royale et de Daviel que de rares précisions. On sait que cette année-là, à l'occasion d'un voyage à Fontainebleau où il a suivi le roi, Daviel a l'occasion d'examiner les yeux de membres de la famille royale. Très

1. J. de Viguerie, *op. cit.*
2. A. Decaux, *Les Grandes Heures de Versailles*, Paris, Librairie académique Perrin, 1970.

flatté, sans souci du secret professionnel, il relate dans une lettre du 28 octobre : « J'arrive de la Chasse. Il est onze heures et demie. Le Roi nous a fait faire trois lieues, il a pris deux cerfs. M. le Dauphin est arrivé ici depuis le 25 avec madame la Dauphine en fort bonne santé. j'ai eu l'honneur d'examiner les yeux du Roi, vendredi passé. Je n'ai jamais rien vu de si beau et je n'ai jamais touché des yeux si parfaits, de même que ceux de la Reine. » On sent dans la relation de cet événement que le froid, l'exact observateur qu'est Daviel se laisse gagner par la jubilation profonde que peut provoquer le contact avec les grands de ce monde ! C'est que les yeux d'un roi et d'une reine ne sont pas des yeux ordinaires ! Sont-ils, toutefois, si beaux que le dit Jacques ? On retrouve dans *Souvenirs et portraits* du duc de Lévis un commentaire qui confirme cette impression : « Louis XV a les plus beaux yeux du monde, et une singulière dignité dans le regard, telle que j'en fus frappé, quoique je fusse encore enfant quand je le vis. Ce regard, et l'habit d'étoffe d'or dont il était revêtu ce jour-là, se réunirent même dans mon imagination à l'idée d'un grand roi, sans pouvoir en être séparés. » Pour notre oculiste aussi, ces yeux-là sont beaux et parfaits ! flatterie de courtisan mais aussi fascination pour la personne royale ! Jacques a plu au roi, à la reine, aux enfants. On retrouve à cette occasion sa capacité à allier, pour vaincre, des talents variés, habileté professionnelle indiscutable et flatterie. Intelligence et prudence, perspicacité et méfiance tempèrent en permanence les actions de cet authentique paysan paré de l'habit clinquant du courtisan.

Daviel reçoit la confiance des favoris de la Cour, antichambre de son accès auprès du roi. Il fait sa cour de loin, au lever, au coucher de Sa Majesté, comme assistant de l'archiatre ou du premier chirurgien. Le souverain, dans ces occasions, choisit ses interlocuteurs : « Chicoyneau avez-vous vu Daviel ? Il est venu hier à mon coucher, il a apporté de beaux présents envoyés par la Princesse [1]. » Le roi avait voulu voir les cadeaux que la Princesse avait confiés à Daviel à son intention de même qu'il avait voulu lire la lettre qu'elle avait adressée à l'oculiste convié par elle à Mannheim pour l'opérer. Il s'y était rendu quelques semaines plus tôt [2]. Voyage important : il renouait avec ses habitudes de déplacement à l'étranger et avait décidé d'appliquer désormais sa nouvelle méthode d'extraction de la cataracte. « Mais ce n'est déterminant que dans le cours du voyage que j'ai fait à Mannheim pour y traiter S. A. S. madame la Princesse Palatine de Deux-Ponts, d'une ancienne maladie qu'elle avait à l'œil gauche, que je pris la résolution de ne plus jamais opérer

1. La Princesse Palatine : épouse de Charles Théodore de Sulzbach, électeur du Palatinat à l'extinction de la ligne de Deux-Ponts-Neuburg en 1742.
2. Octobre 1750.

la cataracte que par l'extraction du cristallin. » Cet acte courageux lui vaut le titre d'oculiste de Charles Théodore de Sulzbach, Électeur du Palatinat, et la reconnaissance de la Princesse qui le couvre de cadeaux et le charge de présents pour Sa Majesté Louis XV.

Chapitre V

UN IRASCIBLE COLLÈGUE

La renommée de Jacques à Paris n'a bientôt plus rien à envier à celle qu'il s'était construite à Marseille. L'article du *Mercure de France*, comme ceux du *Courrier d'Avignon*, ont assis sa réputation. Jacques n'a pas hésité à souligner les différences qui le séparent de ses collègues et à adopter des positions critiques à leur égard, allant jusqu'à être donneur de leçons. Ce n'est pas passé inaperçu, et ses confrères utilisent bientôt les mêmes moyens pour répondre. M. de Roussilles a lu la longue lettre de Jacques à Joyeuse et en a été agacé. Qui est-il ? Un chirurgien oculiste de Chartres, où il réside et exerce l'ophtalmologie à l'hôpital de la ville ainsi qu'à celui de Dreux. Son père, qui avait eu la chance d'exercer huit années son métier de chirurgien auprès de Gendron, ophtalmologiste bien connu, avait appris à son fils les rudiments de l'ophtalmologie. Le beau-père de Roussilles, Chamféru, se flattait d'avoir dirigé l'une des premières écoles d'Europe pour les maladies des yeux, que Roussilles prétend avoir fréquentée dès l'âge de seize ans. Pour Roussilles, l'ophtalmologie est une affaire de famille, et l'article de Jacques Daviel lui paraît une intrusion dans une discipline qu'il connaît bien. Car il est instruit. Il a été l'élève de Guérin, chirurgien major à la Charité, et a suivi les cours de Ferrein, le brillant anatomiste. Enfin, il se targue d'être un lecteur assidu de la presse médicale. C'est cet homme convaincu de sa culture et de l'efficacité de sa pratique ordinaire qui prend la plume et attaque Daviel. Il choisit le *Journal de Verdun*, dans son numéro de février 1749. C'est une publication comparable en format et en volume au *Mercure de France*, organe habituel de propagande de Roussilles, comme le *Courrier d'Avignon* et le *Mercure* l'avaient été pour Daviel. Il y avait publié, en mars 1746, un article sur la cataracte. Il perçoit la publication de Daviel dans le *Mercure* comme une attaque de sa position et conçoit de l'irritation contre ce confrère venu chasser sur son terrain. Sarcastique, il va jusqu'à insinuer que Daviel se vante de la réalisation d'actes impossibles.

L'essentiel de la contestation porte sur des problèmes techniques concernant les cataractes adhérentes que Daviel prétend savoir traiter, ce que notre oculiste chartrais refuse de croire possible. « Je veux croire plutôt qu'il les a guéries, en effet comme il nous l'assure [..] il [Daviel] s'est trompé sur la nature de ces cataractes, et les a crues adhérentes à l'uvée sans qu'elles soient en aucune façon. » Et, narquois, il ajoute : « Mais comment un aussi habile homme que lui a-t-il pu se tromper aussi lourdement sur une chose aussi aisée à reconnaître que sont les cataractes adhérentes [...] cela se voit au premier coup d'œil ! » En un mot, il aimerait bien rabattre le caquet de ce conseiller du roi qui se croit seul capable de traiter la cataracte et qui laisse apparaître d'aussi regrettables erreurs d'interprétation.

Daviel n'a pas dû lire avec plaisir ces critiques humiliantes. Elles traduisent d'ailleurs à l'évidence ce qui le sépare de ses collègues dans la conception qu'il a de la cataracte et de son traitement. Mais le ton de l'article est si violent qu'il ne peut le laisser sans réponse. Celle-ci ne tarde pas puisque le *Mercure de France* la porte en son numéro de juillet 1749. « Monsieur Roussilles demande si M. Daviel fait des miracles en guérissant certaines maladies des yeux, que les plus habiles gens, de la même profession que lui, regardent comme absolument incurables, ou s'il possède en effet le talent physique de les guérir, ou enfin s'il s'est trompé, lorsqu'il a cru en avoir guéri quelques-unes. On va répondre à cette triple question, que l'on regarde comme très intéressante, et qui fait le sujet principal de la lettre de M. Roussilles, dont on va faire connaître la fausseté. » Il a commencé courtoisement, mais soudain le ton change : « Rien ne m'a paru plus désagréable que d'être obligé de répondre à une critique aussi déplacée [...] je n'emploiyerai pas les termes de grossier et de lourd, dont il s'est servi ; il est des moyens plus doux et plus honnêtes pour dévoiler les fautes qu'on veut critiquer, sans se servir de ces paroles dures et impolies, qui ne conviennent qu'aux gens sans éducation [...]. J'ai toujours cru qu'il valait mieux se dédire que de paraître entêté, mais je ne puis souffrir sans me plaindre que M. Roussilles ait entrepris de me censurer tandis qu'il ne connaît pas lui-même ce qu'il veut critiquer [...] je ne suis pas surpris que M. Roussilles ait si mal jugé, puisqu'il a si mal réfléchi [...]. Deux confrères doivent traiter vis-à-vis l'un de l'autre avec modération, les questions où ils se trouvent d'un sentiment contraire, et ils le doivent par respect pour le "public" autant que par respect pour eux-mêmes. » Il faut bien avouer que Jacques ne s'était pas privé d'informer ce « public » auquel il fait allusion, et l'on peut comprendre que certains de ses confrères n'aient guère apprécié qu'il ait tenté de faire de ce dernier un adepte exclusif de ses façons de penser. Beaucoup avaient en mémoire, comme ce M. Roussilles, la longue missive à M. de Joyeuse, pleine de ses préoccupations chirurgicales portées complaisamment à la connaissance d'un large et intéressant « public » par le même *Mercure de France*. Jacques y soulignait ostensiblement, quoique avec des accents sincères, le peu de satisfaction que lui donnait la vieille méthode d'abattement de la cataracte et le danger d'utiliser les instruments dont il disposait pour le faire. En un sens, il faisait peser un doute sur la méthode qu'utilisaient alors tous ses confrères. On comprend que ceux-ci aient pu s'indigner de ce qu'on portât à la connaissance de leurs patients les critiques d'une méthode qu'ils considéraient alors, et qui serait considérée longtemps encore, comme parfaitement académique. Les réflexions de Daviel étaient très pertinentes, elles découlaient d'une analyse très méthodique des expériences chirurgicales qu'il vivait, des dissections qu'il pratiquait, mais elles étaient encore trop originales pour être facilement comprises et partagées. Ce que M. Roussilles conteste, c'est moins les idées que Daviel a complaisamment rapportées dans le *Mercure de France* que l'extraordinaire proportion de « cataractes adhérentes » que Jacques prétend, avec sa méthode, avoir abaissées sans difficulté [1]. Mais la pire insulte, celle qui révolte Daviel, c'est que Roussilles prétend qu'il a copié l'aiguille d'Heister, le confrère réputé cité par l'*Encyclopédie*, alors que lui, Daviel, a tant vanté son aiguille mousse et sans tranchant, dont il est si fier. « Rien n'est plus faux ! » affirme-t-il, indigné. Et il appelle à la rescousse tous ceux qui peuvent en témoigner, et non des moindres : « Messieurs Chicoyneau, Helvétius (déjà un philosophe comme observateur, pourquoi pas ?), Bouillac et Marcot premiers Médecins du Roi, de la Reine, de Madame la Dauphine et de Mesdames de France, Messieurs de La Martinière, La Fosse, Hévin et Loustonneau, premiers chirurgiens du Roi, de la Reine, de Madame la Dauphine et de Mesdames de France, de même que Messieurs Morand et Faget, deux célèbres chirurgiens dont on peut voir les certificats à la fin de ma lettre, que M. Roussilles a jugé à propos de critiquer. » Pauvre M. Roussilles, il n'avait pas songé que Daviel appellerait tant de grands hommes ou dignitaires à sa rescousse ! Daviel accumule leurs noms comme les pierres du tombeau qui doit enterrer le pauvre

1. Ces cataractes adhérentes sont une variété de cataractes compliquées d'adhérences à l'iris et « collées » en quelque sorte à celui-ci. Elles sont de ce fait très dangereuses à abattre sans provoquer des hémorragies, des déchirures de l'iris, etc.

critique imprudent et aventureux. Comment se permet-il, en outre, de jeter un doute sur la réalité de la procédure utilisée par Daviel pour opérer Garion ? C'en est trop. D'ailleurs, est-ce sa faute à lui, Jacques Daviel, si ce pauvre M. Roussilles « dans plusieurs années de séjour à Dreux [...] n'a pas vu des cataractes adhérentes » ? Pour lui porter le coup de grâce, Daviel se permet de lui donner une leçon de quelque dix pages où il cite abondamment – et légèrement – les auteurs qui paraissent soutenir son avis dans la longue série de malades qu'il a traités et dont il publie les noms.

On reste surpris que le *Mercure de France* ait été le support d'une querelle aussi spécialisée et aussi mesquine. Certes, on parlait beaucoup de la cataracte, mais la question essentielle était pour les malades de savoir si l'on devait se faire opérer ou non. Pas de s'égarer dans des concepts de spécialistes qui risquaient de dérouter plus que d'éclairer. Nombreux étaient ceux qui hésitaient à subir cette intervention qui ne comportait pas que des succès et dont les complications étaient parfois redoutables. Les échanges entre Daviel et Roussilles n'étaient peut-être pas le meilleur moyen de lever leur inhibition. Toutefois, Roussilles représente alors l'opinion conservatrice dominante, attachée à des valeurs dont elle a laborieusement pesé les avantages et les inconvénients. Daviel apparaît comme un novateur, qui remet en question des coutumes rassurantes. Mais il faut avouer qu'il joue une partition solitaire. Chicoyneau et Morand ont soutenu sa venue à la capitale, mais sa rapide promotion dans le monde parisien est encore considérée par la majorité de ses confrères plus comme la conséquence d'une protection de la Cour que comme le résultat d'une vraie compétence. L'adresse de Daviel est de le reconnaître et de ne jamais hésiter à justifier sa position, son savoir, ses avancées scientifiques, voire ses talents. Malgré sa renommée, sa position, il le sait, reste fragile. N'a-t-on pas insinué récemment qu'il avait quitté Paris et qu'il était retourné à Marseille ? Certains auraient-ils intérêt à ce qu'il quitte la scène parisienne ? « Il [est] bien aise de donner un avis contraire, et d'avertir ceux qui auraient pu le croire, qu'il a fixé pour toujours sa résidence à Paris, où il a fait venir toute sa famille [...] il demeure toujours quai Malaquais [...]. On le trouve tous les matins depuis sept heures jusqu'à dix, et l'après-midi, depuis trois jusqu'à cinq à sa maison. » C'est le *Mercure de France* qui le précise.

Peut-être Jacques Daviel croit-il que sa querelle avec Roussilles est terminée. N'a-t-il pas condamné, à force d'arguments techniques et de hauteur, son insolent contestataire au silence ? Qui pourrait, après l'admonestation de l'oculiste du roi, étayée de tant de nobles soutiens, se croire autorisé à reprendre le combat ? Personne sans doute, sauf Roussilles. Dès juillet 1749, dans le *Mercure de France* cette fois, il apporte à son rival une première réponse intitulée « Seconde lettre », en rappelant que la première est bien celle qu'il a publiée dans le *Journal de Verdun*, et qu'elle aura une suite qui paraîtra dans le *Mercure* d'avril 1750. M. Roussilles prend le prétexte de ce que la réponse qu'a donnée Daviel dans le *Mercure de France* n'ait pas touché M. *** docteur en médecine pour attaquer une nouvelle fois durement son rival. Il a été sévèrement meurtri par l'allusion à sa formation campagnarde. « C'est sans doute pour se venger, dit-il, et pour faire entendre que je ne dois être qu'un ignorant, qu'il affecte en plusieurs endroits (p. 5 et 17) de me rappeler les hôpitaux de Chartres et de Dreux [...] mais comme je ne prétens pas me comparer à M. Daviel je n'ai garde aussi de mettre tous ces avantages en parallèle avec l'hôpital des galères de Marseille. » L'auteur ne cite pas l'hôtel-Dieu mais l'hôpital des galères, peut-être pour prétendre que ceux qu'on y fréquente ne sont pas d'un genre recommandable ! Roussilles, au demeurant, est un oculiste fort bien instruit, et on peut volontiers croire qu'il lit les bons auteurs en analysant les critiques qu'il oppose avec talent, circonspection et justesse à Daviel. Et dans ce qui l'oppose à notre conseiller du roi, nous n'oserions affirmer qu'il n'ait pas souvent raison. C'est que, à l'opposé de Jacques, il mène sa rhétorique selon un principe de contradiction. Daviel conduit la sienne selon un principe de conviction, usant d'arguments nés de son expérience personnelle et non encore partagés, souvent même ignorés, et de propos de ses collègues favorables à sa théorie. Souvent trop légèrement et de façon partisane, ce que sait reprendre Roussilles avec une grande habileté. Daviel ne s'y trompe pas, qui ne répondra à son rival que par un exposé devant l'Académie royale de chirurgie en 1752. Il évitera ainsi de s'exposer à des critiques portées par la grande presse. Aurait-il enfin compris qu'à vouloir trop séduire le « public » par les moyens ordinaires de la presse on peut parfois perdre aussi son crédit ? Il a dû lire avec rage la longue démonstration – pas moins de trente-quatre pages en deux articles – que lui oppose Roussilles. Les « cataractes adhérentes » de Daviel n'ont pas du tout plu à M. Roussilles. Il a tout relu à leur sujet, et veut absolument revenir sur deux points : « 1° Les cataractes adhérentes au bord postérieur de l'uvée, sont-elles si communes, que sur 61 cataractes, il s'en trouve 19 de cette espèce ? [sous-entendu, celles rapportées par Daviel]. 2° Ces sortes de cataractes lorsqu'elles se rencontrent sont-elles curables ? M. Daviel soutient l'affirmative sur l'un et l'autre point et moi je suis pour la négative : c'est ce qu'il s'agit d'éclaircir [...]. » Aussi, « je vais tirer mes preuves de la réponse même de M. Daviel. Ses aveux et ses silences me serviront également ». Et Roussilles ne se tire pas mal de l'exercice qui tend à dévaloriser tout ce qu'a dit Daviel dans sa longue réponse à sa première attaque. Car Daviel, trop hautainement, s'était mépris sur son contradicteur. Ce dernier connaît son affaire. Daviel prétend que les cataractes adhérentes sont fréquentes, un tiers de ses cas, alors qu'elles sont rares. Roussilles en conclut que c'est parce qu'il en fait faussement le diagnostic et tire facilement gloire d'un geste chirurgical qu'il surévalue dans sa fréquence ! Suit une longue démonstration reprenant les arguments de Daviel et surtout les appuis qu'il a pu trouver dans la littérature scientifique de l'époque. Aussi les mêmes phrases qui prétendaient soutenir la théorie de Daviel sont-elles reprises et interprétées dans un sens opposé par Roussilles. On retrouve Morgagni, Petit, Maître-Jan et le grand Boerhaave comme témoins à charge de Daviel qui les avait lui-même cités à son avantage. Que ne fait-on dire aux hommes en reprenant leurs paroles sinon une affirmation et son contraire ? Mais Roussilles ne s'en tient pas seulement à ces problèmes sémiologiques qu'il pourrait au demeurant aborder de façon courtoise. Il attaque l'authenticité de la découverte de Daviel ; non pas ce qui sera la grande découverte de Daviel, une nouvelle façon d'opérer la cataracte, que Roussilles ne peut même concevoir, mais celle qui concerne la fameuse « aiguille mousse et tranchante ». On ignore pourquoi elle indispose notre homme. Il affirme à notre oculiste royal que cette fameuse aiguille existe depuis « le Xe siècle » et que la sienne a été copiée sur celle de Heister, celle dont use Taylor (horreur !), comme il peut le démontrer à partir des planches qu'il reproduit. Enfin, Daviel s'est prêté à une vilenie que l'on peut difficilement pardonner. « Je lui dois encore de justes remercimens, ajoute Roussilles, pour les égards charitables qu'il a bien voulu avoir pour moi. Ce n'est que malgré lui et parce que je l'y ai forcé, que pour completter les 61 cataractes qu'il avait annoncées dans sa première lettre, et dont il n'avait rapporté que 41, il s'est vu obligé de citer pour soixante-unième, celle qu'il a abattue à l'œil droit du sieur Genet, hote de Nemours, sur l'œil duquel j'avais opéré en 1746 d'une manière infructueuse. En vérité M. Daviel est un galant homme. Ne pouvoit-il citer son opération, sans faire mention de la mienne ? Et puisqu'il n'a pas opéré sur le même œil, n'est-il pas évident qu'il n'a parlé de la mienne que parce qu'elle n'a pas réussi ? [...] Mais ce qui montre évidemment que c'est par une pure malice qu'il en a rendu compte, et qu'il n'y était nullement obligé pour sa justification, c'est qu'il n'y peut servir en aucune manière. En effet l'opération qu'il a faite sur le sieur Genet n'a pu être du nombre des 61 annoncées dans sa première lettre. Cette opération n'a été faite que le 6 novembre 1748, et la lettre du *Mercure* est du 30 septembre de la même année. Vous voyez, Monsieur, jusqu'où M. Daviel porte les ménagements pour ses confrères. Je crois qu'il n'a pas sujet cette fois de se plaindre de mon peu de modération. Je me suis bien donné garde de dire qu'il se trompait grossièrement, je me suis contenté de le faire voir. »

On peut imaginer qu'à la Cour on dut se gausser de la lecture d'un tel article. Sans doute les partisans et les détracteurs de Jacques Daviel se retrouvèrent-ils dans la jubilation qui accompagne secrètement tout ce qui porte atteinte aux valeurs qui s'affirment.

Chapitre VI

LA MISE À L'ÉPREUVE

Daviel, désormais convaincu que la meilleure façon d'opérer la cataracte est l'extraction, n'hésite plus entre celle-ci et l'abaissement. Nous avons vu qu'il a extrait le cristallin de la Princesse Palatine. À Cologne, Liège, Strasbourg et Metz, en chaque lieu où il a opéré à son retour du Palatinat, il a appliqué sa nouvelle méthode. « Comme j'eus l'occasion de passer à Liège, et de m'y arrêter pendant quelque temps, j'y fis six opérations par cette méthode avec le plus grand succès, et que je fis à Cologne sur un religieux eut un succès d'autant plus frappant, que la cataracte se trouva molle comme de la gelée ; cependant ce religieux fut en état de dire sa messe quinze jours après l'opération [1]. » Ces succès encouragent Daviel à appliquer l'extraction sur une grande échelle et à diffuser sa méthode. Du 15 septembre au 5 octobre 1751, il se trouve à Reims. L'objet du voyage est d'opérer les patients rassemblés par son confrère et ami Caqué. Dès son arrivée, Daviel examine les vingt-quatre malades qui l'attendent, écrit leurs observations et met en place les dispositifs pour opérer [2]. On retrouve dans la relation des gestes de Daviel que Caqué note de précieuses indications sur la manière de procéder du célèbre oculiste au fait de son talent. Il « ne prépare nullement les malades à moins qu'ils ne soient attaqués de quelque maladie actuelle »

1. « Pour voir les objets distinctement après l'opération, on supplée au crystallin qu'on a abaissé (ou extrait) par le secours d'un verre qui fait en quelque façon au dehors la fonction que le crystallin avait en dedans », J. Daviel.
1. H. Delacroix, *Jacques Daviel à Reims, Michaud à Rennes et Paris*, G. Masson, 1890.

(infection ?). Il retient pour indiquées « aussi bien les cataractes molles comme les solides », celles qu'il peut considérer comme très mûres et donc molles et qui sont différentes de celles dont l'aspect implique une grande cohésion du cristallin. Il refuse d'extraire des cristallins dont la couleur ne l'inspire pas ; bleu céleste avec un peu de vert ou de jaune qui pourraient correspondre à des cataractes secondaires ou à des maladies oculaires profondes. Il en est de même pour les yeux atteints de la « goutte sereine », ou amaurose, c'est-à-dire d'une cécité attribuée à l'époque à une atteinte de la rétine ou du nerf optique, qui contre-indique à l'évidence toute intervention sur le cristallin. Ensuite Daviel se met à la tâche. Quarante-trois interventions en moins de vingt jours, quelques-unes chaque jour et parfois sur la même personne, en série, sur des malades de tous les milieux, des notables aux plus modestes. Caqué décrit la scène. Daviel « fait asseoir le malade sur un tabouret bas, vis-à-vis du grand jour ; il fait mettre un bandeau sur l'œil qu'il ne veut pas opérer. S'il y a deux cataractes à opérer il commence toujours par celle de l'œil gauche. [Il était sans doute droitier pour préférer commencer par l'œil gauche qui s'offre plus naturellement, dans le cas du droitier, à l'incision et réserve donc davantage de chance de succès.] L'opérateur se pose sur un siège fort haut [il se mettait ici sur le bras d'un fauteuil, apparemment parce qu'il n'avait pas de siège commode]. Il est situé du côté droit du malade. Il fait mettre ensuite, devant le malade, une chaise simple dont le dossier soit à peu près à la hauteur du visage et cela pour appuyer son bras dans le temps de l'opération, en cas de besoin... Un serviteur entendu tient la tête du malade appuyée contre sa poitrine [1] ». On ne peut être qu'attendri à la lecture de cette description des moyens dérisoires que l'époque réservait aux hommes : un tabouret, le bras d'un fauteuil, la lumière du jour [2]. Continuons cette étrange énumération : le dossier d'une chaise pour fixer la main, un malade inquiet tenu fermement par un aide, un œil non anesthésié, sans dilatation pupillaire, mobile, un geste rapide et pourtant décomposé en plusieurs temps que le malade doit supporter sans s'agiter, encore plus

1. H. Delacroix, *op. cit.*

2. Le plus étonnant dans cette description des conditions de la chirurgie qu'accomplit Daviel est l'absence de référence à un port quelconque de lunettes par Daviel opérant. Est-ce un oubli, car dix ans plus tard, d'Apples, qui décrira Daviel opérant, précisera qu'il se munissait de verres correcteurs ? Si ce n'est un oubli, on pourrait en déduire qu'il était légèrement myope. On pourrait le supposer sur la simple évidence qu'à cinquante-sept ans, pour un sujet emmétrope, les lunettes se révèlent indispensables à la réalisation d'un geste aussi précis que celui d'opérer la cataracte, à moins que l'opérateur ne soit modérément myope. L'observation du portrait de Jacques réalisé par Nonotte à la même époque pourrait laisser deviner, dans les yeux un peu saillants de l'oculiste, la douceur d'un regard un peu vague, la trace d'une légère myopie. Cela ne serait pas en contradiction avec le fait que, dix ans plus tard, Daviel ait dû porter des lunettes.

difficile à accomplir de la main gauche que de la main droite, à moins d'être gaucher... On ne louera jamais assez le courage des patients et l'audace des oculistes dans cette volonté de guérir. Une audace que Daviel a décuplée. Comme on le verra plus tard, afin d'améliorer les résultats de l'opération, Daviel la rendra plus difficile, plus compliquée en quelque sorte par l'addition de plusieurs gestes et l'usage de plusieurs instruments. On le lui reprochera et on en fera un argument contre sa méthode qu'il devra modifier en certains points.

Ses quarante-trois cataractes exécutées, Daviel regagne Paris. Il a laissé à Caqué les instructions concernant la surveillance postopératoire : pansement quotidien, régime alimentaire sain et parfois saignée. Il rejoint le roi à Choisy-le-Roi où il reprend son service. Il reste en contact avec Caqué, lui demandant des nouvelles de ses connaissances : « Comment vont M. le chanoine Grand Vallet de Reims et M. le Président de Sedan, la maréchale et la menuisière, la femme de Reilly et les autres [1] ? » Il s'irrite de ne pas avoir de prompte réponse. On le sent inquiet. En réalité, il a eu vent dès son retour de Reims d'une cabale à son endroit. Des rumeurs tout d'abord, déplaisantes, certes, mais dont il n'a qu'une très vague idée. Puis, soudain, la confirmation qu'une lettre a été envoyée de Reims à M. Chapillon, conseiller du comité perpétuel de l'Académie de chirurgie, une lettre anonyme de surcroît. Que dit cette lettre ? « Douze [de ses] opérés seulement pouvaient à peine distinguer un objet à deux ou trois pieds de distance. » Elle insinue que la nouvelle méthode de Daviel ne mérite pas l'intérêt qu'on lui porte. Elle tend à remettre en cause son bien-fondé et prétend que les résultats obtenus avec elle ne méritent pas plus d'intérêt que ceux de la procédure classique, peut-être moins encore. Des amis viennent au secours de Daviel, Benomont en particulier, mais l'offensé se charge de sa propre défense et contre-attaque avec une rare violence : « Il y a longtemps que ma réputation est à l'abri de la méchanceté et un semblable trait ne peut partir que d'un ignorant et d'un jaloux de profession. Je découvrirai son nom et ne manquerai pas de le remercier de ses bons offices. » On pense qu'il s'agirait d'un certain Muscux. Mais surtout Daviel veut prouver que ce que l'on dit est faux. Il écrit à Caqué pour l'engager à retrouver tous les malades, à aller les voir chez eux, et à couvrir les frais de cette enquête. Il rappelle les noms des opérés, l'état de leurs yeux à son départ de Reims et sollicite Caqué « de vouloir bien mettre dans la marge, le véritable état des malades et de bien faire légaliser le tout pour le présenter à l'Académie ». C'est que la leçon de Roussilles a servi. Daviel sait combien il lui a été préjudiciable de ne pas avoir été assez précis dans

1. *In* H. Delacroix, *op. cit.*

ses affirmations ainsi que dans la liste de ses malades. Caqué accomplira correctement sa tâche, d'autant qu'il en espère des avantages. Ses réponses serviront la réputation de Daviel, et celui-ci, aidé de quelques amis, le fera élire à l'Académie de chirurgie en mai 1752.

L'affaire de Reims, après celles du *Mercure de France*, montre que l'on parle désormais beaucoup de Daviel et de sa manière d'opérer la cataracte. Il a su concentrer le débat sur cette affection si commune de l'œil et avancer des idées thérapeutiques nouvelles. Mais ces idées mêmes demeurent controversées. L'Académie de chirurgie n'avait elle-même qu'une connaissance imparfaite des travaux de Jacques, car il ne les y avait encore jamais officiellement présentés. Elle accueille la plainte de Reims et les échos de la presse sans avoir jamais été le lieu d'un vrai débat sur la méthode d'extraction de la cataracte. Il est désormais urgent pour Daviel de prendre date, avant que d'autres ne présentent sa méthode sous un jour défavorable ou ne saisissent l'occasion d'une paternité imméritée en publiant une méthode semblable à la sienne. Il a opéré à plusieurs reprises devant des témoins. Son élève J.-B. Thurand doit incessamment publier une thèse qu'il a inspirée, décrivant sa méthode. Le moment est bien choisi pour présenter devant l'Académie royale de chirurgie la somme de ses travaux concernant l'opération de la cataracte. Il prend donc date pour le 13 avril et le 16 novembre 1752, afin de répéter deux fois la même lecture devant la noble compagnie, comme le voulait la coutume.

Chapitre VII

NAISSANCE OFFICIELLE D'UNE NOUVELLE MÉTHODE POUR OPÉRER LA CATARACTE

Le grand amphithéâtre du collège de chirurgie de Saint-Côme, où se tenaient les séances de l'Académie royale de chirurgie les mardi et jeudi après-midi, de 15 heures à 17 heures, se situait rue des Cordeliers. On peut encore retrouver derrière le haut portail du 5 de la rue de l'École-de-Médecine l'entrée de cette construction octogonale surmontée d'un dôme à fenêtres, construite par Charles et Louis Joubert. Lorsqu'elle ne sera plus le lieu des réunions de l'Académie, elle deviendra une école de dessin puis une partie de l'École des arts décoratifs, avant de voir un jour la naissance de Sarah Bernhardt. La règle voulait que l'on présentât des communications, lues à deux reprises et parfois envoyées devant une commission pour une étude approfondie. Chaque présentation était l'occasion d'une discussion souvent passionnée. Lorsque Daviel présente son mémoire pour la première fois, le 13 avril, M. de La Martinière préside la séance, et Morand assure les fonctions de secrétaire perpétuel. Tous deux sont des amis de Daviel. Morand est déjà intervenu à plusieurs reprises dans la vie de Jacques, et indirectement dans sa décision de rejoindre Paris. Les deux hommes se croisent aux Invalides, et à Versailles où ils sont compagnons de fonction auprès du roi. Aussi Daviel se sent-il entouré, même s'il reconnait dans l'assistance quelques-uns de ceux qu'il n'aime guère et qui le lui rendent bien. Il sait aussi qu'il a bien préparé sa communication et se réjouit même de ce qu'il en attend. En somme, il est sûr de lui, et c'est d'un ton très assuré qu'il commence sa démonstration. Celle-ci est d'une magistrale clarté. Daviel a choisi de développer son sujet selon l'ordre chronologique de ses réflexions. Il maintient savamment son auditoire en haleine. Les arguments s'égrènent successivement alors que l'on retrouve les cas de l'ermite, de Garion, de la Princesse Palatine, pour nous faire partager le choix de Daviel en faveur de l'*extraction* du cristallin. Puis il parvient au moment important de son discours, la description de sa méthode opératoire : « Je prépare le malade suivant la manière ordinaire et connue : le jour déterminé pour l'opération, je dispose l'appareil qui consiste en bandeaux, compresses, petits morceaux de linge, emplâtre de diapalme de figure ovale, petites éponges, morceaux de coton en rames, de l'eau chaude, et du vin. Les instruments que j'emploie sont une aiguille pointue, tranchante et demi-courbée, ayant la forme d'une lancette, destinée à la première ouverture, une aiguille mousse tranchante et demi-courbée, pour agrandir la même ouverture, deux paires de ciseaux courbes convexes, une petite spatule d'or, d'argent ou d'acier, légèrement courbée pour relever la cornée, une autre petite aiguille pointue et tranchante des deux côtés pour ouvrir la membrane qui recouvre antérieurement le cristallin [1], une petite curette d'or, d'argent, ou d'acier, pour faciliter quelquefois l'issue du cristallin, ou tirer les fragments de ce corps, lorsqu'il en est resté dans le trou de la prunelle, une petite pincette pour emporter les portions de membrane qui pourraient se présenter.

« Tous ces instruments seront rangés par ordre sur une assiette, et remis entre les mains d'un élève qui aura soin de les donner au chirurgien selon qu'il en aura besoin.

« Tout étant ainsi disposé, le malade sera placé dans une chambre médiocrement éclairée, afin que le trop grand jour ne fasse rétrécir la prunelle, et ne pénètre pas dans l'œil avec trop de force après l'opération, ce qui pourrait l'offusquer.

« Le malade sera assis sur une chaise un peu basse ou sur un tabouret ; celui qui opère s'assoira devant le malade sur une chaise plus élevée que lui, et vis-à-vis, afin qu'en opérant il appuye ses coudes sur ses genoux. Il couvrira l'autre œil avec un bandeau, ensuite de quoi un élève placé derrière le malade posera une main sur le front en allongeant deux doigts sur la paupière supérieure et l'autre main sous le menton.

« Le chirurgien baisse la paupière inférieure, et prenant la première aiguille, il la plonge dans la chambre antérieure près de la sclérotique [2], évitant cependant de blesser l'iris, et la porte jusqu'au-dessus de la prunelle, il la retire ensuite doucement pour prendre l'aiguille mousse, avec laquelle il agrandira l'incision commencée, en portant cette aiguille à droite et à gauche pour ouvrir la cornée en forme de croissant suivant

1. La capsule du cristallin.
2. Au limbe.

sa rondeur [1]. Mais comme la cornée se trouve alors un peu lâche, le chirurgien prend des ciseaux courbes convexes dont il introduira la branche mousse entre cette membrane et l'iris, et achèvera la section tant d'un côté que de l'autre afin de la porter de chaque côté un peu au-dessus de la prunelle. On observera que la courbure des ciseaux doit regarder le globe et que par rapport à leur courbure sur le plat il en faut deux paires pour s'accommoder à la rondeur de la cornée d'un côté et de l'autre.

« Le chirurgien prend ensuite la petite spatule avec laquelle il relève doucement la partie de la cornée qui a été coupée, et incise avec la petite aiguille pointue et tranchante la membrane du cristallin. Quelquefois il faut couper cette membrane circulairement, et l'emporter en entier si elle étoit épaisse et ridée, de peur qu'elle ne bouche la prunelle ; et alors cette membrane étant bien coupée, on peut l'emporter avec les petites pincettes.

« Après avoir coupé la membrane qui enveloppe le cristallin, on aura soin de porter la petite spatule entre ce corps et l'iris pour détacher absolument la cataracte, et faciliter son issue. On laisse ensuite retomber la calotte de la cornée pour achever l'opération.

« C'est alors que le chirurgien a besoin de toute sa prudence, *puisqu'il s'agit de tirer le voile qui cachoit la lumière*. Il faut pour cela presser doucement le globe de l'œil sans le fatiguer, (voyez les doigts appliqués pour cela [II.] [2], par là on évite la rupture de la membrane postérieure du cristallin qui sert de digue, et qui empêche la sortie de l'humeur vitrée, on voit avec plaisir la prunelle s'élargir peu à peu ; et le cristallin ayant une fois présenté son biseau, glisse doucement dans la chambre antérieure, et de là sur la joue. Alors la prunelle paraît claire, le nuage qui couvroit l'œil est dissipé, et le malade auparavant plongé dans les ténèbres revoit le jour avec autant d'étonnement que de satisfaction, on rétablit la prunelle qui se dérange quelquefois par la sortie du cristallin, surtout lorsqu'il est dur et solide, et d'un gros volume.

« L'opération faite, on fait retourner le malade, pour empêcher l'impression d'un trop grand jour. »

Cette longue description technique prouve la paternité de Daviel dans la genèse de cette méthode. Tout ce qui avait été dit avant et qui pouvait ressembler quelque peu à cette procédure chirurgicale n'avait été que le fruit du hasard et n'avait jamais fait l'objet d'une description si approfondie, si réfléchie et si précise. C'est pourquoi Daviel a pris tant de soins à décrire, pas à pas, ce qu'il connaît si bien, ce qu'il a vécu si souvent et que l'on retrouve dans son récit. « On voit avec plaisir la pru-

1. Le tracé du limbe.
2. Daviel montre des planches illustrant les instruments ou la fonction des doigts.

nelle s'élargir peu à peu [...] on tire le voile qui cachoit la lumière, etc. » C'est pourquoi il cite aussi Petit, qui avait eu une idée similaire, ainsi qu'Avicenne, dont son élève Thurand rappelle dans sa thèse qu'il a évoqué une opération semblable. Mais, ajoute Daviel, « nous a-t-il laissé expressément la façon de faire cette opération ? n'aurais-je pas la gloire de l'avoir renouvelée, et d'avoir publié les moyens de la pratiquer ? Il ne faut donc plus avoir égard qu'au témoignage des auteurs qui ont parlé de l'extraction de la cataracte ; je n'en connais que deux, Messieurs Freytag et Heister. Le premier n'avait en vue que la cataracte membraneuse et il a été suffisamment réfuté par M. Heister, qui met en doute son opération. Le second (ce M. Heister)... dit qu'on lui a rapporté que M. Taylor, oculiste anglais, s'était vanté de pouvoir tirer les cataractes adhérentes derrière l'uvée par une plaie faite à la cornée dès 1737 mais le témoignage de M. Van Swieten membre de l'Académie de Vienne réfute sans conteste cette hypothèse [1] ».

Daviel, qui ne néglige aucun argument, conforte enfin sa position avec les témoignages favorables de M. Walken, médecin de l'Électeur palatin, son collègue, et de M. Mauchard, professeur en médecine à Tubingue, premier médecin du duc de Virtemberg (*sic*), « sans contredit le plus fameux oculiste de toute l'Allemagne ». Son exposé se termine par ce vœu : « J'attends du public même la justice que j'ai lieu d'en espérer ; et j'ai cru ne pouvoir mieux faire, pour me la concilier, que de déposer ma découverte dans les Fastes de L'Académie. »

Comme après chaque présentation devant l'Académie, une discussion s'engage, qui se conclut par un avis favorable donné à la thèse de Daviel. Il s'y attend sans doute, mais n'a pas manqué de préparer avec une particulière attention son discours. On y retrouve les traces des contradictions qu'avait opposées Roussilles à ses lettres dans le *Mercure de France*. Petit, Avicenne, Taylor, Heister ont été, en quelque sorte, neutralisés par une argumentation difficilement critiquable. Revenant sur l'affaire de Reims, l'Académie elle-même avait fait des recherches (sur la base du rapport de Caqué), concernant trente-quatre des quarante-trois opérés. Elle conclut que « dix-sept ont parfaitement bien réussi ; il y en a huit dont le succès est médiocre, et neuf qui ont été suivis de la perte de la vue. Sur ce nombre six des yeux opérés ont la prunelle sans ressort, et il y a eu à deux, des staphylomes qui ont disparu peu à peu ». Comme on le voit, si la méthode est nouvelle, elle ne diffère guère encore du classique abaissement dans la proportion des succès. Daviel

1. M. Van Swieten avait été sollicité par M. de Vermale pour évaluer le texte de la communication de Daviel. Soulignons au passage le sérieux des méthodes d'évaluation des textes présentés à l'Académie. Ceux-ci étaient soumis à des experts internationaux avant d'être acceptés.

ne disait-il pas à Joyeuse « par l'ancienne méthode on est souvent fort heureux, lorsque sur dix opérations on réussit à cinq ou six, et quelquefois moins » ? On n'annonce ici que dix-sept succès sur trente-quatre opérés, le même score ! Nous verrons que ce point sera longtemps discuté. Il ne semble pas qu'à l'Académie on ait cherché à approfondir cette question sur le moment. Dans la même séance, René Croissant de Garangeot affirme qu'il a utilisé la méthode de Daviel avec succès. Toutefois, on fait remarquer que celle-ci nécessite un trop grand nombre d'instruments et l'on se propose de le réduire. « M. Natalis Giuseppe Palucci, Chirurgien du Grand Duc de Toscane et de leurs Majestés Impériales, s'était proposé de faire cette incision [1] avec un seul instrument. » M. Poyer, chirurgien interne de l'Hôtel-Dieu de Paris, en propose un autre composé « d'une lame en forme de langue de serpent » assortie d'un fil qui permet de fixer l'œil pendant que l'on sectionne la cornée. C'est sur les cadavres que l'interne de l'Hôtel-Dieu a essayé son système, que M. Morand propose d'expérimenter sur le vivant. M. La Faye a aussi son instrument. La description qu'il en donne dans le tome II des *Mémoires de l'Académie de chirurgie* évoque une « espèce de petit bistouri [...] à la lame fort mince, un peu convexe sur son plat [...] très pointu, bien tranchant », dont il se sert de la manière suivante : « J'approche les cuisses du malade et je m'assieds dessus, de façon qu'elles sont passées entre mes jambes comme beaucoup d'oculistes le font. » Il aborde alors la cornée puis la « membrane crystalline » et, dit-il, « je n'ai point été quelquefois une minute pour le faire [...] la mobilité de l'œil qui arrive toujours, à l'approche d'un instrument quelconque, est la seule difficulté que j'aie rencontrée, mais on la surmonte avec un peu de patience ». L'avantage sur lequel insiste La Faye concerne surtout la douleur qui serait moins vive avec son instrument qu'avec ceux de Daviel qui obligent à décomposer les gestes en quatre temps. Mais, ajoute-t-il fort respectueusement, « mon intention n'est pas de diminuer le mérite de cette nouvelle intervention, ni des instruments imaginés par M. Daviel [...]. Ainsi je suis persuadé que M. Daviel qui n'a d'autres vues que les progrès de son art sera charmé des efforts que l'on fait pour perfectionner une méthode qu'il a mise en usage »

Indiscutablement, Jacques Daviel avait ouvert une ère nouvelle dans les techniques d'opération de la cataracte, et sa démonstration devant l'Académie de chirurgie en consacrait le départ.

1. De la cornée.

Chapitre VIII

EXTRACTION OU ABAISSEMENT DU CRISTALLIN ?

Tous les oculistes ne sont pas aussi courtois que M. La Faye, mais tous se sentent concernés par les propos de Daviel : ceux qui sont franchement contre et qui perpétueront pendant près d'un siècle la méthode de l'abaissement ; ceux qui sont intéressés mais qui critiquent à juste titre la complexité de l'ouverture de la cornée et la nécessité d'utiliser plusieurs instruments ; ceux enfin qui ne sont pas convaincus des avantages de la méthode de l'extraction par rapport à celle de l'abaissement.

Beaucoup sont séduits par la pureté anatomique des intentions de Daviel qui substitue des gestes précis et efficaces à un geste de hasard sans contrôle. Une tentative de logique opératoire à la place d'un pari ! Encore faudrait-il être certain que les difficultés plus grandes que l'on aborde soient récompensées par de meilleurs résultats. Daviel en est convaincu, mais ses partisans eux-mêmes le sont moins. Aussi voit-on, un peu partout, se mettre en place une évaluation comparative des deux méthodes. L'une des plus spectaculaires a pour théâtre l'hôtel des Invalides à Paris. Elle est initiée par Morand et Poyet. On connaît les deux hommes : Morand est chirurgien-major des Invalides, et Poyet interne à l'hôpital de la Charité. Ce dernier rallie La Faye, maître de la Charité qui a également opéré à l'Hôtel-Dieu et aux armées. Tous trois mettent au point un projet qu'ils soumettent au marquis de Paulmy, administrateur des Invalides. Ce dernier consent à ce que l'on opère dix-neuf vétérans du fameux hospice militaire, porteurs de cataracte. Nous ignorons si l'on avait averti ces futurs opérés de la manœuvre. Toutefois, celle-ci repose sur un protocole précis et fort sérieux qui sera contrôlé dans son déroulement par des personnalités au-dessus de tout soupçon. Ces observateurs seront Jean Sénac, premier médecin du roi, Germain Pichaut de La Martinière, premier chirurgien, Munier, médecin assistant-major aux Invalides, Xavier Bouquot de l'Hôtel-Dieu et au moins six autres chirurgiens de qualité. On ne peut qu'apprécier la modernité du protocole. Tous les patients seront préparés de la même façon ; saignés, purgés et mis à la diète. Trois groupes seront constitués, deux de six patients et un de sept. Chaque groupe sera opéré par un même opérateur. La Faye exigera d'utiliser ses deux instruments pour extraire les cristallins. Poyet, qui opérera sept malades, utilisera pour l'extraction son instrument bizarre que l'Académie de chirurgie avait analysé et que Morand avait proposé de tester sur des « vivants ». Morand sera le seul à utiliser l'abaissement. Le tome II des *Mémoires de l'Académie de chirurgie* rapporte, sous la plume de S. F. Morand et C. Verdier, les résultats de cette étude comparative. On ne peut qu'admirer l'effort entrepris par ces chirurgiens pour déterminer la meilleure façon d'opérer la cataracte. Car, en fin de compte, le but était la satisfaction du patient. Il faut avouer que les résultats ne sont pas à la hauteur d'une si noble intention. Ainsi, il fut impossible d'interpréter les réponses des patients sur la question de la douleur. Comparant la piqûre nécessaire à l'abaissement, théoriquement peu douloureuse, à l'incision plus traumatisante de la cornée, nécessaire à l'extraction, il fut impossible de trancher. « Vous êtes les seuls à pouvoir répondre à cette question », dirent-ils devant l'insistance des questionneurs qui n'arrivaient pas à leur faire préciser ce qu'ils pensaient. Le seuil de la douleur était-il si amoindri en ce temps où aucun analgésique ou anesthésique n'existait ? Que penseraient les opérés d'aujourd'hui si l'on piquait ou ouvrait leur œil sans anesthésie ? Sans doute la piqûre était-elle moins douloureuse que la large incision cornéenne de Daviel, mais il s'agissait de vieux soldats aguerris dont on sait que les chirurgiens militaires les recousaient, les amputaient avec, pour tous moyens, l'adresse, la rapidité et une bonne dose d'alcool.

Les opérés du 11 juin 1753 furent revus par les juges de l'expérience, les 11 et le 25 juillet. Les résultats furent appréciés de la façon suivante :

Vision postopératoire des patients	Bonne	Identique	Nulle
Morand (Abaissement)	3		3
Poyet (Extraction)	2	3	2
La Faye (Extraction)	2	2	2
Total	7	5	7

On ne peut pas dire que l'extraction apportait un avantage significatif par rapport à l'abaissement. Mais elle n'avait pas les conséquences néfastes que ses détracteurs avaient annoncées pour les opérés de Reims. Tout au plus cette démonstration sérieuse et académique prouvait-elle que l'extraction était aussi performante que l'abaissement dans ses résultats visuels. Tous les chirurgiens sérieux pouvaient aussi en déduire qu'une fois réalisée elle comportait une sécurité que l'abaissement était loin d'assurer, tant les « remontées » du cristallin derrière la pupille étaient fréquentes, de même que les intolérances qu'il entraînait par sa présence dans les milieux de l'œil.

Sans doute Jacques Daviel suivit-il avec intérêt l'évolution des positions de ses confrères vis-à-vis de sa découverte, encore que les facteurs qui l'avaient déterminé à lui donner enfin cette publicité s'inspiraient d'une longue et profonde conviction. Peu lui importait au fond qu'on adhérât ou non à ses propos. Sa pratique quotidienne lui offrait, par le nombre de cas qu'il avait opérés et qu'il opérait jour après jour, des arguments que les petites séries de malades de ses collègues n'affectaient guère. Jacques Daviel savait qu'il avait raison et il en était serein.

Chapitre IX

LE PERFECTIONNEMENT DE LA MÉTHODE

Quelles que soient les tentatives de ses rivaux, Daviel ne perd pas son temps en de vaines querelles. Seul lui importe le succès de sa méthode, et il n'est pas décidé à laisser aux autres le soin de l'accaparer et de la perfectionner. Il a très rapidement saisi le sens des critiques qu'on lui a opposées. Pour efficaces qu'ils soient, ses gestes sont trop compliqués. Il faut simplifier. La Faye a prouvé devant lui l'intérêt de son couteau. Si Sharp l'a compris grâce à la complicité de Morand, Daviel en a saisi tout seul les avantages. À partir de cet instrument, il modifie les siens. Son incision même, qu'il portait exactement à la jonction de la cornée et de la sclère, deviendra un peu plus courte. Quasi semi-circulaire sur ses premiers schémas, atteignant ainsi le grand diamètre horizontal de la cornée, elle diminuera insensiblement, restant « un peu au-dessous de la pupille ». Plus tard encore, mais ce sera presque à la fin de sa vie, Jacques tentera d'en modifier la forme. Elle sera strictement placée en cornée et triangulaire, inférieure ou temporale. Toutefois, ce ne semble avoir été que des essais. Jacques définira les meilleures attitudes à opposer à des capsules cristalliniennes résistantes à l'ouverture, et proposera d'en exciser une portion centrale avant l'extraction du cristallin. Il n'hésitera pas à associer à l'extraction des gestes sur l'iris et, dans ce sens, se révélera un promoteur de la chirurgie irienne. Il décrira les incisions de l'iris (iridotomie) et les excisions d'une partie de l'iris lorsque celui-ci est hernié (iridectomie). Il plaidera même parfois pour la reconstitution artificielle d'une pupille en incisant l'iris (corépraxie), ouvrant la voie à des attitudes qui, au XIXe siècle, deviendront systématiques. Cet esprit d'invention, cet opportunisme opératoire, ce goût des tentatives nouvelles ne le quitteront jamais.

Daviel contribuait ainsi à améliorer sa méthode. Nécessitant des instruments plus efficaces, celle-ci allait donner naissance à une nouvelle industrie : celle des outils de la cataracte. Les gestes devenus plus précis exigent des fils de couteau plus fins, des courbes de ciseaux plus régulières. Aussi ces instruments, ainsi que les aiguilles, les spatules en or ou en argent, seront-ils recréés, modifiés selon les désirs de tous ceux qui adopteront la technique d'extraction de Daviel. Ces derniers seront de plus en plus nombreux en France et en Europe : Michael et Jacob de Wenzel, Jonathan Wathen, Joseph Warner, Jacques René Tenon, Pierre François Pamard, August Gottlieb Richter, Joseph Beer et Thomas Young. De leur côté, les fidèles de l'abaissement défendront pied à pied leur méthode. On retrouve parmi eux : Percivall Pott en Angleterre, Guillaume Dupuytren en France, Antonio Scarpa en Italie, Conrad Johann Martin Langenbeck et Wilhelm Heinrich Julian Buchhorn en Allemagne, qui ne sont pas les moins célèbres des ophtalmologistes du temps. De leur refus d'adopter l'extraction du cristallin naîtra ce siècle d'hésitation pendant lequel s'opposeront en de violentes joutes les partisans de l'abaissement et ceux de l'extraction de la cataracte.

Autour de ces praticiens s'agiteront aussi les itinérants de l'ophtalmologie, qui, quoique revendiquant comme le chevalier Taylor l'invention de l'extraction, n'en continueront pas moins à pratiquer l'abaissement et à rechercher d'autres avantages que ceux qu'apporte la science. Nous avons fréquenté le chevalier Taylor, qui continue ses périples en Europe. Casanova le cite dans ses *Mémoires* : la fille de sa logeuse, Marguerite, avait perdu un œil à cause de la petite vérole et voulut se faire changer sa prothèse pour six sequins. On doit aussi à l'illustre auteur des *Mémoires* un savoureux témoignage sur le « chevalier » Tadini, prétendu comte de Palatinat et oculiste de la cour royale de France. Il l'avait connu à Varsovie par l'intermédiaire de Tomatis, un aventurier italien, joueur professionnel et directeur de l'Opera-Buffa de Varsovie dont il avait obtenu la direction en partageant les charmes d'une maîtresse du roi de Pologne, la Gattaï.

Ce Tadini parlait à tout le monde de ses opérations, et condamnait un oculiste établi à Varsovie depuis vingt ans, parce que, disait-il, il ignorait le moyen d'extraire la cataracte [1]. Il se voulait même l'inventeur d'un cristallin en cristal qu'il plaçait dans la cornée (?) après l'extraction pour corriger la vision. Malgré ses prétentions il n'eut guère d'avenir en ophtalmologie. Casanova devait le retrouver, en qualité de simple sol-

1. Casanova, *Mémoires*, Paris, Gallimard, Bibliothèque de la Pléiade, 1960.

dat, gardien de la prison de Barcelone où le mémorialiste devait être conduit.

Ainsi, peu de temps après la publication des travaux de Daviel, peut-on trouver les preuves des débats qu'ils suscitaient. Au-delà même du cercle des spécialistes, on n'hésitait pas à prendre parti pour ou contre l'extraction. Casanova lui-même confesse qu'il était convaincu que c'était la meilleure manière d'opérer la cataracte. Scientifique ou mondain, le débat durera un siècle, qui opposera les tenants de l'extraction à ceux de l'abaissement. Mais déjà la rumeur publique a fait ses choix, car elle saisit toujours les facteurs de modernité dès leur naissance et leur donne abusivement une importance plus grande que celle qu'ils ont encore méritée. Au risque parfois de cruels démentis.

Chapitre X

UNE PATERNITÉ FRAGILE

Jacques Daviel est-il bien le premier et le seul inventeur de l'extraction de la cataracte ? Certains historiens ont mis en doute sa paternité en lui opposant un chirurgien londonien légèrement plus jeune que lui, Samuel Sharp [1]. Il est vrai que d'Arcy Power, dans son *Dictionary of National Biography,* parle de lui comme du « lien le plus évident entre l'ancienne et la nouvelle chirurgie ». Il assura en effet la transition entre deux célèbres chirurgiens anglais, William Chedelsen (1698-1752) et William Hunter (1718-1783), mais cela ne fait pas de lui un spécialiste de l'oculistique. Sharp avait effectué ses années d'apprentissage à Paris où il était arrivé en 1720 alors qu'il avait tout juste vingt ans. Il y avait appris le français et y avait acquis une parfaite connaissance de la pratique chirurgicale parisienne, que ses confrères lui reconnaissaient. De retour à Londres, il était devenu chirurgien au Guy's Hospital, et y avait développé un cours d'anatomie réputé. Très jeune il avait publié des livres de chirurgie appréciés, dont certains seront traduits en français. Il avait gardé de nombreuses relations françaises et entretenait des échanges réguliers avec ses collègues parisiens, tout particulièrement avec Morand, le secrétaire de l'Académie de chirurgie. En cette époque florissante de la science française, Morand était très favorable aux échanges internationaux ; il aimait attirer les médecins étrangers. Entiché de savoir britannique, il participait à sa diffusion en France. Son

1. Alvin A. Hubbel, « Jacques Daviel and the beginning of the modern operation of cataract extraction », *The Journal of the Medical Association*, 39, p. 171-185, 1902.

amitié avec Sharp répondait à ce souci. Ce dernier lui en était reconnaissant, au point de le citer dans l'une de ses publications [1]. Cet article, source principale ayant permis de faire de Sharp l'inventeur de la méthode d'extraction de la cataracte, sinon avant Daviel du moins au même titre que lui, commence pourtant par un hommage explicite à ce dernier : « L'opération qui consiste à évacuer les masses cristalliniennes de l'œil au cours de la cataracte, a été inventée depuis peu par M. Daviel qui l'a pratiquée sur un grand nombre de patients, et qui continue à le faire avec un remarquable succès, comme je l'ai appris d'une indéniable autorité. » « L'indéniable autorité » est Morand, dont le nom est cité en bas de page, et qui mérite bien ces citations car il semble avoir fait parvenir à Sharp, dans des délais étonnamment courts, la description du couteau à cataracte de La Faye, imaginé à partir des descriptions de Daviel. Le but de Sharp est en fait de présenter un nouvel instrument pour effectuer l'opération de Daviel, de revendiquer une « nouvelle manière d'ouvrir la cornée par laquelle je me flatte de dire que l'opération de Daviel est très raccourcie, que le patient souffre beaucoup moins et que chaque opérateur entraîné sera capable de réaliser ».

L'historienne Dora B. Weiner s'interroge avec beaucoup de pertinence sur les raisons pour lesquelles Sharp a publié cet article [2]. Elle reprend avec beaucoup de précision les étapes qui ont précédé la publication de l'article, rappelant que la première description du couteau de Georges de La Faye fut donnée par ce dernier, le 11 novembre 1752, au cours d'une conférence destinée à ses étudiants. Sharp avoue avoir utilisé un tel couteau ou sa copie, à Londres, le 7 avril 1753. Cinq jours plus tard, le 12 avril, il en présente les avantages devant la Royal Society de Londres. Combien de cataractes a-t-il donc pu opérer pendant ces cinq jours, qui l'autorisent à vanter sa méthode ? Le 11 juin, il n'en aura opéré que sept ! Sept en deux mois, combien donc en cinq jours ? une, deux ? Alors, s'interroge Dora Weiner, « pourquoi cette hâte, ce soudain intérêt pour l'ophtalmologie ? » et cette présentation devant ses pairs, si ce n'est pour profiter de l'importance, de la simplicité, de la sécurité de la procédure de Daviel ? Se rendant compte que son expérience n'avait aucune consistance sérieuse, Sharp voudra la compléter en présentant une seconde communication devant la Royal Society le 22 novembre suivant. Il aura alors dix-neuf opérations à son crédit. Qu'est-ce à côté des deux cent six cataractes présentées devant l'Acadé-

1. S. Sharp, « A description of a new method of opening the cornea, in order to extract the crystallin Humor », 7 avril 1753.
2. D. B. Weiner, « An eighteenth battle for priority : Jacques Daviel (1693-1762) and the extraction of the Cataracts », *The Journal of history of Medecine and allied Sciences*, vol. 41, 1986.

mie de chirurgie par Daviel ? Le fait d'avoir apporté une innovation technologique – empruntée à La Faye – permettant de simplifier la procédure d'extraction de la cataracte semblerait conférer à Sharp, dans le monde anglophone, plus de mérite que l'audace, l'obstination et l'application clinique de Daviel. C'est donner beaucoup d'importance à une présentation devant la Royal Society, précipitée et bâclée. C'est mépriser insolemment les conclusions de Daviel dont les communications devant l'Académie de chirurgie de Paris ne pouvaient être taxées d'impréparation et qui en tout état de cause bénéficiaient d'une antériorité incontestable [1]. Aussi est-il logique de s'opposer avec Dora Weiner au sentiment exprimé par Hubbel qui écrit : « Il [Sharp] prit Daviel par la main et fit triompher une cause qui assura l'un des plus grands triomphes de la chirurgie moderne. » Est-il légitime de privilégier le mérite d'un chirurgien, non spécialiste de l'oculistique, de faible expérience, parce qu'il a copié un couteau, plutôt que celui qui, dans ses œuvres quotidiennes, a exprimé ce que lui avaient appris dix-huit années d'expérience oculistique exclusive ? La réponse est trop claire pour que l'on s'attarde davantage. Daviel est bien l'inventeur de l'extraction de la cataracte. Sharp se situe parmi ceux qui, à sa suite, ont choisi d'en tirer les meilleurs atouts. C'est à notre sens suffisant pour établir sa gloire sans qu'il soit utile pour autant de priver Jacques Daviel de celle qu'il a, seul, méritée, et qui consacre son adoption de l'extraction extracapsulaire de la cataracte, qui reste jusqu'à nos jour la base de nos interventions sur le cristallin.

Dora Weiner, après avoir corrigé une opinion très répandue dans les traditions anglo-saxonnes, accorde à Hubbel des circonstances atténuantes. En 1902, lors de la rédaction de son travail, il ne disposait pas de bonnes traductions des œuvres de Daviel. La plupart étaient tirées de *Geschichte der Augenheilkunde* de Julius Hirschberg, dont les premiers volumes avaient commencé à paraître en 1899. Il a été influencé par le fait qu'en Angleterre le sentiment d'une gloire partagée entre Sharp et Daviel persistait que rien ne contredisait, alors que nous savons désormais ce qu'il faut en penser. En outre, il n'est pas certain que les chirurgiens français n'aient eux-mêmes souhaité ce partage. La gloire de Daviel avait, peu ou prou, suscité quelques oppositions et il se peut qu'on ait été soucieux d'en diminuer les effets. L'accusation à l'égard des chirurgiens français est dure ; elle vient de Dora Weiner elle-même, qui s'interroge sur les raisons qui ont pu pousser Morand à communiquer

1. J. R. Ruston *in Studies in the History of Ophthalmology in England prior to the Year 1800*, Cambridge, Cambridge University Press, 97, 1923. On retrouve encore cette tendance à minorer la découverte de Daviel, tout comme Hubbel en 1904, voir note (1) ci-devant.

à Sharp, son ami, dès l'hiver 1752, les dernières nouveautés concernant la cataracte, alors que ce dernier n'avait même pas la réputation d'être un oculiste ? Morand n'avait-il pas envie de couper l'herbe sous les pieds de Daviel, dont la gloire devenait envahissante ? N'aurait-il pas renoué avec ce vieux réflexe qu'il avait eu en 1743, dans l'enceinte de l'Académie des sciences en s'opposant à son élection ? Peut-être avait-il pensé que l'existence d'un rival étranger atténuerait l'ascension de cet homme qui décidément occupait beaucoup de place dans une discipline marginale de la chirurgie.

Chapitre XI

L'OCULISTIQUE, UNE DISCIPLINE FAMILIALE

Jacques Daviel est désormais un oculiste très célèbre. Il lui reste dix années à vivre, et s'il ignore bien sûr que le destin en a décidé ainsi, sans doute à soixante ans ne se fait-il aucune illusion sur le temps qui lui reste devant lui. Au milieu du XVIIIe siècle, l'espérance de vie n'est guère supérieure à quarante-cinq ans pour la moyenne des Français, quoiqu'on note une nette tendance à l'augmentation de leur longévité. Il n'est, par ailleurs, fait nulle part mention, en 1753, d'un quelconque ennui de santé du fameux ophtalmologiste qui travaille sans désemparer. Il conforte sa position scientifique par des travaux académiques ; il a dirigé la thèse de Jean-Baptiste Thurant, intitulée « An in cataracta, potior lentis crystallinae extractio, per incisionem in corneo quam depressio per acum ». Les critiques énoncées à l'occasion de cette présentation devant Antoine Jussieu, président du jury, l'avaient servi dans la préparation de son Mémoire à l'Académie, présenté quelques mois plus tard. Il a récidivé en 1752 en dirigeant la thèse d'agrégation de son élève Georges Frédéric Sigevart, « De extractione cataractae, ultra perficiende ». Il impose par ces débats scientifiques la notion que l'extraction du cristallin se place désormais parmi les thèmes obligés de discussion des chirurgiens. Mais c'est surtout par la thèse de son fils qu'il pourra compléter sa démonstration et confirmer le bien-fondé de ses théories. Jacques Henri Daviel a en effet embrassé la carrière de chirurgien, à la grande satisfaction de son père ; il en sera de même de son frère cadet, Louis, qui a suivi la même voie alors que le choix du dernier des fils de Jacques, Jean-Joseph reste parfaitement ignoré de l'histoire. Jacques n'est donc plus seul à exercer l'oculistique. Ses fils habitent la maison paternelle. Partageant la passion de son père, Jacques Henri a naturellement opté pour la méthode d'extraction de la cataracte. Avant de rédiger sa thèse, il s'attache à publier, dès 1756, alors qu'il a vingt-quatre ans, un assez long article dans le *Journal des sçavans* qui, s'il n'apporte guère de nouveauté sur la méthode de son père, n'en présente pas moins des aspects cliniques pratiques destinés aux oculistes encore peu familiarisés avec le déroulement des temps opératoires de cette nouvelle manière d'aborder le cristallin. Il s'est assuré la caution de M. Mauchard, argumentateur et « sans contredit le plus fameux oculiste d'Allemagne [1] ». Le jeune disciple y évoque les indications les plus rares, en particulier les cataractes adhérentes si chères à son père et qui valurent à ce dernier les belles attaques de Roussilles ; il nie le rôle des saisons dans la réussite ou l'échec de l'opération, et s'étend sur la cicatrisation de la cornée qui était l'élément biologique nouveau que son père avait introduit dans la procédure de l'opération de la cataracte. Dans cet article intitulé « Sur les avantages de l'extraction de la cataracte. Nouvelle méthode inventée par Monsieur Daviel », on sent que le fils apporte des conseils que le père aime à répandre afin que l'extraction donne les satisfactions attendues et ne soit pas compromise par des erreurs introduites par ignorance lors de sa réalisation. Car les pires détracteurs de cette méthode sont ceux qui se révèlent incapables de l'appliquer. Il en est ainsi du frère Côme Baseilhac, guérisseur officieux, dont les tentatives d'extraction n'ont apporté que des déboires. N'avait-il pas fendu la cornée transparente « par le milieu de l'œil même, d'un angle à l'autre » ? Mais sa maladresse n'altère en rien sa virulence, et il s'affirme comme un redoutable détracteur de l'extraction. Daviel peut en rire et répondre avec cruauté « que cette opération manquée [...] ne peut qu'être comique [...] qu'il est vrai qu'elle est drôle et qu'il faut être moine pour l'avoir imaginée ». Il n'en désire pas moins préserver ses manières de faire et les imposer afin que de telles interprétations fantaisistes n'en compromettent l'avenir. Aussi la thèse de son fils vient-elle à point nommé ; elle renforce les principes qu'il a énoncés devant l'Académie quelques années plus tôt. C'est le 3 septembre 1757 que Jacques Henri Daviel la présente, sous le titre : « Utrium, cataractae tutior extractio forsicum ope ? » Son jury est présidé par le chirurgien J. Le Bas. Le titre de maître ès arts chirurgicaux à Saint-Côme lui est accordé après délibération du jury, et il peut s'enorgueillir d'avoir fait honneur au nom de Daviel si rapidement monté au faîte de la gloire.

1. Mauchard, professeur en médecine à Tübingen, premier médecin du duc de Wurtemberg, et célèbre oculiste allemand

La rue d'Argenteuil est devenue le lieu de rendez-vous de tout ce qu'il y a de renommé dans Paris. Car Jacques Daviel a déménagé. En 1751, il a quitté le quai Malaquais pour cette rue du quartier Saint-Roch. L'appartement du quai Malaquais devenait trop étroit pour la nombreuse famille ; elle regroupe à cette date les trois garçons, Jacques Henri, Louis et Jean-Joseph, et deux filles, Marie-Élisabeth et la jeune Thérèse qui n'a que vingt ans. Marie-Anne Charlotte, âgée de trente et un ans, a épousé le sieur Bouchet de Bruxelles et Magdelaine, âgée de vingt-sept ans, a convolé avec Antoine Moriau, agent de change à Paris. Nous ignorons si, à cette époque, Anne est mariée ou vit à la maison. Enfin, l'association de son fils à ses travaux a peut-être nécessité un espace plus vaste, convenant mieux à la somme des exigences de ses vies domestique et professionnelle. Le choix de la rive droite lui fait connaître un quartier très animé, moins résidentiel, certes, que les quais de la rive gauche, mais très commerçant. Il ne le quittera plus, et ne déménagera à l'avenir que de quelques rues, pour aller habiter rue des Moulins, à deux pas de son ancienne demeure. On ne peut qu'imaginer ce qu'était alors la rue d'Argenteuil, petite rue sinueuse qui conduisait à Monceaux et qui a disparu presque complètement au cours des travaux d'urbanisation qui la rectifièrent en 1826 puis la supprimèrent presque totalement en 1876 lors du tracé de l'Avenue de l'Opéra et de la rue des Pyramides. Ce quartier gardait encore à l'époque de Daviel le souvenir d'une très grande activité, celle des marchés aux chevaux et aux pourceaux, tout près de la rue de l'Échelle, et le va-et-vient des mulets portant les sacs de grains à moudre aux moulins voisins de la butte Saint-Roch dont les noms de ruelle des Mulets et rue des Moulins rappelaient le souvenir. Au milieu du XVIIIe siècle, quelques hôtels se mêlaient dans cette rue d'Argenteuil aux résidences bourgeoises ou populaires. Dans l'une de ces dernières était mort, en 1684, Corneille qui, deux années auparavant, s'y était retiré très pauvre. À l'angle de la rue d'Argenteuil et de la rue Saint-Roch, le comte d'Argental, Charles Augustin de Ferriol, habitait un hôtel, où il avait coutume de recevoir Voltaire qui appréciait le théâtre qu'il y avait créé. Ce quartier Saint-Roch était proche de la rue Sainte-Anne, qui s'était progressivement transformée au siècle précédent, passant de l'état d'une ruelle assez immonde à l'état d'une belle voie sur laquelle s'étaient construits au hasard des fortunes de beaux hôtels et de riches demeures. Grimm l'habita, de même qu'Helvétius et Sophie Volland la tendre et fidèle maîtresse de Diderot quand elle venait y voir sa sœur. Et beaucoup d'autres acteurs de la vie parisienne qui se retrouvaient dans ce quartier où Jacques Daviel va attirer ses propres clients. Car sa renommée est telle qu'on ne cesse de le solliciter, de lui écrire, de lui demander conseil, de désirer le voir opérer. Ainsi M. de La Condamine, membre de l'Académie française et de l'Académie des sciences auquel il répond : « Monsieur, si vous voulez voir faire l'extraction de la cataracte selon ma nouvelle méthode (tout à fait rectifiée et absolument changée, et très curieuse que nous n'avons point encore vue ni même entendu parler) je ferai demain matin chez moi cette opération sur les deux yeux d'un malade qui est dans ma maison ; au cas où vous ayez envie de voir cette nouvelle opération je vous prie de bien vous rendre chez moi à onze heures précises du matin, et au cas où vous vouliez amener avec vous quelques curieux de vos confrères de l'Académie française ou de celle des sciences vous me ferez l'honneur, pourvu que ce ne soit pas un médecin, ni un chirurgien car je ne veux pas que cette façon d'opérer soit encore divulguée chez les gens de l'art de quelque temps, j'ai mes raisons pour cela que je vous dirai de vous à moi... », et La Condamine, n'étant pas convaincu, l'engage, de son élégante écriture, à venir voir un homme qu'il a opéré des deux yeux selon sa dernière méthode. « J'ai partagé la prunelle en quatre dont les yeux sont forts nets, ce malade voit tous les objets, et va partout »... « Si vous prenez la peine de venir chez moi où le malade doit se rendre ce matin à neuf heures, vous pourriez y venir... » Il souhaite qu'on en informe le baron d'Olbac... Ainsi La Condamine, ce grand voyageur, ce curieux de tout, désirera-t-il voir Daviel à l'œuvre. Pour lui-même ? peut-être ! il a alors soixante ans et pour se faire une idée de la méthode avant d'être opéré ? On ne sait s'il fut opéré par Daviel, mais on a retenu que quelque treize ans plus tard il s'offrira comme cobaye à un jeune chirurgien qu'il admirait et qui devait le traiter d'une paralysie (?). Toujours aussi curieux, il exigera de voir tous les détails de l'intervention afin d'en faire le rapport à l'Académie, mais, hélas, il ne sera pas en mesure de le faire puisqu'il mourra des suites de l'intervention.

Des curieux, des prudents, des inquiets à la Montesquieu, qui souhaitaient s'informer, on imagine qu'il y en avait beaucoup dans l'office de la rue d'Argenteuil, largement ouverte au public à condition qu'on ne fût pas chirurgien. Car Daviel sauvegardait ses secrets, et c'était sans doute aussi une part de son intérêt pour tous ces profanes instruits qui venaient le voir et qu'il rendait complices de ses actions. Ce qui est certain, c'est que l'homme intéressait. On retrouve chez Daviel cette manie du faire-valoir et sa volonté de faire connaître son incontestable talent. Il est désormais passé du *Courrier d'Avignon* et du *Mercure de France* à la relation personnelle, valorisante. Les grands de ce monde intéressent Jacques Daviel. Comme le dira plus tard, en prononçant son éloge à l'Académie de chirurgie, Sauveur François Morand, qui l'avait beaucoup fréquenté, « M. Daviel aimait un peu les témoignages ostensibles de sa capacité ; espèce de jactance dont à la vérité les sçavans même ne sont pas toujours exempts ». Le terme de jactance ne peut être employé plus justement. Il avait accompagné Daviel depuis sa jeunesse, et celui-ci en avait touché des intérêts, au demeurant fort mérités. Ses interlocuteurs répondent à cet empressement qu'il met à les informer, à les instruire, à leur offrir ses services. Ils contribueront à sa gloire. Une gloire qu'il aime pour elle-même, à laquelle il « était plus sensible qu'à l'intérêt », comme le dira Jean Jacob d'Apples, le médecin de Lausanne qui le connaissait bien. Ce que confirmera la triste position de sa famille après sa mort, Jacques n'ayant pas fait fortune au cours de sa brillante carrière. Daviel aimait la gloire, le succès, non l'argent.

SIXIÈME PARTIE

Au faîte de la gloire

Chapitre premier

LES ENCYCLOPÉDISTES ET JACQUES DAVIEL

Daviel aimait se mettre en valeur et il n'hésitait pas à opérer devant les grands de ce monde. Il avait fait la démonstration de l'opération de la cataracte devant le roi, sur l'œil d'une biche, mais c'est sur l'œil d'un homme qu'il va la faire devant Mme de Pompadour. Elle était accompagnée de Mme d'Étiolles et de MM. de Jaucourt et de Joyeuse. Sans doute y fut-il sensible, mais moins encore qu'à l'intérêt passionné que lui portait Diderot. D'autant que Diderot avait toujours été fasciné par les problèmes de vision et de cécité. Il avait même payé cher son intérêt pour l'œil. Sa *Lettre sur les aveugles* l'avait conduit tout droit en prison. C'était en 1749, bien avant qu'il ne connût Daviel. Pourquoi la prison ? Pour des propos légers tenus par M. de Vandeul, son ami, qui avait assisté à ses côtés à une intervention de cataracte sur un prétendu aveugle-né et qui ne l'était pas. Diderot voulait savoir de quelle nature seraient les réactions d'un homme aveugle de naissance à la perception de son environnement retrouvé, après opération de cataracte. Vandeul en avait conclu que ce n'était pas un spectacle pour des témoins de leur qualité, mais tout juste bon pour de « beaux yeux sans conséquences » – expression qu'avait reprise Diderot dans sa « lettre » –, beaux yeux que Mme Dupré de Saint-Maur, autre témoin de l'intervention, s'était cru posséder et qui s'en était fâchée. De telle façon qu'elle avait obligé M. d'Argenson à arrêter M. de Vandeul et à le conduire à Vincennes. On avait pensé que le prétexte était suffisant pour le faire accompagner par Diderot, son compagnon d'aventure et de médisance. Ce dernier ne passait-il pas pour l'une des têtes du « parti intellectuel » dont la cour se méfiait de plus en plus ? Un intellectuel libertin de surcroît, qui, après avoir publié *Les Bijoux indiscrets*, conte licencieux s'il en fut, avait dans sa *Lettre sur les aveugles à l'usage de ceux qui voient* choqué par une liberté insolente et une perception trop sensuelle du monde. Diderot garda de son séjour à Vincennes un bien mauvais souvenir et fit tout pour en sortir.

La *Lettre sur les aveugles* exprime bien des qualités exaltées par le style et la forme mêmes qu'on reprochait au philosophe. Diderot reprenait l'un des sujets éternels de la philosophie, qui ne cesserait de s'intéresser à la vision en tant que vecteur essentiel de la perception par l'homme de son environnement, sujet qu'elle partagera avec réticence, plus tard avec la biologie. La *Lettre sur les aveugles* est tout autant une observation clinique des aveugles-nés qu'une dissertation philosophique. L'aveugle-né de Puisaux, qui sans vision possède une perception si aiguë du monde, de ses parfums, de ses bruits, de ses formes, au toucher si universellement subtil, que verrait-il si on l'opérait ? C'est la question que se pose Diderot et il conclut : « J'aurais moins de confiance dans les réponses d'une personne qui voit pour la première fois, que dans les découvertes d'un philosophe qui aurait bien médité son sujet dans l'obscurité ; ou, pour parler le langage des poètes, qui se serait crevé les yeux pour connaître plus aisément comment se fait la vision », ce qui revient à donner à l'abstraction méditative plus de valeur qu'à la description clinique. Position ambiguë qui ne quittera jamais tout à fait le philosophe. Il ajoutera à sa « lettre », trente-trois ou trente-quatre ans plus tard, une *Addition* qui complète son discours sur ce qui oppose tact et vision et qu'il enrichit de sa fréquentation de Daviel. Car, entre-temps, il a fait sa connaissance et a tenté de trouver auprès de cet oculiste novateur des réponses à ses éternelles questions. Daviel sera mort depuis quelques années quand Diderot évoquera sa mémoire. « Qui est-ce qui n'a pas connu ou entendu parler du fameux Daviel ? » s'exclame-t-il, au début de son sixième paragraphe, avec une telle évidence qu'il laisse supposer qu'il n'est personne qui puisse ignorer ce nom. « J'ai assisté plusieurs fois à ses opérations. Il avait abattu la cataracte à un forgeron qui avait contracté cette maladie au feu continuel de son fourneau [1] et pendant les vingt-cinq années qu'il avait cessé de voir, il avait pris une telle habitude de s'en rapporter au toucher, qu'il fallait le maltraiter pour l'engager à se servir du sens qui lui avait été restitué ; Daviel lui disait en le frappant : veux-tu regarder, bourreau !... Il marchait, il agissait ; tout ce que nous faisons les yeux ouverts, il le faisait, lui, les yeux fermés.

1. Ce que l'on dénomme « cataracte des verriers », développée chez les travailleurs exposés aux foyers des fours à très haute température.

« On pourrait en conclure que l'œil n'est pas aussi utile à nos besoins ni aussi essentiel à notre bonheur qu'on serait tenté de le croire. Quelle est la chose du monde dont une longue privation qui n'est suivie d'aucune douleur ne nous rendît la peine indifférente, si le spectacle de la nature n'avait plus de charme pour l'aveugle de Daviel ? La vue d'une femme qui nous serait chère ? je n'en crois rien, quelle que soit la conséquence du fait que je vais raconter. On imagine que si l'on avait passé un long temps sans voir, on ne se lasserait point de regarder ; cela n'est pas vrai. Quelle différence entre la cécité momentanée et la cécité habituelle !

« La bienfaisance de Daviel conduisait, ajoute Diderot, de toutes les provinces du royaume dans son laboratoire, des malades indigents qui venaient implorer son secours, et sa réputation y appelait une assemblée curieuse, instruite et nombreuse. Je crois que nous en faisions partie le même jour, M. Marmontel et moi. Le malade était assis ; voilà la cataracte enlevée ; Daviel pose sa main sur des yeux qu'il venait de rouvrir à la lumière. Une femme âgée, debout à côté de lui, montrait le plus vif intérêt au succès de l'opération ; elle tremblait de tous ses membres à chaque mouvement de l'opérateur. Celui-ci lui fait signe d'approcher, et la place à genoux en face de l'opéré ; il éloigne ses mains, le malade ouvre les yeux, il voit, il s'écrit : Ah ! c'est ma mère !... Je n'ai jamais entendu un cri plus pathétique ; il me semble que je l'entends encore. La vieille femme s'évanouit, les larmes coulent des yeux des assistants, et les aumônes tombent de leurs bourses. »

Diderot n'a-t-il pas dit de Daviel « il a abattu la cataracte » ? Propos étrange pour l'inventeur de l'extraction qui combattait l'abattement. Sans doute le philosophe était-il plus intéressé par les conséquences de l'opération sur la vision du malade que par la technique elle-même. L'*Encyclopédie*, dans son tome II, qui date de 1751, aurait eu avantage à bénéficier de l'enseignement de Daviel. Le terme « cataracte » y reste imprécis. Si on y rappelle les définitions anatomiques anciennes qui assimilaient la cataracte (ou suffusion) à « une membrane ou pellicule qui nage dans l'humeur aqueuse de l'œil et qui, se mettant au-devant de la prunelle, empêche la lumière d'y entrer » ou encore à « la condensation des parties visqueuses de l'humeur aqueuse entre la tunique uvée et le cristallin, détachée du cristallin » on n'y affirme qu'avec prudence que « quelques Médecins ou Chirurgiens modernes, tels Heilster, Brisseau, Maître-Jan » y opposent et y substituent une nouvelle définition. « Ils pensent que la membrane ou la pellicule qui s'oppose au passage des rayons de la lumière n'est autre que le cristallin même, qui a été ainsi condensé et a perdu sa transparence, et qui alors au lieu de servir d'instrument à la vision, il y sert d'obstacle en empêchant les rayons de pénétrer jusqu'à la rétine. » Rappelons que Brisseau et Maître-Jan avaient affirmé scientifiquement cette juste définition de la cataracte quelque quarante ans plus tôt et qu'on ne peut taxer l'auteur de cet article, Antoine Louis, secrétaire perpétuel de l'Académie des sciences, d'avoir été particulièrement bien informé. Les arguments qu'il développe à l'appui de cette conception nous apparaissent quelque peu surannés. Sa culture, en matière de cataracte, reste d'un classicisme confondant ! Certes, en 1750 Daviel n'avait pas encore publié sa nouvelle méthode d'extraire la cataracte, et seul l'abaissement était reconnu comme le traitement efficace de celle-ci. Louis n'y rapporte que les manières convenues d'opérer, en place depuis des siècles, et que ne modernisent que quelques raffinements gestuels ou le pansement au blanc d'œuf battu avec de l'eau de rose et de plantain. On demeure étonné que cet ouvrage, l'*Encyclopédie*, qui se veut alors le reflet des attitudes les plus modernes, soit à ce point dépourvu de la moindre allusion aux rumeurs qui couraient déjà dans les couloirs des Académies ou s'étalaient dans les colonnes du *Mercure de France* où Daviel, dès 1748, confiait en clair, à M. de Joyeuse, ses idées sur la question. Comment la rédaction de l'*Encyclopédie*, sur laquelle Diderot veillait avec un soin jaloux, négligea-t-elle l'événement que suscitait Daviel ? Nous ne serions pas loin d'imaginer que l'intérêt que les encyclopédistes eurent pour Jacques Daviel prit sa source dans l'effet de surprise qu'il leur infligea.

Diderot, Marmontel, Helvétius et Jaucourt hier, tous connurent Daviel alors même qu'il ne paraît pas qu'ils aient été eux-mêmes intéressés par le chirurgien pour leurs propres yeux. Au plus avaient-ils, vers les années 1760, cinquante-cinq ans, âge auquel la cataracte est encore peu fréquente. Marmontel ? L'éternel migraineux, rongé par ce « mal de tête d'une espèce si singulière » qui lui rendait la vie impossible plusieurs jours durant, chercha-t-il auprès de Daviel quelque conseil pour s'en libérer ? peut-être, mais il faut croire qu'en dehors de cet intérêt égoïste Jacques Daviel avait bien du talent, pour avoir réuni autour de lui toute la pensée philosophique d'alors. Son intérêt exclusif pour l'œil, ce qui était très nouveau, et que ne partageaient alors que très peu de chirurgiens et que Taylor lui avait inspiré, l'avait conduit à en détenir une érudition anatomique très personnelle et que l'on pourrait presque qualifier d'unique. L'extraordinaire goût du siècle pour la connaissance ; l'attirance des encyclopédistes pour la philosophie, les mécanismes de la pensée, les mystères de la vision dont la *Lettre sur les aveugles* soulignait à plaisir à la fois la relativité et le merveilleux ; et dans ce couple cécité-vision, l'art de l'homme que l'invention de Daviel, qui tombait à point nommé, glorifiait. Un autre chirurgien que Daviel n'eût peut-être pas saisi l'occasion de se mêler à la si brillante compagnie des philosophes ; mais cela ne nous surprend pas qu'il ait pu le faire, quand on sait le sens aigu des relations qu'il avait de tout temps possédé, et la remarquable efficacité de ses entreprises. On prête trop sans doute au don scientifique et chirurgical de Daviel et pas assez à son talent social. On devait découvrir d'évidentes grâces dans le jeu relationnel de l'oculiste, sinon, comment expliquer que, de Louis XV aux philosophes en passant par tous les grands personnages de la Cour, on se soit intéressé à lui ? La cataracte était certes une affaire d'importance, hier comme aujourd'hui, elle chargeait d'un handicap nombre de vieillards, d'autant plus déclinants qu'ils en étaient atteints. Mais elle l'avait toujours été. Si Daviel avait su troubler les esprits en prétendant qu'il avait inventé une méthode nouvelle qui la rendait plus sûre, il n'est pas certain cependant que, si peu d'années après qu'il eut annoncé celle-ci, le public se fût rendu d'enthousiasme à ses raisons. Il y avait toutefois un engouement pour la méthode, comme une sorte d'espoir que Daviel avait su vanter et que le monde de Paris voulait connaître. Par ce biais, Daviel était devenu un homme à la mode ; on lui écrivait pour le rencontrer, pour le voir opérer. On sait que les chirurgiens ne manquaient pas dans la capitale, et que la publicité ne leur était pas interdite. Bien peu pourtant laissèrent, en la même période et en si peu de temps, un aussi grand renom que notre oculiste. Il faut donc penser que des facteurs bien particuliers avaient motivé le succès mondain de Daviel : il n'avait jamais manqué une occasion de progrès social, même aux plus sombres moments de sa vie, comment imaginer qu'il ait pu manquer toutes celles qui se présentèrent à lui alors qu'il était devenu oculiste du roi et chirurgien célèbre ? Mais le seul désir de Daviel de se créer des relations n'aurait pas expliqué qu'il en eût s'il n'avait possédé les qualités qui les lui fissent mériter. Il faut admettre que l'homme devait avoir de sérieux atouts pour attirer à lui tant de grands personnages. Au-delà des propos strictement scientifiques et professionnels qu'il leur tenait, il est probable que son esprit offrait d'autres intérêts, ceux d'un humanisme qui sait franchir l'horizon étroit d'un savoir spécifique pour toucher les rives de la vraie connaissance, celle des rouages et des mobiles de la vie. Tant d'épreuves accumulées depuis l'enfance et tant d'opportunes rencontres sur son chemin la lui avaient acquise. La perte d'un père, le déshonneur d'une famille, la quête d'un titre sur les chemins de la guerre, le risque de sa vie au contact de la peste, la lutte pour survivre et pour obtenir justice avaient été les terribles et pourtant fructueux chapitres de son existence. Mais aussi l'offrande du hasard et les mains bienveillantes qu'il n'avait pas manqué de saisir, et la certitude qu'il n'est pas de vaine action si l'on y consacre son endurance, ses certitudes, voire ses obsessions. Les autres, alors, vous remarquent, qui ne vous quitteront plus et feront de vous ce que vous êtes devenu.

Chapitre II

PENDANT CE TEMPS À L'ÉTRANGER AUSSI...

La gloire de Daviel n'attire pas seulement la curiosité des intellectuels et des artistes parisiens, elle continue à franchir les frontières. L'Espagne, une nouvelle fois, a sollicité son talent. En 1754, il a été appelé par Ferdinand VI. Le fils de Philippe V, devenu roi en 1746, avait probablement rencontré Daviel lors de son précédent passage à Madrid. Dauphin, il avait alors vingt-trois ans. Sa femme Marie-Thérèse Barbara de Portugal avait sans doute, de son côté, connu l'oculiste lors de son passage à Lisbonne. Daviel, désormais âgé de soixante et un ans, dut revoir avec émotion cette Cour où, presque vingt ans plus tôt, on l'avait accueilli avec confiance, alors qu'il était à peu près un inconnu. Il y revenait, fort du titre d'oculiste du roi de France et d'une réputation sans égale. Daviel, en ce second voyage, paraît ne plus avoir besoin des gazettes pour y vanter ses exploits. De ceux-là il ne fera nulle relation. Le roi, dit-on, tente de le retenir à la cour d'Espagne, mais il en décline l'offre. La position qu'il avait alors en France était bien supérieure à celle qu'il aurait pu avoir en Espagne. Tout lui souriait à Paris qui était alors le centre culturel de l'Europe, et la célèbre cité n'avait pas été ingrate envers lui. Être l'oculiste du roi de France était un titre inégalé et ne l'empêchait pas de se vanter d'être, aussi, celui du roi d'Espagne. Et puis comment retrouver à Madrid les commodités qu'il avait à Paris, où entouré et aidé de ses fils, de sa famille, il se vouait au service des plus grands, il s'enrichissait de leur stimulante compagnie en un temps où les brûlots de la science et de la philosophie allaient embraser le siècle ? D'ailleurs, le reste de l'Europe comptait encore sur lui. Clément de

Bavière, neveu de Maximilien III – Joseph de Wittelsbach –, l'invite à Munich où sont louées ses cures miraculeuses.

Tous ces déplacements flattèrent sans aucun doute Daviel que l'on sait sensible à la vanité. L'enrichirent-ils ? C'est peu probable, car à sa mort son épouse fut rapidement réduite à de très faibles moyens, si faibles qu'ils ne lui permirent guère de rester à Paris. Rien, par ailleurs, ne laisse supposer que le train de vie des Daviel à Paris ait eu raison de cette fortune. C'est que, nous l'avons vu, Daviel préférait la gloire aux émoluments. Les grands furent probablement généreux avec lui – rappelons-nous la remarque de Diderot : « et les aumônes tombent de leurs bourses » –, mais à leur discrétion, sans qu'il entreprît jamais d'en tirer profit. On l'imagine s'accommodant de ce qu'on lui offrait, sans exiger ce qu'il aurait pu prétendre recevoir. Si les princes le dotèrent de quelques avantages pécuniaires, trop souvent sans doute les intrigants de Cour, qui exigeaient de le consulter, en cela ne les suivirent guère. Daviel est convaincu que certaines relations ont plus de valeur que l'argent, et quel homme sensé pourrait l'en critiquer et ne pas même l'envier ? Que lui importait d'être, en outre, plus ou moins riche, si l'aisance régnait en sa maison ? Que lui importait l'argent s'il considérait que n'était richesse que l'art d'être compris et reconnu. En cela, pour Daviel, peut-être n'était-il pas de plus grand bonheur que celui d'être admis dans les sociétés savantes ?

Il n'a pas oublié son échec à l'Académie des sciences qu'une impudente présentation avait au demeurant fort bien expliqué. Aussi toute admission dans une société savante a-t-elle pour lui valeur de baume pour la vaniteuse petite plaie restée ouverte. Et du baume, il en recherche et il en a. Le 18 mars 1756, la Royal Society of Surgery de Londres l'accueille en son sein. C'est l'occasion de retrouver Samuel Sharp. Ce dernier a accepté de bonne grâce d'appuyer, avec son collègue Parsons, la candidature de Daviel, sous le parrainage de Joseph Wagner. Un certificat de ses collègues parisiens, La Chapelle, Garangeot et Nollet, du 6 septembre 1755, atteste que le candidat Daviel « mérite par la merveilleuse dextérité avec laquelle il fait l'extraction de la cataracte, et par beaucoup d'autres connaissances et opérations chirurgicales utiles au genre humain, d'être proclamé membre de la Royal Society ». Daviel avait adressé, auparavant, à l'illustre compagnie un mémoire sur le cancer des paupières.

Le 10 août de la même année, il devient correspondant de l'Académie des sciences, arts et belles lettres de Dijon. Certes, ce n'est pas l'Académie des sciences de Paris ! mais tout de même, ce n'est pas négligeable. Faut-il y voir l'œuvre de De Vosge ? ou celle de Jean-Jacques-Louis Hoin, ce chirurgien de Dijon qui porte une véritable admiration à Jacques Daviel ? Dans une lettre écrite à ce dernier dans le *Mercure de France*, en 1759, destinée à soutenir sans restriction la méthode de l'extraction et à condamner celle de l'abaissement, Hoin rappelle que Jacques fut son hôte à Dijon et qu'il applique l'ingénieuse méthode, « telle que vous eûtes la complaisance de me la faire pratiquer, il y a quelques années, sous vos yeux dans le même hôpital ». Hoin sera chargé de l'éloge funèbre de Daviel devant l'Académie de Dijon, ce qui plaide en faveur de sa responsabilité dans cette élection.

C'est en septembre 1758 que Daviel adresse à l'Académie royale des sciences de Stockholm une « dissertation sur les cataractes adhérentes » réalisée à partir de deux observations dont l'une concerne le peintre de Vosge. Son édition paraît au début de 1759 dans les « observations » de ladite Académie dont il devient membre au mois de mai de la même année.

Chapitre III

CES TUNIQUES TRANSPARENTES DONT L'ŒIL FRAGILE EST ENTOURÉ...

La réputation de Daviel n'est plus à faire. Elle est portée par les nombreux patients qui viennent le consulter. Toutefois, son renom, comme celui de tout chirurgien, reste lié à la qualité des personnes qu'il soulage et aux moyens de ces derniers de le faire savoir. Sa rencontre avec un jeune peintre, François de Vosge (plus communément écrit Devosge) lui sera ainsi très profitable. Âgé de vingt-quatre ans, il est né à Gray, village de Franche-Comté, voisin de Vesoul. Issu d'une famille de sculpteurs, il s'est adonné aux arts mais a été contraint d'abandonner la pratique du dessin et de la peinture à la suite d'une inflammation oculaire chronique qui l'a rendu pratiquement aveugle. Il s'agit probablement d'une uvéite, souvent associée à des troubles inflammatoires généraux où les rhumatismes ont une bonne place. On en connaît le déroulement chronologique chez ce jeune et corpulent malade. Atteint d'une cataracte, le jeune artiste s'était confié en 1753, alors qu'il n'avait que vingt et un ans, à un oculiste de Dijon. Ce dernier avait décidé d'opérer l'œil gauche. Il avait pratiqué un abaissement, mais, malgré sa réputation de « très habile chirurgien », l'évolution postopératoire avait été désastreuse, et l'œil s'était trouvé irrémédiablement perdu. C'est trois années plus tard que François de Vosge, informé de la réputation de Daviel, s'est décidé à aller à Paris où il le consulte rue d'Argenteuil. Daviel se rend compte aussitôt qu'il a affaire à l'une de ces cataractes adhérentes qu'il connaît bien. C'est assurément un cas très difficile, et la triste issue de l'opération du premier œil n'est guère rassurante. Daviel décide toutefois d'opérer cet unique œil droit. Que peut-il décider d'autre ? Ce jeune artiste n'a que vingt-quatre ans, et, aveugle pour aveugle, ne convient-il pas de tenter la chance avec la grâce de Dieu ? C'est une intervention difficile qui nécessite de réséquer une partie de l'iris, ce que Daviel préconise souvent de faire en de tels cas, et que refusent les autres chirurgiens. Daviel décide de la tenter et parvient avec moins de difficultés qu'il ne s'y attendait à faire sortir le noyau dur de la capsule épaissie du cristallin. Il voit sortir avec satisfaction, par la plaie cornéenne inférieure et large, le noyau opaque du cristallin au milieu des masses molles qui l'accompagnent. Par miracle, les suites chirurgicales sont simples. « Au bout de moins de six semaines, Monsieur de Vosge est en état d'exécuter au moïen d'une loupe de quatre pouces de foïer, les ouvrages de son art les plus délicats [1]. » Daviel constate avec bonheur que son patient peut dessiner et peindre avec « une lunette à cataracte du numéro 3 ».

Longtemps après, vers 1784, Pierre-Paul Prud'hon, qui avait rejoint l'atelier de De Vosge à Dijon, à la suite d'une déception amoureuse, et avant de rejoindre Rome où il se distinguera, réalisera un portrait de l'opéré de Daviel. Il est conservé au musée de Dijon et a été récemment exposé à Paris dans le cadre d'une rétrospective consacrée au grand peintre. Il a l'intérêt de nous présenter le patient de Daviel vingt-huit ans après l'opération miraculeuse. Il garde, dans un visage assez massif, les traces de la dissymétrie des deux yeux, aux destins si différents. Jean Vergne [2] souligne judicieusement que « cette différence entre les deux yeux du modèle, Prud'hon l'a voulue, bien mieux, en quelques touches d'un pinceau sublime il nous a signalé que l'œil gauche de De Vosge était atrophié légèrement... ». De Vosge, au temps du portrait, était alors rentré à Dijon et y avait fondé une école de dessin que le prince de Condé, alors gouverneur de la province, tenait sous sa protection. Il se fit remarquer par ses tableaux d'histoire et par ses portraits.

Émerveillé par le retour de sa vision, François de Vosge n'oublie pas son bienfaiteur. Quatre années après l'intervention miracle, il dessine une gravure allégorique destinée à vanter la gloire de son chirurgien et en confie la gravure à Noël Le Mire. On est en 1760. De Vosge est encore à Paris, il travaille dans un atelier de la rue Meslay. L'estampe est accompagnée d'un texte d'explication, fort long et, sans aucun doute, inspiré par le brillant chirurgien lui-même. On sait qu'il ne confiait à personne le soin de parler de lui. On y relate la triste histoire du jeune peintre, la relation de l'intervention, on y évoque sa publication par Daviel dans

1. J. Apples, *Éloge ou Abrégé historique de la vie de M. Daviel*, Helvetia Acta, t. V, 1762, p. 174 à 179.

2. J. Vergne, *Un opéré de Daviel, François de Vosge*, Annales d'oculistique, t. CLXXI, janvier 1934, p. 44 à 52.

les « Observations de l'Académie royale des sciences de Stockholm », etc. Y sont ensuite expliqués les trois groupes de huit figures qui composent l'estampe : l'Invention, la Saine Pratique et la Renommée, qui attestent les succès de la méthode d'extraction de la cataracte, pendant que Daviel évolue au milieu des génies vers la gloire. Qui ne serait gêné de nos jours d'un hommage aussi dithyrambique ? Mais il faut juger avec la mode du temps, le goût de l'emphase et l'éloge des miracles. N'était-ce pas tout autant un hommage rendu au Dieu tout-puissant qui avait conduit la main du chirurgien, un ex-voto d'artiste, qu'une déférente reconnaissance à l'homme qui l'avait aidé ? De Vosge accompagne de surcroît son estampe, en plus du texte cité, de la première strophe d'une ode publiée en 1752 dans le *Mercure de France* par le chevalier de Forbin, lui-même opéré par Daviel « d'un mal d'yeux considérable ».

He quoi ! des mains intelligentes
Dirigent un trait acéré
Dans ces tuniques transparentes
Dont l'œil fragile est entouré :
Daviel, guidé par son génie [...]

Suivent onze strophes, d'un brûlant éloge, dont la lecture aujourd'hui fait naître sur nos lèvres un sourire à la fois sceptique et tendre. Gaspard, François, Anne de Forbin, chevalier de Malte, mathématicien et physicien, n'était pourtant pas le dernier venu, et il faut croire que la cataracte était encore une bien rude affaire pour que la réussite de son opération suscitât chez lui un tel enthousiasme poétique.

Daviel est très fier de cet hommage. Il est heureux que l'estampe « a esté fort bien receüe du public à Paris ». Il en fait profiter ses amis. Il les distribue à Francesco Zanotti, secrétaire de l'Académie des sciences de Bologne, par les soins de Grima, chirurgien pensionnaire de l'ordre de Malte ; il lui fait parvenir un rouleau contenant plusieurs gravures ainsi qu'une petite caisse qui contient la planche « encadrée avec son explication qui se tire à coulisse derrière le cadre ». Trop de détails accompagnent cet envoi pour qu'on n'y décèle pas une profonde autosatisfaction. Elle prend une allure quasi enfantine, accordant à cette démonstration de reconnaissance beaucoup plus de valeur peut-être qu'à tous les succès glanés sur le dur chemin de sa vie. Daviel y voit une sorte de couronnement de sa carrière où la Renommée entourée de ses génies, détournés pour un instant de la gloire des plus grands, le conduit sur le chemin de l'éternité. Dans son élan, il en adresse un exemplaire au baron Haller, le plus illustre et le plus estimé de ses correspondants suisses. Et aussi aux échevins de Marseille. Il en fait l'occasion d'une pieuse reconnaissance. Il n'a jamais oublié ce qu'il leur devait. L'estampe vient à point pour le leur dire. Si l'on a pu juger légèrement l'autocomplaisance de Daviel à l'égard de son image, il est juste de dire qu'elle conforte grandement l'hommage que Daviel rend à ceux qui l'ont aidé. Celui-ci est d'autant plus grand qu'il est lui-même plus marqué par la gloire, celle qu'il leur doit. La lettre qui accompagne l'estampe est d'ailleurs fort belle : « Messieurs, permettez que je vous présente une petite estampe qui m'a été dédiée par une personne à laquelle j'ai été assez heureux de rendre la vue par une opération toute singulière. Je vous dois cet hommage, Messieurs, puisque c'est vous qui m'avez mis à même de parvenir au point où je suis aujourd'huy. C'est de vous que je tiens la maîtrise de chirurgie à Marseille que vous m'accordâtes le 12 août 1722 sous le consulat de MM. Moustiers, Remusat et Saint-Michel. Vous me nommâtes ensuite un des quatre chirurgiens-majors de votre hôpital de Saint-Esprit où j'ai tâché de mériter votre approbation, celles de MM. les recteurs et du public. J'ai enseigné dans cette hôpital l'anatomie, publiquement et gratis, en conséquence de votre ordonnance de police du 4 mai 1728 et ensuite de l'arrêt du Conseil d'État du Roy et des lettres patentes de sa Majesté du 7 septembre 1738 enregistrées au parlement d'Aix le 30 octobre suivant et à votre greffe de police le 20 novembre de la même année.

« En un mot, j'ai fait mes efforts pour me rendre utile à votre ville pour laquelle je me suis exposé avec zèle lorsqu'il a fallu prêter des secours aux pauvres malades du temps de la peste qui ravageait impitoyablement vos habitants, secours souvent aussi favorables aux malades que dangereux pour les chirurgiens qui les administraient. Fasse au ciel que ce temps de calamités ne revienne plus, mais si vous êtes assez malheureux de l'éprouver encore une fois et que j'en fusse averti, je volerai incontinent à votre secours, puisque l'on ne peut être avec plus de reconnaissance et de respect que je le suis, Messieurs, votre très humble et très obéissant serviteur. Daviel, CH. Ordinaire et oculiste du Roy, rue d'Argenteuil. »

Les Échevins répondent le 10 octobre suivant : « Nous sommes véritablement sensibles, Monsieur, à tout ce que vous voulez bien nous témoigner par la lettre que vous nous avez fait l'honneur de nous écrire le 26 du mois de septembre dernier en nous adressant l'estampe qui vous a été dédiée ; vos sentiments étaient connus en cette ville ainsi que vos talents ; ils vous ont mérité la place où vous êtes parvenu comme ils vous avaient procuré, Monsieur, ce que nos prédécesseurs vous avaient accordé à si juste titre, nous en avons une particulière satisfaction et nous sommes [...] »

Réponse courtoise sans plus, officielle, administrative, bien loin de celle qu'auraient pu écrire ceux qui avaient vécu, trente-huit ans plus tôt, avec lui, comme lui, les affres de la peste. Deux générations s'étaient interposées entre le jour de cette réponse et ce drame qu'on se rappelait encore, mais dont les héros avaient pour la plupart disparu et dont le souvenir des témoins survivants était amolli par les ans.

Chapitre IV

LE MEILLEUR, ET POURTANT...

Parmi ces honneurs, aucun toutefois ne lui est plus sensible que celui que lui rend le baron Haller en lui confiant un patient de Lausanne, M. de Forel. Le baron Haller est alors président de l'Académie des sciences de Goettingue, membre des Académies des sciences de Paris et de Londres, et de plusieurs autres nobles compagnies. Daviel n'a pas hésité à lui faire parvenir l'estampe que de Vosge a gravée de lui ainsi que les louanges l'accompagnant. Daviel est si flatté qu'un aussi illustre médecin puisse lui adresser un patient qu'il en renoue avec sa vieille manie, celle de publier dans la presse l'exploit relatif à cette aventure.

« Monsieur, comme rien n'est plus flatteur pour un homme (qui aime et cultive sa profession avec soin) que de pouvoir mériter la confiance et les suffrages des Grands Maîtres et des Sçavans, j'ai lieu de m'applaudir que vous m'ayez accordé les vôtres, en m'adressant M. de Forel de Lausanne par préférence à tant d'habiles Oculistes. La même confiance que vous aviez inspirée depuis longtemps à ce Malade pour l'extraction de la cataracte, dont vous sçavez que j'étois l'inventeur, l'a déterminé sans doute à me venir trouver à Paris. Votre approbation, Monsieur, va donner un nouveau lustre à ma nouvelle méthode, et me servira dorénavant de bouclier, contre tous ceux qui ont voulu la détruire dans son principe, les uns en la regardant comme chimérique et impossible ; d'autres comme une opération dangereuse et meurtriere de l'œil, et toute remplie d'accidents, de difficultés, et de risques à courir pendant et après l'opération. D'autres enfin, en condamnant les instruments (que j'avais imaginés dans le commencement pour faire cette opération) pour en substituer d'autres qui ne sont pas meilleurs à beaucoup près. »

Daviel est heureux de pouvoir se vanter d'avoir un si prestigieux correspondant et d'en faire un partisan de ses méthodes. Il est permis toutefois de soupçonner Daviel d'avoir interprété les faits à son avantage et d'avoir considérablement simplifié l'attitude de Haller. Ce M. de Forel référé à Daviel par Haller est très lié à la famille d'Apples, de souche lausannoise, riche de plusieurs générations de médecins. C'est Jean-Jacob d'Apples qui soigne ce patient atteint d'une cataracte bilatérale le rendant pratiquement aveugle. Très proche des plus illustres médecins exerçant en Suisse, Tissot, Tronchin et Haller, c'est Jean-Jacob d'Apples qui décide de demander conseil à ce dernier relativement aux meilleures façons de traiter cette cataracte. On pourrait penser, si l'on se bornait à la seule relation qu'en fait Daviel, que le baron Haller aurait conseillé de consulter Daviel. Une lettre de J.-J. d'Apples, retrouvée par le Dr André Guisan [1] et rédigée pour le baron Haller lui-même, laisse supposer que, si ce dernier avait conseillé d'aller à Paris, il n'avait pas précisément recommandé Daviel. D'Apples nous apporte d'intéressantes précisions sur ce sujet. C'est tout d'abord Thierry qui est consulté. Il est médecin par quartier à la Cour pendant que Daviel y est oculiste. Or ce confident et ami de Rousseau, futur médecin du « petit Capet » au Temple en 1793, recommande de consulter Demours, dont la réputation est très grande. Il semble que ce soit Demours « expert pour les maladies des yeux, qu'il n'opère point », qui conseille de consulter un chirurgien et qui cite deux noms : Daviel, « oculiste du roi et s'étant distingué pendant la peste de Marseille », et Tenon « grand chirurgien, membre des Académies roïales des sciences et de chirurgie de Paris, jeune homme aimable et qui donnera un grand sujet ». Aussi constate-t-on que le célèbre Haller n'avait en réalité que conseillé à M. de Forel de se faire opérer de cataracte et sans doute de s'y faire opérer à Paris où celle-ci avait fort justement, grâce à Daviel, trouvé un nouvel intérêt dans les méthodes de son extraction. On suppose que, si Haller avait conseillé de consulter directement Daviel, on n'aurait eu nul besoin de rencontrer Thierry, Demours ou même Tenon.

Bien entendu, Daviel, dans sa réponse obséquieuse au baron Haller, fait fi de toutes ces hésitations et considère que seul le choix de sa personne portait à l'évidence. Et pourtant, on sait que le riche M. de Forel aurait voulu joindre bien d'autres ophtalmologistes à ces messieurs : Morand, le chirurgien-major des Invalides qu'il ne put rencontrer, et Ferrein, l'anatomiste de Cambrai. Il consentit à voir séparément

1. A. Guisan, *Bulletin de la Société d'histoire de la médecine*, t. XX, n°s 1-2 (janv.-fév. 1926).

les autres, puis à recueillir collectivement leur avis. Ce n'est qu'alors qu'il fut décidé de confier le patient à Daviel. Un seul œil pouvait être opéré, encore ne devait-il l'être que par la méthode de l'extraction. Nul mieux que lui n'y était préparé. C'est peut-être à partir des recommandations de cet aréopage de médecins que le baron Haller porta son choix sur Jacques. Cela expliquerait alors le sens de la lettre du *Mercure de France* et la référence à « [...] l'approbation [qui] va donner un lustre à ma nouvelle méthode.... ». Encore qu'on ait un doute sur la possibilité qu'aurait eue Haller de formuler un tel avis. Ce dernier aurait dû être reçu avant le jeudi 3 septembre, date à laquelle se déroula l'opération. Il est peu probable qu'un courrier ait pu être échangé entre d'Apples et Haller en un si court intervalle, et la missive d'Apples, en notre possession, semble bien être la première depuis le départ du patient vers Paris. Haller était-il d'ailleurs si informé de la méthode de Daviel ? À cette lettre il répond aussitôt qu'il « [...] est très content de la façon d'opérer de M. Daviel ; cette humeur glaireuse qui enveloppe le cristallin (*sic*) est assés particulière ». On ne peut mieux confesser son ignorance d'une situation ophtalmologique qui devait lui être bien étrangère. Il avoue dans la même réponse que, ne sachant pas où en était le déroulement de l'affaire, il s'apprêtait à écrire « [...] à Messieurs Thierry et Tenon... », et non pas à Daviel dont il n'est nullement question.

Il apparaît donc présomptueux de la part de Daviel de prétendre qu'il fut choisi par Haller, et l'on pourrait s'étonner qu'il ait osé l'affirmer d'une façon si péremptoire dans une publication aussi lue que le *Mercure de France*. On retrouve là l'étonnant talent de Daviel à récupérer toutes les situations qui lui sont favorables. Il n'a pas tardé à le faire. C'est le 30 septembre qu'il confie son manuscrit au *Mercure*. Il sait que désormais son malade va tout à fait bien et qu'il est urgent de le faire savoir. Le malade d'Apples devient celui de Haller dont il est préférable à tout point de vue d'être le correspondant, et la lettre qui est adressée à ce dernier est bien moins marquée de l'intention de l'informer lui-même que de celle d'instruire la France entière et les lecteurs du *Mercure* de ses exploits. On imagine aisément que d'Apples a, quant à lui, depuis longtemps commenté pour Haller les péripéties de l'opération qui s'est, d'ailleurs, admirablement déroulée, et la lettre de Daviel qui ne paraîtra qu'en janvier 1762 n'apportera rien de nouveau au célèbre médecin de Berne. Toutefois, le compte rendu qu'il donne des faits se trouve en scrupuleuse correspondance avec celui que rapporte d'Apples, dès le 7 septembre, au baron Haller. Daviel est vaniteux, glorieux mais exact. « [...] M. de Forel, et M. Dapples qui m'avoient consulté, parurent assez contens de ma réponse, mais comme des gens sages, ils voulurent encore assembler un nombre d'habiles Médecins et Chirurgiens, afin de n'avoir rien à se reprocher, et on *convoqua* les personnes ci-après nommées, sçavoir, MM. Ferrein, Thiéri et Demours, Médecins et M. Tenon, Chirurgien ; le mérite de tous ces messieurs *nous* étant connu, nous consultâmes M. Dapples et moi avec eux... » Peut-être une nuance existe-t-elle entre la relation de d'Apples et celle de Daviel, le premier laissant entendre que son patient et lui-même, après avoir consulté séparément chaque praticien, avaient décidé de les réunir en une consultation collective, ce qui s'accorde mal avec la *convocation* de Daviel. Détail en réalité, mais qui n'est pas négligeable relativement à la préséance que Daviel s'accorde dans le déroulement des événements. Il est probable que les choses furent moins claires avant la décision opératoire, alors qu'elles le furent tout à fait une fois l'opération décidée. Daviel prend alors le premier rôle. La relation que fait d'Apples de l'opération est par ailleurs fort intéressante. Elle eut lieu en compagnie de tous les médecins et chirurgiens préalablement consultés. C'était un jour « médiocrement chaud et un temps couvert très favorable à l'opération, le malade a été placé sur un siège fait exprès à un jour convenable, M. Daviel opérateur s'est placé sur un autre siège un peu plus élevé vis-à-vis de lui, il a fait assujettir la paupière supérieure par son fils Louis [le cadet, car l'aîné était mort depuis deux ans], qui était derrière le malade, j'étois placé entre le malade et l'opérateur, au côté droit, fort à portée de voir et de faire attention à tout le manuel, ces messieurs étant rangés de l'autre côté, M. Daviel a assujetti la paupière inférieure avec la main gauche, et il a pris avec la main droite un petit bistouri courbe fort tranchant et aigre, il a fait l'incision de haut en bas [...] » etc. D'Apples observe le « bientôt septuagénaire [...] se servant de ses lunettes [...] [qui a] toujours la main bonne [...] et qui est d'une grande utilité dans les cas rares et imprévus [...] ».

Il paraît certain que la grande expérience de Daviel et son âge ont été bénéfiques à M. de Forel. L'habile opérateur ne précise-t-il pas que « quoique la cataracte ne présentât pas un coup d'œil favorable, j'augurai bien cependant de l'opération que j'allais faire, *dont j'avais déjà vingt expériences semblables, sur des cataractes de la même espèce [...].* À peine la cornée transparente fut-elle ouverte triangulairement [1], que l'humeur aqueuse s'écoula, et tout de suite une humeur visqueuse qui étoit contenue entre le corps du crystallin et la membrane qui étoit rompue ; ce corps commença d'abord de fuir sous la partie supérieure de la prunelle antérieurement comme sous une trappe ; c'est alors que je ne perdis pas un moment de temps pour faire sortir cette cataracte, mais d'une façon différente de celle qu'on a coutume de pratiquer [...]. M'étant aperçu que le crystallin présentoit son biseau au-dessus du bord inférieur de la pru-

1. C'est alors une nouvelle idée de Daviel.

nelle, si j'avais pressé le bas de l'œil [1] toute l'humeur vitrée seroit sortie, le crystallin aurait demeuré attaché au bord supérieur de la prunelle, et tout l'œil se seroit vidé ; c'est aussi pourquoi je portai sur-le-champ une petite curette de vermeil fort polie sous la partie postérieure du crystallin, dans la crénelure de laquelle j'engageai ce corps, que je tirai dans un instant, sans le moindre effort, et sans qu'il en résultât le plus petit accident ». Tout est décrit en ces quelques lignes, et de belle façon, de ce qu'est un acte chirurgical, c'est-à-dire un événement programmé aux mille désordres possibles devant lesquels l'acuité de l'observation, l'agilité mentale, l'expérience et l'habileté manuelle sont autant de facteurs concourant au succès. Leur défaut impliquant à coup sûr la genèse de grandes catastrophes.

Le succès de l'opération ne fit immédiatement aucun doute. Les relations qu'en font d'Apples et Daviel sont concordantes au mot près. « Lorsque j'eus enlevé le noyau du crystallin [...] le malade s'écria qu'il voyoit fort bien, et mit d'abord la main sur son visage, prit mon nés, ma bouche, toucha mes yeux, distingua un chapeau brodé d'or, une canne à béquille d'or, un écu de dix livres, et plusieurs autres objets ; l'opération ne dura que cinq minutes en tout : il ne sortit pas une seule goutte de sang, et le malade avoua devant tout le monde, qu'il n'avait ressenti aucune douleur ; il faut dire aussi à la louange de M. de Forel, qu'il fut d'une tranquillité infinie pendant tout le temps de l'opération, et même pendant toute la cure. » À distance de l'opération le patient verra mieux encore. D'Apples précisera plus tard : « M. de Forel voit actuellement mieux de l'œil droit, qu'il n'en a vu toute sa vie, qu'il jouît du spectacle de la nature, dont les beautés sont nouvelles pour lui. » On saura même qu'il avait l'intention de retourner voir Daviel pour qu'il l'opérât de son second œil alors même que l'oculiste ne se trouvait plus en situation de le faire.

Dans son rapport à Haller, le Dr d'Apples ajoutait quelques considérations sur les médecins et chirurgiens qu'il avait rencontrés à Paris. « J'ai été charmé de faire connoissance avec ces Messieurs les Médecins et Chirurgiens de Paris, ce sont tous de très aimables personnages, il y a de bonnes choses à apprendre dans leur conversation, nous vous avons sur tout bien de l'obligation de la connoissance que vous nous avés procuré de M. Thiery et de M. Tenon, dont le (*sic*) lumières et la probité sont généralement applaudis ; Ceux qui voudront *se servir* de M. Daviel, trouveront encore chés lui toutes les ressources que fournissent une longue expérience et la dextérité de sa main, car quoi que bientôt septuagénaire et se servant de ses lunettes, il a toujours la main

1. Geste qui, par une légère pression de l'œil permettait au noyau du cristallin de sortir de son enveloppe et de franchir l'orifice pupillaire.

bonne [...] » etc. Ces remarques appellent quelques commentaires. Thierry et Tenon sont situés à un niveau différent de Daviel. Certes, on peut dire que Demours et Ferrein ne sont même pas cités. Toutefois, malgré l'allusion à la sénilité qui justifierait l'éloge de la persistance de l'habileté et du savoir n'y a-t-il pas cependant inscrite une nuance de différence sociale entre les personnages cités ? N'y sentirait-on pas comme une distance entre ceux qui pensent et ceux qui font, correspondant à l'antique séparation entre la Faculté et les barbiers, toutes proportions gardées, Tenon étant lui-même chirurgien, mais de l'Académie des sciences et de chirurgie, proche de Thierry, médecin à part entière, et notre Daviel, chirurgien oculiste du roi, mais toujours un peu chirurgien de la peste rompu à son art par ses seules qualités manuelles, et *dont on peut se servir* ? Exagération, peut-être, dans l'interprétation que l'on fait d'une phrase qui fut sans doute écrite avec moins de réflexion qu'on y porte... mais, tout de même, on sent dans cette rédaction destinée au baron Haller – et à lui plaire – comme une distance persistante entre le geste et l'esprit. Tant de nuances segmentaient alors le monde social qu'il est justifié qu'on en ressente l'aveu, fût-on proche des grands, et d'autant plus encore qu'on l'était.

Chapitre V

PRESQUE SEPTUAGÉNAIRE...

En cette année 1761, Daviel, en sa demeure de la rue des Moulins, peut savourer les bienfaits du succès. Son renom n'a pas faibli, sa position reste forte. Il consacre peu de temps en vérité à la Cour où le roi réside de moins en moins souvent, préférant disperser ses plaisirs dans ses demeures de l'Île-de-France. Quand le roi se réfugie dans ses petits châteaux ou à Bellevue chez la toute-puissante marquise de Pompadour, le service de Versailles est souvent réduit à sa plus petite expression. D'ailleurs, le roi, la reine, les enfants, tous jeunes encore, ne relèvent guère de la chirurgie oculaire. Aussi Daviel est-il libre la plupart du temps pour ses activités privées. La protection de Mme de Pompadour conduit chez lui tous ceux qui sont curieux de son talent et parfois obligés d'y recourir. Il a reçu, rue d'Argenteuil et désormais rue des Moulins, tous les penseurs du temps. Ses démonstrations chirurgicales sont recherchées. Les titres qu'il a acquis auprès des Académies s'étalent sur ses murs, et ses armoiries sont dorénavant bien en place dans ses archives : « D'argent au chevron d'azur accompagnée de trois merlettes de sable placées deux en chef et une en pointe. La Cartouche de Rocaille placée sur un tertre et surmontée de neuf perles est accostée de deux coques d'esculape servants de tenants [1]. » Elles ont une composition simple et doivent être relativement anciennes et d'après notre expert elles ne correspondent pas aux créations du XVIIIe siècle. « On peut

1. Les armoiries de Jacques Daviel ont été analysées par notre ami le Dr Loutsch, président de l'Académie internationale d'héraldique.

raisonnablement admettre qu'il s'agit des armes de sa famille, portées au moins depuis un siècle. La profession de notaire de son père imposait à ce dernier le scellement des actes, et les sceaux et cachets étaient généralement armoriés. Jacques Daviel sommait l'écu familial d'une couronne de comte. Ce titre symbolise-t-il une usurpation courante chez les familles bourgeoises du XVIIIe siècle, ou lui avait-il été conféré en même temps que l'ordre de Saint-Michel lorsqu'il était devenu chirurgien à la Cour ? Jacques Daviel le porte sur le tableau peint par Donat Nonotte qui le représente et que Me Bernard de La Nézière, descendant de la famille Daviel, possède. Les membres de l'ordre de Saint-Michel étaient recrutés parmi les médecins, les savants, les architectes, les artistes, les militaires, etc. Si les chevaliers n'avaient pas la noblesse héréditaire depuis leur grand-père, ils étaient anoblis *ipso facto* par des lettres patentes du roi, et un acte du juge d'armes de France y était joint pour créer des armes s'il n'en avait point [1]. » Ainsi est-il possible que les armes de Jacques Daviel ait dépendu de cette promotion dans l'ordre de Saint-Michel, du fait de ses seules qualités et qu'elles constituent les siennes propres et non celles de sa famille. Différentes en ce sens des armes des descendants de celle-ci, les Daviel de La Nézière, qui, d'après les archives que l'on peut consulter, auraient porté « d'azur au lion d'or issant d'une rivière d'argent, surmonté de trois étoiles d'or rangées en chef », armes dont on peut supposer qu'elles s'inscrivaient dans la fonction de notaire que les descendants ont continué à exercer de tout temps et exercent encore de nos jours, à l'exception des quelques oculistes qui furent inspirés par leur oncle et grand-oncle.

C'est sans doute en cette période de succès et de stabilité sociale, après sa publication à l'Académie de chirurgie de sa nouvelle méthode d'opérer la cataracte, que Daviel a décidé de laisser de sa personne un immortel portrait. Plusieurs ont été publiés fort peu convaincants et si divers qu'on éprouve une difficulté à imaginer l'homme qu'était Jacques Daviel. Même celui de François de Vosge, placé en encart dans l'estampe qui l'honore et certainement exact dans ses traits, reste peu évocateur de Daviel. Il est bien difficile d'en tirer une impression vivante. C'est encore plus vrai à partir des bustes qui ont été réalisés de lui, tous posthumes vraisemblablement, souvent laids et d'une laideur différente d'une copie à l'autre, et que n'ont pas corrigée les artistes chargés de remplacer les bronzes volés par les Allemands par des statues de pierre aussi mal taillées qu'indigentes. C'est donc un miracle d'avoir retrouvé dans une vente du commissaire-priseur Jacques Tajan, et par son amicale entremise, la trace d'un vrai portrait de Daviel grâce auquel on peut se faire une très bonne

1. H. Pinoteau, *Études sur les ordres de chevalerie du roi de France et tout spécialement sur les ordres de Saint-Michel et du Saint-Esprit*, Le Léopard d'or, 1995, p. 33.

idée de sa personne physique alors qu'il est en pleine maturité et au zénith de sa gloire. À vrai dire, cela manquait, tant la vie de Jacques garde sa part de mystère, que nous avons essayé de combler, et tant il eût été dommage qu'on ne puisse poser son regard, un instant, sur son visage. Il s'agit sans aucun doute d'un vrai portrait de Daviel. Un portrait suivi depuis sa réalisation, attribué faussement au peintre Louis Michel Van Loo et désormais reconnu être dû au talent de Donat Nonotte, sous le titre « *Portrait du docteur Daviel, oculiste du roi* [1] ».

L'oculiste, assis confortablement dans un fauteuil, est représenté de trois quarts par son côté droit, tenant entre ses deux mains un livre de chirurgie, ouvert au chapitre de la cataracte. Le livre imposant repose sur ses genoux et le bras droit, sur une tablette, chargée de livres, au tiroir ouvert qui recèle quelque écrit récemment tracé par une belle plume d'oie majestueusement plantée dans son encrier. L'homme est serein. Il est vêtu comme un grand bourgeois d'une veste de velours sombre, bordée de fourrure. Le jabot de dentelle jaillit devant le gilet et masque le cordon noir auquel est suspendue l'étoile aux huit branches pointues de l'ordre de Saint-Michel. La pose est solennelle, c'est voulu et dans l'esprit du temps. Le visage est rond, potelé, tout comme les mains. Une perruque frisée et poudrée retombe jusqu'au col de la veste. De ce visage, un doux regard se fixe sur nous, porté par deux yeux aux iris noisette, partiellement recouverts par d'assez molles paupières, inspirant tout ensemble franchise et assurance contenue. À la fois la tendresse et la force de cette tendresse qui attirent la sympathie et qui révèlent la séduction de l'homme, séduction dont on comprend qu'elle ait favorisé sa carrière. Aucune arrogance, mais de la détermination, qu'un menton volontaire exprime clairement. Une bouche pulpeuse, au dessin délicat, un nez fort, des sourcils fournis qui tendraient à laisser sourdre une délicate sensualité. Des traits qui réfléchissent un homme aimable, à la vie claire, sûr de sa valeur et sans doute aussi des limites de celle-ci. On est heureux de pouvoir ainsi, grâce à ce portrait, fréquenter l'homme. Son image apparaît comme la preuve naturelle et cohé-

1. Le parcours de ce tableau est connu au travers d'une vente en 1909 et d'une autre en 1955, pour être enfin acquis par un descendant de la famille Daviel, le 12 décembre 1995, auquel nous sommes reconnaissant de nous avoir donné l'occasion de le contempler à loisir et d'en autoriser la reproduction. Qu'on ait pu en attribuer la facture au peintre de Louis XV, de Diderot, du cardinal de Choiseul témoigne à coup sûr d'une qualité certaine de ce portrait aimable et bien construit, mais qui ne possède pas toutefois la force irradiante d'une grande œuvre. Il est dû à un peintre de plus modeste notoriété, Donat Nonotte. Né à Besançon en 1708, ce dernier œuvra surtout à Lyon où il fonda une école gratuite de dessin, tout comme de Vosge à Dijon. Il eut son heure de gloire en qualité de portraitiste de personnalités connues. Il représente Daviel à la manière dont il peignit sa femme et dans une pose semblable, comme il est curieux de le constater sur ce beau portrait conservé au musée des Beaux-Arts de Besançon.

rente de ce que l'on osait imaginer du caractère de ce « self-made man » au parcours si complexe, et pourtant si avisé, si malin. Toute une somme de qualités, résumées en ce calme visage qui sut regarder avec efficacité, comprendre avec rapidité, séduire quand il le fallait, et s'obstiner au risque de froisser pour tracer sa propre voie et en récolter la gloire. Un portrait qui marque l'apogée d'une vie lorsque l'homme est soucieux de rassembler en une image flatteuse les artifices de sa fortune.

Un apogée fragile, car à l'heure de ce portrait le temps pour Jacques est compté. Les signes de vieillissement le guettent que le Dr d'Apples a notés lors de sa visite à Paris. « Le bientôt septuagénaire [...] a toujours la main bonne », confie-t-il à Haller, mais il émet un doute sur l'intention de Daviel d'écrire un ample traité in-quarto sur les maladies des yeux et sur la manière de les guérir, fondée sur des observations de quarante ans. « Je ne sçais, dit-il, si celle qui n'épargne personne lui permettra d'accomplir un aussi grand dessein, je l'ai fort exhorté à ne point perdre de temps. » D'ailleurs n'a-t-il pas aussi remarqué, chez Daviel, un embarras de la langue qui gênait un peu la parole. Il s'est même permis de lui en parler mais Daviel lui a répondu qu'il s'agissait d'une viscosité de sa salive qui s'était installée depuis peu. Était-il dupe lui-même de ses réponses ? La mort, si fréquente compagne de sa jeunesse, était réapparue dans ses pensées, plus douloureuse encore qu'en cette lointaine période où elle l'avait traqué, poursuivi sans le vaincre. Il la savait plus forte désormais, attentive à la proie qu'il était devenu, lui, le presque septuagénaire. Croyait-il vraiment que son embarras de la langue qui altérait sa parole était lié à une salive trop visqueuse ? lui, l'anatomiste, le clairvoyant, le maître en observation médicale ? Ou voulait-il le croire ? Cela faisait plusieurs semaines qu'il éprouvait cette gêne à avaler qui lui donnait cet excès de salive. Quand il s'exprimait, les mots se perdaient dans sa bouche, et il répétait ses phrases, conscient qu'on le comprenait de plus en plus mal. Des troubles qui l'intriguaient, mais qui n'avait pas ralenti son activité pour laquelle il avait conservé la même attirance. Cela ne l'avait pas empêché de prendre en charge le patient du Pr Haller alors même qu'il était déjà atteint par ce curieux symptôme. Mais c'est surtout après, pendant l'hiver que la situation s'était aggravée. De laryngite en laryngite, la déglutition était devenue de plus en plus difficile, et aucun des nombreux remèdes qu'il avait absorbés, et surtout les purgatifs dont il abusait, ne l'avait soulagé. À tel point qu'il était tombé dans une complète aphonie au début du printemps de cette année 1762. Alors, il est certains jours pendant lesquels il se sent épuisé. Mais il faut travailler. À Paris bien sûr, mais aussi en province où on l'appelle. Il n'a pas abandonné le projet de présenter à l'Académie de chirurgie un nouveau mémoire sur les aménagements de sa méthode d'opérer la cataracte. Il y tient, car il a compris que ses détracteurs s'appuient sur la complexité de sa méthode par rapport à l'abaissement. Dans la lettre qu'il a publiée dans le *Mercure de France* à l'intention du baron Haller, il est très explicite : « Je viens tout récemment de perfectionner cette méthode, en supprimant moi-même plusieurs instruments que j'ai reconnu comme inutiles, et j'en ai imaginés d'autres infiniment plus commodes et plus sûrs ; vous en pourrez juger, Monsieur, en les comparant avec les premiers. » Et plus loin : « Cette façon d'opérer sera amplement détaillée dans le Mémoire que je me propose de donner à L'Académie Royale de Chirurgie dans sa séance publique, qui sera le premier jeudi d'après Quasimodo de l'année 1762 : si cette illustre Compagnie le juge digne d'y paraître. Ce Mémoire sera précédé d'une dissertation sur les cataractes de naissance, et l'entier succès de ma méthode... » C'est le 22 avril que se réunit l'Académie. Mais Daviel est très mal en point. Ses troubles de déglutition se sont aggravés, et surtout les auditeurs remarquent qu'il est complètement aphone. Il ne peut trouver un fil de voix pour exprimer ce qu'il tient à dire et, en désespoir de cause, il remet son texte à Morand, le secrétaire perpétuel qui en entreprend la lecture. Daviel se tient à ses côtés et complète comme il le peut, par des gestes ou quelques indications sur une planche, ses nouvelles stratégies. Morand se fait l'interprète des avantages d'une plus courte incision, plus cornéenne, plus linéaire (parfois triangulaire), latéralisée vers le nez et surtout de l'inutilité d'user de plus de deux instruments pour l'incision. Malheureusement, le texte intégral de cette communication n'a pas été retrouvé. C'est dommage, car on prétend qu'elle comportait aussi la recommandation d'adjoindre en quelques cas une iridectomie pour faciliter l'extraction. Ce qui ferait, à coup sûr, de Daviel un précurseur de l'iridectomie sectorielle qui sera systématique dans la chirurgie de la cataracte au XIXe siècle. Ce sera le dernier message de Daviel à ses collègues. Il est à la fois un complément à la description de sa méthode, qu'il a revue et corrigée sur la base de légitimes critiques qu'il a faites immédiatement siennes et qu'il a simplifiée, mais aussi une vision sur l'avenir. Daviel est convaincu de la supériorité de l'extraction sur l'abaissement, et, pour lui, désormais seule l'extraction mérite qu'on y consacre ses efforts pour en améliorer les performances. D'où cette idée géniale que l'ouverture de la pupille par une incision chirurgicale, s'il en est l'initiateur, pourrait être une facilitation de l'extraction. Rappelons qu'au XVIIIe siècle on ignorait encore les mécanismes des mouvements de la pupille et qu'on ne connaissait pas encore les substances chimiques susceptibles de la dilater et d'offrir un large jour sur le cristallin. Il existait aussi de très nombreuses causes à l'adhérence d'un iris devenu figé, au cristallin et qui compliquaient l'extraction. Idée prémonitoire que celle d'une iridectomie associée à l'extraction du cristallin, idée juste qui s'imposera avec le temps.

SEPTIÈME PARTIE

« Il a toujours la main bonne »

Chapitre premier

LE DERNIER VOYAGE

L'aphonie qui l'a surpris au moment de sa communication à l'Académie de chirurgie, il continue à penser qu'elle n'est qu'un incident momentané. Il n'en est malheureusement rien. Elle s'installe et s'ajoute aux autres troubles dont il sent avec inquiétude qu'ils progressent insensiblement. Il se surprend à s'étrangler en avalant, et il réduit de lui-même la taille des aliments qu'il avale de plus en plus difficilement. Il ne retrouve pas la parole de tout l'été. Aucune médication ne semble être efficace. Aussi, au hasard de ses voyages, essaie-t-il les traitements qu'on lui propose, une cure d'eau minérale à Bourbon-l'Archambault, des bains chauds. Tout cela bien vainement. Un appel à Nevers pour soigner un seigneur de qualité le conduit à Lyon. On ne sait ce qui l'engage à prendre un purgatif violent, qui déclenche une diarrhée incoercible accompagnée de coliques douloureuses qu'il supporte mal. Une fièvre s'installe à la suite de cet incident, qui ne cède pas. Daviel, pour la première fois, s'inquiète vraiment. En ce début du mois de septembre, plutôt que de regagner Paris, il décide d'aller consulter Tronchin à Genève. Il annonce son intention à Haller dans une lettre datée du 12 septembre. Tronchin jouit alors d'une grande réputation. Il s'est fixé à Genève depuis 1754 après avoir passé vingt-cinq années en Hollande, à Leyde, auprès du fameux Boerhaave. Son cursus est bien curieux. C'est la ruine de son père par la faillite de Law qui l'a conduit en Angleterre et à Cambridge. D'abord attiré par la philosophie, c'est finalement la médecine qui le séduit. Très jeune diplômé, il s'installe à Amsterdam, mais, à cause de ses qualités, ou de ses défauts, ses confrères hollandais le supportent mal. Il hésite longtemps avant de prendre la résolution de quitter la Hollande et, plutôt que de regagner l'Angleterre, il décide de s'installer en Suisse. Il y est accueilli diversement, avec des honneurs, mais aussi beaucoup de méfiance. Il est réputé médecin mondain, et l'Académie lui confie un cours de médecine sans prendre l'avis de la Faculté. Ce qui n'attire guère la sympathie de ses confrères, et il est classique de dire que ses cours étaient suivis plus par des gens distingués, dont Voltaire son patient, que par des médecins. Il était un fervent adepte « du cours naturel des choses », et sa thérapeutique consistait surtout « à remettre les mouvements établis dans une voie plus conforme aux plans originels de la nature ». « La marche tranquille de la Nature, disait-il, vaut mieux que la course des médecins. » On ne sait si Daviel a raison de se confier à ce précurseur des médecines douces. Pourtant il le fait. La réputation de Tronchin, il est vrai, était liée à son charisme qu'appréciaient aussi bien les petites gens que les grands de ce monde. Plus tard, ce sera son engagement pour la vaccination qui justifiera scientifiquement sa réputation. Il inoculera les enfants d'Orléans en 1776, après qu'il aura accepté de venir s'installer au palais royal auprès du duc leur père. De cette inoculation il devait garder la gloire qui se lie à son nom jusqu'à nos jours.

Daviel arrive épuisé à Genève. La chaise de poste qu'il avait prise à Lyon l'arrêta place Bel-Air. C'est à l'Hôtel des Balances que Daviel s'installe ou que plutôt on l'installe car il est à peine capable de se mouvoir. Daviel fait prévenir le Dr d'Apples de son arrivée. Celui-ci s'empresse de rendre visite à son confrère en compagnie de M. de Forel, leur illustre patient. Ils ont du mal à reconnaître leur ami, changé à ce point, en un an. M. de Forel retrouve difficilement les traits de l'habile chirurgien qui lui a rendu la vue en cet homme, amaigri, « étendu sur son lit comme un cadavre, sans voix et sans pouvoir presque avaler aucun liquide, que goutte à goutte ». Tronchin rend visite à Daviel à son hôtel. Il semble que cette visite n'ait entraîné que peu de décisions. Le Dr d'Apples rapporte que Daviel donna sa confession (la relation de ses symptômes) par écrit à M. Tronchin, puisque parler lui était devenu impossible. Il y avouait sa témérité dans l'abus des remèdes. Pour d'Apples, il était responsable de sa mort « qui n'a pas été différée, puisqu'il est expiré le 30 septembre 1762. Le pauvre défunt ne connoissait pas cette maxime invariable de notre grand Hippocrate "qu'il est très difficile et par conséquent très dangereux de purger souvent les corps robustes". Aph. Lib. II. 37 ». Le Dr d'Apples était-il naïf ? Croyait-il que la purge était la cause de cette mort que tout préparait depuis des mois ? Langage de l'époque où l'ignorance empruntait des mots pour définir des situations que l'on ne comprenait pas.

De quoi est mort Daviel en ce jeudi 30 septembre à 6 heures du matin ? On s'attend à ce que « l'ouverture du corps » qu'a demandée Tronchin et qui fut réalisée en sa présence nous apporte un diagnostic ? On mentionne que « toute la masse du sang était appauvrie et les muscles du larynx et du pharynx amincis [...] affectés par la paralysie ». Le diagnostic habituellement rapporté est celui de cancer du larynx. L'autopsie n'en mentionne guère les habituelles manifestations, tumorales, ulcéreuses pourtant évidentes dès l'inspection d'un larynx ouvert. L'atrophie des muscles ne traduirait-elle pas plutôt les conséquences d'une affection neurologique paralysant les muscles du larynx ? L'hypothèse d'une paralysie bulbaire progressive [1] ne serait-elle pas plus probable que celle d'un cancer du larynx ? L'aphonie, les troubles de la salivation et de la déglutition ne s'inscriraient-ils pas plus logiquement dans ce compte rendu nécropsique ?

L'état civil porte le constat suivant : « Du jeudi 30 à 6 heures du matin Sieur Jacques Daviel, domicilié à Paris, catholique romain, Chirurgien ordinaire et oculiste du Roy de France, âgé de 58 ans, mort d'une paralysie au larynx, place Bel-Air, transporté par permission de M. le sindic de la garde au Grand-Saconnex. »

Deux remarques dans ce compte rendu. L'âge de Daviel : il n'a pas cinquante-huit ans, mais soixante-neuf. Et le diagnostic : paralysie du larynx, sans doute le diagnostic de Tronchin. Pourquoi, s'il avait existé un cancer, ne l'aurait-on pas mentionné ?

1. Dans la paralysie labioglossopharyngée entrant dans le cadre de la sclérose latérale amyotrophique, les symptômes rencontrés, troubles de plus en plus marqués de la mastication, de la déglutition et de la phonation, évoquent tout à fait la maladie de Jacques Daviel. Dans cette atteinte neurologique, les muscles innervés par les nerfs crâniens et les faisceaux corticobulbaires sont atteints de façon prédominante. À cause de la dysphagie, le pronostic est particulièrement sévère, le décès intervenant souvent en un à trois ans de nos jours et probablement plus rapidement encore en cette seconde moitié du XVIIIe siécle.

Chapitre II

LE GRAND-SACONNEX

Selon ses dernières volontés ou selon les souhaits de ses amis genevois, Daviel fut inhumé en terre catholique à quelques lieues de Genève, au Grand-Saconnex, grâce à l'intervention du résident de France, M. de Montperaux qui eut avec d'Apples la triste mission d'informer Anne Daviel du décés de son époux.

« Le trente septembre 1762 est mort à Genève, muni des sacrements, et le premier octobre a été enseveli à Saconnex le Sr Jacques Daviel chirurgien ordinaire, et oculiste du Roy âgé de 58 ans (*sic*), présents à la d. sépulture... [suivent trois mots raturés correspondant à un nom propre qui aurait été mal écrit puis repris] et le Fr Pierre Ambroise Decroze qui ont icy bas signé. » Tels sont les lignes manuscrites que l'on peut essayer de déchiffrer sur le registre d'état civil du Grand-Saconnex. Quoique mort en une ville protestante, Jacques avait pu, selon sa volonté, reposer en terre chrétienne. C'est l'aumônier du résident de France qui avait été chargé « de lui administrer tous les recours spirituels en usage dans l'Église romaine », et c'est ce même aumônier qui avait eu mission de l'enterrer en terre chrétienne à quelques lieues de Genève, dans un petit village situé au nord de la ville, au Grand-Saconnex. Un enterrement d'une grande simplicité. Daviel était venu seul à Genève. Nul intime n'était donc là pour accompagner sa dépouille. Seulement quelques catholiques appelés par l'aumônier pour entourer un coreligionnaire qu'on enterrait dans leur cimetière, un inconnu dont ils ne savaient presque rien sinon qu'on leur avait dit que c'était un chirurgien du roi louis XV. D'Apples, le fidèle, était-il parmi eux ? C'est probable, lui qui avait pieusement fermé les yeux de Jacques. Sans doute était-il aussi, en ce moment précis, soucieux de faire connaître à la famille du défunt le drame dont il avait été le témoin. Cette famille qui en cet instant ignorait encore tout de la cérémonie funèbre qui se déroulait dans ce petit cimetière déjà nimbé, à flanc de coteau, des brumes de l'automne ; cette famille que l'on devait mettre devant le fait accompli et jeter dans le drame et qui, par la force des choses, avait laissé Jacques, comme à l'habitude, régler seul son destin. Ainsi qu'il l'avait toujours voulu. Il avait tout décidé dans sa vie : son engagement dans l'armée, son affrontement de la peste, le choix de l'oculistique et des chemins de sa gloire. Et il en avait assumé les conséquences ; vécu souvent loin des siens qu'il avait quittés pour d'interminables voyages ou pour les soins de sa carrière, et présentement vécu sa mort en toute solitude. C'est seul aussi qu'il avait éprouvé les prémices de son vieillissement, ce sentiment qu'au service d'une volonté intacte ne se soumettaient plus les forces qui, hier, l'avaient porté à l'exploit, et ces faiblesses soudaines capables de le faire douter de toute entreprise. Et puis, soudain, ce qui n'avait plus été un signe de fatigue, mais le symptôme d'une maladie qu'il avait refusé de reconnaître et qui avait grandi sournoisement en lui. Au point de s'imposer par sa constance, par sa répétition, par son aggravation. Ce combat que ce volontaire avait engagé, cette fois malgré lui, contre la maladie, il l'avait caché aux siens. Anne avait-elle même pu saisir sur son visage, sur sa silhouette, dans ses expressions autre chose que ce qu'elle avait pris pour les premiers signes de la vieillesse ? Cette difficulté à parler, puis à avaler, qui était devenue si évidente, il en avait occulté la gravité, pour lui-même aussi bien que pour sa famille. Il avait refusé d'en faire le diagnostic, remettant à plus tard de connaître la vérité si celle-ci devait se révéler funeste. C'est à Lyon qu'elle s'était imposée, comme une déchirure, alors qu'il était seul à ruminer sur ce mal qui prenait des proportions inquiétantes, et ne le laissait plus en paix et qui lui apparaissait dans toute sa gravité. C'est à ce moment-là qu'il avait pris la décision de consulter. C'est seulement en cet instant qu'il s'était résigné à partager avec un autre médecin l'histoire de sa maladie. Tronchin lui était apparu comme l'homme que la providence mettait à sa portée. Genève n'était-il pas d'ailleurs préférable à Paris ? Une voiture des messageries l'y conduirait plus rapidement que vers la capitale, et puis n'était-il pas plus avantageux de confier ses malheurs à un confrère suisse plutôt qu'à un Parisien ? La grande cité colportait si vite les mauvaises nouvelles. Dans le métier de chirurgien, mieux valait qu'on ne doutât pas de votre santé, donc de votre talent. C'est ainsi que Daviel avait décidé cette consultation précipitée, sans autre concertation, sans que sa famille en ait été directement informée. Jacques s'était d'ailleurs promis de raconter aux siens, lorsque Tronchin l'aurait remis sur pied – ce dont il ne voulait douter –, les raisons de cette précipitation. Car à coup sûr, même s'il était inquiet, il ne prévoyait pas l'ampleur et l'allure irrémédiable de son mal. Se serait-il éloigné des siens s'il avait supposé ne jamais revenir, et surtout risquer de mourir loin d'eux, en terre étrangère et, de surcroît, protestante ? La décision d'aller à Genève avait bien été une décision forcée par la soudaine aggravation de symptômes auxquels il n'avait jusqu'alors prêté qu'une attention relative et par trop insouciante. Sinon, dans l'hypothèse où il aurait délibérément souhaité consulter Tronchin dès son départ de Paris, comment supposer que, convaincu de son mal, il ne se fît pas accompagner par Louis, son fils cadet, qui partageait ses travaux depuis la mort de Jacques-Henri. Daviel n'avait donc pas imaginé que c'était à Genève que la mort avait rendez-vous avec lui. C'était une vieille compagne qu'il avait connue autrement maligne à Toulon, à Arles, à Salon, à Marseille, et dont il avait su se protéger. Il savait certes, en bon chrétien, qu'il avait amorcé le chemin qui menait à sa rencontre, mais il ne pensait pas que celui-ci dût être si court.

Chapitre III

L'HOMMAGE À DAVIEL

La nouvelle de la mort de Jacques Daviel arriva à Paris, et c'est rue des Moulins qu'Anne comprit qu'elle ne reverrait pas son compagnon. C'est un maigre bagage qu'on lui rapportait ; ce que d'Apples et le représentant du roi à Genève avaient rassemblé : la malle de voyage dont le cuir avait acquis la couleur et les cicatrices de toutes les intempéries vécues sur les routes de France et d'Europe. Dans cette malle, les quelques vêtements nécessaires à ses rechanges, quelques notes, les restes des médications qu'il avait prises, mais surtout la boîte d'instruments qu'il avait composée avec tant de minutie et dont la plupart des outils avaient été dessinés par lui, ouvragés dans les plus fins aciers et montés sur des manches d'ivoire.

La communauté des chirurgiens de Paris, de France et aussi de l'étranger apprend avec tristesse la disparition de ce confrère qui avait troublé leurs habitudes. C'est de l'étranger que naît le premier hommage, ce qui n'étonne guère. C'est de d'Apples qu'il vient quelques mois après le décès de Jacques, le 3 décembre, l'année même de sa mort. « L'éloge ou abrégé de la vie de Monsieur Daviel » sera prononcé à Lausanne et publié. Il rappelle avec émotion les grandes étapes de la vie professionnelle de Jacques et ses succès. Il rappelle d'une façon sensible les premières difficultés de santé du maître qui, bien qu'« excédé de cet état, [ses embarras de parole], ne manquant ni par la tête, ni par les yeux, ni par la main [...] est sorti de Paris environ Pâques soit pour faire quelques opérations utiles soit aussi pour se procurer l'usage des eaux minérales, ou des bains chauds [...] », et le long cheminement de sa maladie jusqu'à sa mort à Genève. Il ajoute à cela l'estime qu'il porte à l'homme : « M. Daviel était un parfaitement honnête homme et un bon chrétien, plus sensible à la gloire qu'à l'intérêt, il a témoigné par signes (il ne pouvait plus parler) de grands sentiments à la volonté de Dieu et une grande confiance en sa miséricorde, par le mérite de notre S. J.-C. [...] Voilà comme les grands hommes nous sont enlevés prématurément, regrettons une perte, qui sera difficile à réparer. » C'est quelques mois plus tard que les collègues français de Jacques se réunissent pour saluer sa mémoire. Le 14 avril 1763, Sauveur François Morand, devant ses confrères de l'Académie royale de chirurgie, prononce l'éloge de Daviel. Un éloge à la hauteur de l'homme, assorti cependant de critiques sur le goût de Jacques pour les hommages flatteurs, « Monsieur Daviel aimait un peu les témoignages ostensibles de sa capacité [...] », que Morand, dans un souci de vérité, ajoutait au portrait par ailleurs élogieux de l'oculiste, mais aussi de distance par rapport à un homme dont on croit qu'il pensa toujours un peu qu'il était, par rapport au corps constitué des chirurgiens, un marginal. Rien de comparable avec ce que le fidèle Jean-Jacques Louis Hoin rapportera de Jacques Daviel dans l'éloge funèbre qu'il prononcera devant ses confrères de l'Académie des sciences, arts et belles-lettres de Dijon, le 1er juillet 1763, et dans une seconde lecture le 14 août suivant. Partisan convaincu de l'extraction de la cataracte que lui avait enseignée Jacques, il rend grâce à Daviel « des services importants qu'il a rendus à l'humanité pendant une vie laborieuse [...] », à sa méthode « pratiquée avec succès dans toute l'Europe [...] » et à « l'effet du génie de ce célèbre artiste qui doit à jamais l'immortaliser et le rend digne des regrets des Académies qui s'étoient fait un honneur de l'associer à leurs travaux ». Une emphase qui, selon Morand, aurait sans doute plu à Daviel.

Cet éloge fut l'occasion d'un triste incident. Hoin avait confié une copie du texte a un fils de Daviel, Louis probablement, qui s'était empressé de la remettre au *Mercure de France* sans l'accord de son auteur. Hoin, choqué par cette indélicatesse, s'était opposé à sa publication. Le manuscrit en question, de même que celui qui fut déposé à l'Académie de Dijon, a disparu. Cet éloge fut toutefois, pour Hoin, un morceau de bravoure. Il en reste un témoignage sous la forme d'un dessin allégorique dû à Claude Hoin (son fils, élève comme Prud'hon de De Vosge), où le disciple de Daviel est accompagné d'un ange portant un rouleau sur lequel on peut lire : « éloge de Davielle ».

Chapitre IV

LES DAVIEL APRÈS JACQUES

Il est difficile de dénombrer les enfants qui entouraient encore, rue des Moulins, Anne, devenue si brutalement veuve. Lesquels de ses enfants restent alors vivants ? En 1762 devraient demeurer auprès d'elle : Marie-Élisabeth, Magdelaine, Anne, Louis et Jean-Joseph. On sait que sont morts en bas âge : Magdelaine, première-née décédée à dix mois, Thérèse décédée à cinq ans, et les deux jumeaux morts à deux jours. Jacques-Pierre Henri est mort en 1758. Il avait quitté la rue d'Argenteuil pour les armées du roi, peu auparavant. Il s'y était engagé en qualité de chirurgien-major comme c'était fréquent à l'époque, l'expérience des combats ayant toujours eu pour les chirurgiens valeur de formation. Il résidait à Zell dans le Hanovre, sous les ordres de M. d'Estrées, quand une fièvre maligne l'emporta en quelques jours. Daviel avait perdu avec lui le confident de ses travaux et son plus fidèle propagandiste. Anne semble être décédée avant son père. On ne sait si Marie-Anne Charlotte vit encore en 1762. Ce qui est certain, c'est qu'en 1768 Anne, sa mère, qui rédigera chez le notaire du Dr Félix, Me Reynaud, à Salon, son testament, désignera comme héritière « Damoiselle Bouchet fille de feue dame Anne-Charlotte Daviel qui avait épousé le Sieur Bouchet, vivant à Bruxelles ». Les autres héritières sont : Magdelaine Daviel, sa fille cadette épouse du sieur Antoine Moriau, agent de change à Paris, et Marie-Élisabeth, sa fille, célibataire. Il n'est fait alors mention de personne d'autre.

Ainsi, en 1768, six ans après la mort de Jacques, il ne restait que trois héritiers Daviel ? Il est impossible d'imaginer une raison qui puisse éliminer du testament les garçons, Louis et Jean-Joseph. Nous avons la preuve par d'Apples, dans l'éloge qu'il fit de Daviel peu après sa mort en décembre 1762, que ces deux fils vivaient encore... « Les deux cadets [de l'aîné dont il évoque la mort à Zell] sont encore jeunes, leur vivacité, leur application et surtout l'exemple de leur père fournissent quelque espérance de voir renaître en eux un nom qui nous est cher »... Or ce nom si cher en sa mémoire, ne survivra pas par les descendants directs de Daviel. Force est de supposer que, dans les six années qui suivirent la mort de Jacques, de grands malheurs durent accabler sa pauvre veuve, sinon comment expliquer qu'aucun des garçons, ni même Anne sa fille ne figurent sur son testament, et qu'aucune preuve de leur existence n'ait pu être retrouvée par la suite ? Si les garçons avaient vécu, il est probable qu'au moins le plus vieux, Louis, aurait fait parler de lui. On verra plus tard sa mère vanter les collyres de feu son mari ; il serait étonnant que les fils n'aient pas chercher à exploiter le même filon, et mieux encore, d'autant que Louis n'hésitera pas, on l'a vu, à valoriser l'éloge de son père. Faut-il supposer qu'ils soient morts, alors même qu'au moment du décès de leur père ils étaient encore auprès de leur mère ?

Ce qui est certain, c'est que le nom de Daviel n'a pas été perpétué, à notre connaissance, par ses fils. Aucun descendant direct de Daviel ne portera son nom. Si Magdelaine eut des descendants, ils portèrent le nom de Moriau ; Marie Bouchet, si elle eut une descendance, lui donna le nom de son mari. Quant à Marie-Élisabeth, elle resta célibataire longtemps. Ce n'est qu'à quarante-neuf ans qu'elle se mariera, à Marseille, avec un veuf, docteur en médecine, Louis, Claude, Gaspard Arbaud. Ce sera le 21 janvier 1777, dans la paroisse des Accoules. On peut douter qu'à son âge elle ait eu des enfants. Aussi le nom de Daviel ne fut-il perpétué que par une branche latérale. On est bien informé sur celle-ci grâce à V. E. Vauclin [1] qui, à la fin du siècle dernier, recueillit les informations sur ces « cousins » de Daviel et aussi par l'intérêt qu'ont toujours porté à leur famille les Daviel de La Nézière dont le descendant, Bertrand, notaire à Paris, a eu la grande gentillesse de nous accueillir et d'ouvrir pour nous les archives de la famille. Nous ne pouvons qu'en souligner les grands traits. Tous descendent de François Daviel, frère du père de Jacques : Pierre Daviel, tabellion. Il eut trois garçons et trois filles. Parmi ses descendants, on retrouve des notaires, ce qui est normal car traditionnel dans la famille et l'est resté jusqu'à nos jours, malgré l'arrêt qu'avait entraîné la sentence de justice de 1703, mais aussi des oculistes. C'est ainsi que Denis Daviel sera oculiste à La Barre-

1. V. E. Vauclin, *Jacques Daviel et sa famille*, Bernay, 1891.

en-Ouche, jusqu'en 1790, et son fils Louis, François Gabriel, né en 1766, sera docteur en médecine et oculiste à Noé-de-La-Barre et dit-on, enseigné par son père. Un frère de Denis, prénommé Jacques, comme son illustre grand-oncle, sera chirurgien à La Barre, mais mourra à vingt-cinq ans. La sœur de Jacques et de Denis, Marguerite épousera aussi un chirurgien de Saint-Jean-de-La-Noé, puis un second quand elle sera veuve. On peut prétendre, sans trop se tromper, que la carrière de l'oncle Jacques eut une part importante dans la vocation chirurgicale de ses neveux. C'est un autre cousin de Jacques Daviel, fils de François, Siméon, qui donna naissance à Joseph Daviel de La Nézière, l'ancêtre des avocats et des notaires qui ont bien voulu nous aider à ébaucher ce panorama succinct de leur famille. Le nom de Daviel est florissant dans la région d'Évreux, souvent assorti d'un second patronyme, Baon, Dupont, Trevet, Billette... Citons enfin, parmi les membres de cette grande famille, le Pr Laignel Lavastine et André Daviel qui n'était autre que Jacques Hébertot, le célèbre comédien.

Chapitre V

DE L'UTILISATION DES RESTES D'UNE GLOIRE

Après la mort de Jacques, tout changea rapidement dans la vie d'Anne Daviel, et plus rapidement qu'elle ne l'avait prévu. La mort de ses garçons, qui constituaient son soutien et dont l'activité aurait pu bénéficier de la gloire d'un père qui leur avait montré le chemin du succès, réduisait à néant ses espérances. On aurait aimé clore l'histoire de Jacques Daviel par le triomphe académique de l'un de ses fils et vanter la naissance d'une dynastie d'ophtalmologistes directement liée à sa descendance. Le sort en décida autrement, même s'il introduisit l'ophtalmologie, comme nous l'avons vu, dans la famille de Jacques par des collatéraux. La mort de l'une de ses filles, Anne, fut une source d'affliction supplémentaire. C'est donc une veuve Daviel réduite à la seule présence auprès d'elle de sa fille Marie-Élisabeth, qui doit désormais assurer son existence. Marie-Élisabeth, à la mort de son père, a trente-sept ans. Un âge qui lui permettait d'être un soutien important pour Anne qu'elle n'avait jamais quittée et dont elle avait partagé tous les bonheurs et les soucis. D'ailleurs, Marie-Élisabeth ne quittera jamais sa mère, elle retournera avec elle à Marseille. Les témoignages s'accordent à démontrer que le grand oculiste avait toujours préféré la gloire à l'argent. Sa veuve en vérifiera la pénible évidence. Certes, il avait accumulé quelques biens, mais insuffisants à maintenir le train de vie de la rue des Moulins, et si un sort bien cruel avait diminué le nombre d'enfants restant à la charge d'Anne, il l'avait aussi privée des revenus qu'elle pouvait espérer de ses fils. C'est donc très rapidement qu'elle dut réduire le poids de ses charges. Elle décida de quitter l'appartement, désormais trop grand, de la rue des Moulins. À quelle date ? Probablement en 1767.

Une curieuse annonce, publiée par la *Gazette de Hollande* le 1er août de cette même année, nous permet de le supposer : « La réputation de feu M. Daviel oculiste du Roy et le plus célèbre de l'Europe recommande assez ses remèdes pour que l'on se dispense d'en spécifier l'efficace ; il a laissé à sa veuve rue des Moulins, prés de la fontaine, rue Saint-Roch à Paris, le secret d'une eau verte qui fortifie les vues faibles et fatiguées, les met dans leur état naturel et dissipe les ombres et les brouillards ; outre une eau blanche contre les ulcères, les boutons et la chassie des paupières. Chaque bouteille se vend six livres et le pot de pommade se vend le même prix. »

Anne, en 1766, habite donc encore rue des Moulins, puisqu'elle y convie une clientèle dont nous apprenons l'existence. Or, un an plus tard, on retrouve la même annonce, à quelques mots près, dans le *Courrier d'Avignon*, dans laquelle il est précisé que : « La demeure de Mme Daviel est rue Clogorgeat, butte Saint-Roch à Paris : le prix des bouteilles est de 6 livres, le pot de pommade est au même prix que les bouteilles ; pour les pauvres elle les donne *gratis ;* on la trouve depuis dix heures du matin jusqu'à midi. » La rue Clogorgeat, ou plutôt Clos-Gorgeau, était voisine de la rue des Moulins, dans ce quartier de Saint-Roch qui serait si radicalement remanié par Haussmann dans sa création de l'avenue de l'Opéra. Il est permis de supposer qu'Anne et sa fille y avaient trouvé, dans cette petite rue, un appartement plus conforme à leurs moyens.

C'est donc en 1767 qu'Anne et Marie-Élisabeth ont décidé de déménager. Nous n'en saurions probablement rien si Anne n'avait en même temps décidé de créer un petit commerce et d'en faire l'annonce dans les gazettes. Cette décision ne laisse de surprendre, et avouons qu'à première vue elle nous semble peu digne de la veuve d'un oculiste du roi dont la brillante carrière et le succès mondain eussent dû normalement éviter à sa veuve l'obligation d'un tel recours. Sans doute faut-il y déceler une fois encore le défaut de fortune de son mari et aussi, à quelque degré, l'ingratitude d'un monde où Jacques apparut, comme dans la fable, plus cigale que fourmi ; une cigale géniale, certes, mais qui s'était imposée plutôt qu'elle avait été choisie. Daviel avait séduit un monde rapidement retourné, lui disparu, à ses certitudes, des certitudes sociales que lui-même n'avait pas eu le temps ou le désir de consolider. Il avait été heureux de ce qui lui était arrivé et n'avait pas jugé bon de transformer son bonheur apparent en de solides garanties. Anne en faisait les frais, et c'était sur les restes de gloire de son époux qu'elle tentait de survivre. Elle avait, devant l'effondrement de ses maigres ressources, pensé que les collyres que Jacques avait mis au point et que tout le monde avait appréciés feraient tout aussi bien que les eaux miraculeuses que l'on vendait çà et là, et qu'il suffisait d'évoquer la mémoire du célèbre disparu pour qu'ils retrouvent la faveur d'une clientèle fidèle à celle-ci. Elle dut en vivre raisonnablement. À 6 livres, la bouteille de collyre ou le pot de pommade n'étaient pas donnés et, même en comptant les échantillons distribués aux pauvres, Anne devait trouver dans son petit commerce de quoi subvenir à ses modestes besoins et à ceux de sa fille. À tel point qu'elle ne l'abandonnera pas lorsqu'elle décidera de retourner vivre à Marseille. Car, en 1768, on apprend qu'elle est repartie pour la Provence. On peut penser qu'à l'origine de sa décision s'inscrivent de nombreuses et confluentes raisons ; les changements progressifs de sa vie dans la capitale où les liens que Jacques avait pu y tisser s'étaient peu à peu relâchés, et y vivre avec sa fille désormais dans l'anonymat et l'indifférence, après tant d'agitation, n'avait plus guère d'intérêt. Et puis, en contraste, les souvenirs colorés de sa Provence lui étaient apparus si chauds, si conviviaux, si rassurants qu'elle avait échafaudé ce projet d'un retour à Marseille, où vivaient encore tant d'amis qui avaient été les témoins de sa jeunesse et qui ne l'avaient certainement pas oubliée, et, à Salon, non loin d'elle, son ou ses frères et ses demi-sœurs. De même que tous ces malades que Jacques avait sauvés et qui seraient sans doute fidèles à son souvenir, et de bons clients pour son petit commerce. Ces raisons-là ou quelque autre, de nous insoupçonnable, auront incité Anne Daviel et Marie-Élisabeth a retrouver Marseille. C'est rue de la Caisserie, près la Grande-Miséricorde, qu'elles vont s'installer, et c'est à cette adresse qu'elles convieront les clients à venir acheter les précieux collyres de Jacques. C'est le *Courrier d'Avignon*, bien sûr, qui nous l'apprend et qui n'hésite pas à soutenir la veuve de la même façon qu'il avait soutenu l'oculiste débutant. Il faut louer au passage cette fidélité de la gazette provençale à la cause des Daviel, telle qu'elle constitua peut-être aussi un argument déterminant dans la décision d'Anne de revenir à Marseille. En 1773, le *Courrier* publie en effet un grand encart qui reprend les termes des annonces précédemment publiées, mais assorties de développements supplémentaires : « Le feu sieur Daviel, oculiste du Roy, connu de toute l'Europe par ses grands talents pour le traitement des maladies des yeux, et par ses succès dans les différentes cours où il a été appelé, a laissé à sa veuve le secret d'une eau ophtalmique propre à conserver les vues faibles et fatiguées, et qui, dissipant les brouillards, les remet dans leur état naturel. Elle dissipe aussi les commencements de cataracte, et guérit promptement l'inflammation et la plupart des maladies des yeux. Madame veuve Daviel a encore une pommade qui guérit radicalement les taches des yeux et les ulcères qui viennent autour des paupières. Cette eau ophtalmique est d'autant plus supérieure à tous les collyres connus, qu'il n'est pas besoin de compresses ni de bandes pour en faire usage. Il faut seulement en appliquer un peu, pendant quelques moments, sur les yeux des malades, le soir et le matin, de la manière qui est portée dans le mémoire imprimé qui est donné avec l'eau. M. Joyeux, Médecin du Roi, en a reconnu et attesté les bons effets. Le prix de la bouteille est de six ou trois livres, de même que celui des pots de pommade. Madame veuve Daviel demeure rue de la Caisserie, près la Grande-Miséricorde. »

Le *Courrier d'Avignon* avait peut-être contribué à la rédaction « du mémoire imprimé » accompagnant le collyre et peut-être inspiré aussi un texte nettement plus audacieux que les précédents. Les prétentions de l'eau ophtalmique de la veuve Daviel sont multiples, voire extravagantes ; elles frisent le charlatanisme, mais peut-être fallait-il de tels arguments pour emporter la conviction, même à Marseille. Tout est là, dans ce court texte, pour le faire craindre : le secret de fabrication transmis à la manière des alchimistes de jadis par l'époux génial à sa veuve dont personne ne s'interroge sur son habilité à fabriquer les fameux collyres et où tout laisse à penser que le secret ne devait pas cacher de bien exceptionnelles compositions pour qu'il fût à la portée d'une bonne mère de famille ; l'universalité des actions de cette eau ophtalmique qui guérit aussi bien la cataracte que les inflammations « et remet les vues dans leur état naturel » ; le prix réduit de la demi-portion pour des Marseillais sans doute moins riches que les Parisiens et dont on souhaite en attirer un plus grand nombre. Un ton volontairement racoleur qui n'échappe pas au rédacteur de cet audacieux avis et qui souhaite en conforter la possible vraisemblance par un soutien incontestable. En l'occurrence, le témoignage du Dr Joyeux, médecin du roi. Ne s'agirait-il pas du Dr de Joyeuse, s'il vit encore ? Le vieil ami de Jacques, médecin des galères, le destinataire de sa première lettre publiée dans le *Mercure de France* ? Au mariage de Marie-Élisabeth, quelques années plus tard, assistera un Abraham, Moïse de Joyeuse, docteur en médecine, dont on ne sait les liens qu'il peut avoir avec le premier. Quel qu'il soit, il aura été sollicité par Anne pour cautionner son commerce et engager son honneur sur les effets de collyres destinés à aider plus une vieille amie dans le besoin que les crédules patients. Agissait-il, d'ailleurs, si différemment de ses confrères qui avaient tous une pharmacopée douteuse et personnelle qu'ils vantaient à leurs malades ? Il existe bien, de nos jours, des collyres dont la réputation d'agir dans la cataracte n'a guère plus d'assurance que la miraculeuse eau de Jacques Daviel, à la différence près qu'ils sont parfaitement contrôlés dans leur nature et aseptisés.

Anne devint-elle riche de ce petit commerce ? On a peu d'information à ce sujet, sinon le testament qu'elle dicta devant Me Raynaud, le notaire de son père qu'elle était allée consulter en 1768, après son retour en Provence. Nous avons déjà évoqué l'existence de ce testament pour y remarquer l'étonnante réduction de la descendance de Jacques Daviel et d'Anne Félix à trois membres vivants, si l'on admet le principe qu'Anne n'ait pu déshériter d'autres enfants restés vivants. Le ton de ce testament, si profondément marqué par la foi catholique dans le quart de sa rédaction, plaide pour la vraisemblance de l'hypothèse que nous formulons. Les sommes réparties entre ses deux filles et sa petite-fille restent inférieures à un millier de livres, qui, comparées à la dot de 1 500 livres qu'elle avait reçue de son père à son mariage ou aux 1 500 livres octroyées par son père à ses deux autres filles, traduisent une situation beaucoup plus précaire que celle de feu son père ou de celle qu'elle avait eue pendant la vie de Jacques. Le roi Louis XV, en mémoire des services à lui rendus par Jacques, lui versera une pension de 300 livres sa vie durant. À la mort de sa mère, Élisabeth sollicitera de M. de Malesherbes que cette pension lui soit reversée, « en considération des talents de son père dans l'art d'extraire la cataracte et de son peu de fortune », mais le défenseur des intérêts du roi mettra en avant un héritage de 6 000 livres (?) laissé par sa mère pour refuser « une grâce qui n'aurait désormais d'autres bornes que l'entière extinction d'une famille ». C'est au cours de l'été 1775 qu'Anne Daviel a rendu l'âme, dans les bras d'Élisabeth, l'unique des onze enfants qu'elle avait mis au monde et qu'elle avait pu garder auprès d'elle.

Chapitre VI

L'OPHTALMOLOGIE APRÈS DAVIEL

Si l'idée d'extraire le cristallin plutôt que de l'abattre était née chez Daviel dans le courant des années 1740, ce n'est qu'en 1752 qu'il s'en était officiellement ouvert à ses collègues chirurgiens. Emporté à soixante-neuf ans, il n'avait donc eu que dix années pour exposer les avantages de sa méthode et démontrer qu'elle était supérieure au classique abaissement. Convenons que c'est bien peu de temps pour convaincre et que la disparition rapide de ses fils après sa mort lui avait ravi ses probables plus fidèles défenseurs. Certes, Hoin à Dijon, Sharp à Londres, Reichenbach à Tübingen avaient compris instantanément l'intérêt de sa méthode, mais il sera très long le temps qui la transformera en une pratique universelle. Il est intéressant, à cet égard, de reproduire une note publiée dans les « Mémoires de l'Académie royale de chirurgie » en 1819. Elle accompagne une réédition de l'article princeps de Daviel proposé à la même Académie en 1752. Cette note précise ce que l'on pense de l'extraction soixante-sept ans après que Daviel en eut proposé le principe à ses collègues.

« De nos jours, la méthode d'extraction et celle de l'abaissement sont également en vogue ; mais l'une ou l'autre est adoptée exclusivement par chaque chirurgien. À l'Hôtel-Dieu et à l'hospice de l'École, on opère toujours par abaissement, et toujours par extraction à l'hôpital de la Charité. Dans ce dernier, cependant, on abaisse quelquefois le cristallin au lieu de l'extraire. C'est quand on opère sur des yeux très petits, très gros ou très enfoncés, quand les malades sont très jeunes ou qu'ils ont le bord libre des paupières habituellement enflammé, ou enfin lorsque la pupille est très resserrée. Scarpa, qui a surtout insisté sur les avantages de l'abaissement, a rendu l'opération plus facile en donnant à l'aiguille une pointe recourbée pour mieux agir sur le cristallin »... Scarpa était resté un fervent adepte de « la réclinaison » qui n'était autre que l'abaissement, et Dupuytren, le grand chirurgien parisien, partageait cette opinion. De même que Percivall Pott en Angleterre ou Wilburg en Allemagne. On reste donc, en ce début du XVIIIe siècle, partagé entre les deux techniques, mais on peut constater en consultant la même note que les partisans de l'abaissement ne cessent de modifier leurs instruments et leurs voies d'abord de la cataracte à la suite de l'impulsion nouvelle donnée à l'opération de la cataracte par Jacques Daviel. « Au lieu de faire pénétrer l'instrument destiné à abaisser la cataracte par la sclérotique, on a, dans ces derniers temps, proposé un autre procédé auquel on a donné le nom de *Kératonixis,* et qui consiste à traverser la cornée d'avant en arrière pour passer à travers la pupille et opérer l'abaissement »... C'est la voie cornéenne que Daviel a préconisée, quand bien même elle serait d'application différente. « Il est des chirurgiens qui ne se bornent pas à ôter le cristallin de l'axe visuel, ils le coupent en plusieurs fragments qu'ils poussent dans la chambre antérieure pour en hâter l'absorption. Le déchirement, qui est plus particulièrement appliqué à la cataracte membraneuse, est devenu pour quelques praticiens une méthode constante d'opérer la cataracte »... et de réaliser les gestes de Daviel sans se l'avouer ; car que font ces chirurgiens sinon une extraction du cristallin non contrôlée en prenant des risques que Daviel savait éviter en évacuant plus complètement le cristallin fragmenté ? Même ceux qui prétendent pratiquer l'abaissement essaient d'y associer des gestes que l'on utilise dans l'extraction. On y lit plus loin : « On a abandonné les instruments beaucoup trop nombreux dont Daviel se servoit pour l'extraction. On ne se sert plus que d'un petit couteau pour inciser la cornée. Les uns préfèrent celui de Richter, les autres celui de Wenzel. Le kystitome de La Faye n'est pas resté non plus. » Cinquante ans après sa mort, nous sentons donc toujours vif le débat que Daviel avait su relancer à propos de l'opération de la cataracte, à la fois dans ses principes et dans son instrumentation. Si le nom de Daviel n'est plus aussi souvent prononcé, tout tourne encore autour des idées qu'il a conçues et présentées à ses collègues.

L'extraction recrute au cours des ans de nouveaux adeptes qui s'y exercent et en modifient les pratiques. Michael et Jacob de Wenzel, Jonathan Wathen, Joseph Warner, Louis Béranger, Jacques René Tenon, Pierre François Benezet Pamard, August Gottlieb Richter, Joseph Beer et Thomas Young pour ne citer que les plus connus [1]. Tous y ajoutent une touche personnelle et souvent un instrument original. C'est ainsi que Pamard, en 1784, présente à l'Académie royale de chirurgie de Paris sa nouvelle incision cornéenne ; elle est située, à la surprise de tous, à la partie supérieure de la cornée, contrairement à celle de Daviel qui était inférieure. Mais peu d'ophtalmologistes en saisissent l'intérêt ou osent la pratiquer, alors qu'un siècle plus tard elle sera unanimement adoptée.

À Paris, la « querelle » qui oppose les participants de l'extraction à ceux de l'abaissement occupe grandement les esprits et demeure un motif de progrès chirurgical chez les uns et les autres pendant toute la fin du XVIIIe siècle et le début du XIXe. On pourrait penser, tant elle relance et individualise l'ophtalmologie, qu'elle n'est pas indifférente à la décision de La Martinière, premier chirurgien du roi, de créer, trois ans après la disparition de Jacques Daviel, en 1765, la première chaire d'*ophtalmoïatrie* au collège de chirurgie de Paris et de la confier à Florent Deshayes-Gendron. Lui-même est partisan de l'extraction, et affirmera dans son traité que « personne ne peut disconvenir que M. Daviel n'ait été le premier qui ait pratiqué cette opération et qui nous ait donné les instruments convenables pour le faire ». S'opposent pourtant et s'opposeront encore longtemps à cet avis la majorité des ophtalmologistes français à la tête desquels se place le puissant Dupuytren, chantre de l'abaissement. On se doit d'admettre que les idées de Daviel seront plus volontiers reprises et développées à l'étranger que dans son propre pays, n'est-ce pas habituel ? En Angleterre, nous l'avons vu avec Samuel Sharp, Thomas Young, mais aussi Thomas Hope ; au Pays-Bas avec Gilbert de Witt, Gerard den Haff, en Suède avec Olaiis Agrell Adhebins ; en Allemagne avec Reichenbach de Tübingen, qui fut l'un des premiers à pratiquer l'extraction et qui dira que « Daviel avait été plus utile aux aveugles que nombre de [ses] prédécesseurs parmi les plus illustres de [son] pays ». À côté de lui, Manchart de Kermale, Nicolaï Welken et Delnes Richter, mais surtout, plus tard, à Berlin, les célèbres Graefe, père et fils, qui adopteront l'extraction et « abandonneront l'abaissement aux maladroits ». Et aussi Sichel qui, venant de Francfort, fondera à Paris la première clinique ophtalmologique où l'on pratiquera communément l'extraction. Ce n'est en vérité qu'à la fin du XIXe siècle que l'extraction du cristallin initiée par Jacques Daviel s'imposera comme la seule possibilité d'opérer utilement et avec le plus de sécurité la cataracte. Mais il faut préciser que, si les Wecker, Panas, Webster, Knap et

1. D. B. Weiner. « An eighteenth century battle for priority : Jacques Daviel (1693-1762) and the cataract extraction », *The Journal of the History of Medicine and Allied Sciences*, *op. cit.*, vol. 41, p. 129 à 155, 1986.

tous les autres s'y étaient engagés, c'est que des progrès importants avaient transformé leur pratique et en avaient rendu la réalisation infiniment plus aisée. Les avantages qu'avaient apportés, à la fin du siècle, les médications dilatant la pupille avaient permis un abord très aisé du cristallin et un contrôle direct des gestes à son niveau. Mais surtout l'anesthésie locale par un collyre à la cocaïne avait eu un rôle déterminant. Elle avait transformé le geste furtif et douloureux des anciens en une procédure indolore, plus décomposée et plus sereinement accomplie. C'est alors qu'on put dire que Daviel avait gagné la partie engagée un siècle et demi plus tôt, et il est vrai qu'on n'hésita plus à affirmer sa responsabilité dans l'initiative de l'extraction et à lui en être reconnaissant. Julius Hirschberg, en 1907, dans son *Histoire de l'ophtalmologie*, n'hésitait pas à honorer « l'homme de génie né sur le sol français [...] et le protagoniste de l'extraction de la cataracte ». Alvin A. Hubbel, en 1902, à l'occasion du troisième cinquantenaire de la présentation de Daviel de 1752 devant l'Académie royale de chirurgie, tout en laissant supposer que le mérite de la découverte de Daviel ait pu être partagé, avait été plus explicite encore en soulignant chez Daviel la pugnacité, la clairvoyance et le génie. « Ne cessons jamais d'admirer le génie et le courage de cet homme ou de suivre son exemple de patient labeur, de travail expérimental et d'application pratique pour parvenir à ses fins [...]. Inscrivons-le en nos mémoires comme l'un des grands bienfaiteurs de l'humanité et l'un des plus puissantes figures de la Médecine. »

Il est vrai qu'à l'époque où est publié cet article il est devenu commun d'honorer Daviel. Dès 1885, un comité d'ophtalmologistes et de médecins suisses, sous les auspices de la Société médicale et de la faculté de médecine de Genève ainsi que le Dr Auguste Brun, trésorier de l'Association des médecins de France, décidèrent, à l'initiative du Dr Halenhoff, de célébrer sa mémoire. Ils érigèrent un monument sur le lieu de la sépulture au cimetière du Grand-Saconnex, une pierre de marbre de 2 m de haut environ appliquée le long du mur d'enceinte de l'enclos funéraire qui entoure l'église catholique de Sainte-Élisabeth. Exécuté d'après les plans de l'architecte Reverdin sur un dessin d'Hugues Bovy, il porte un médaillon de bronze ciselé par M. Berthaud, surmonté de « Post tenebra lux » et dédié à « Jacques Daviel, né à La Barre en 1696 (*sic*) mort à Genève en 1762. Chirurgien et oculiste qui le premier guérit la cataracte par extraction, repose en ce cimetière », suivi de la mention : « érigé par les oculistes suisses, 1885 », le 8 octobre exactement. Avaient été conviés à la cérémonie Alfred Daviel, avoué à la cour de Rouen et Laignel Lavastine, premier président du

Conseil de préfecture de l'Eure [1], tous deux représentant la famille Daviel. L'idée de cette cérémonie portée à leur connaissance par l'invitation d'Alfred Daviel impressionne profondément tous ceux qui depuis longtemps souhaitent, en Normandie, honorer le grand oculiste, et tout particulièrement le Dr Gauran, médecin d'Ernest Daviel, arrière-arrière-petit-neveu de Jacques, le père d'Alfred. C'était un souhait qu'il portait en lui depuis longtemps auquel il voulait associer ses confrères normands et les autorités locales. Le projet des médecins suisses fortifie ses convictions et lui offre les arguments les plus propices à ses démarches. Il présente à la commission municipale de Rouen un rapport destiné à convaincre les édiles d'accorder à une rue de la cité le nom de Jacques Daviel. Il obtient gain de cause le 13 mars 1885. La presse normande publie à cette occasion une notice bibliographique du célèbre oculiste de La Barre, qui sensibilise le département de l'Eure aux mérites de son illustre compatriote. La Société libre de ce département décide, dans un premier temps, de s'associer à la manifestation suisse du Grand-Saconnex, d'y faire porter des fleurs et le télégramme suivant : « La Société libre de l'Eure (section de Bernay) s'associe à l'hommage rendu à Jacques Daviel sur le lieu de sa sépulture et espère convier bientôt ses nombreux admirateurs à La Barre, lieu de sa naissance pour honorer dignement la mémoire de ce bienfaiteur de l'humanité. » L'Eure allait rapidement rendre hommage à son héros, à La Barre-en-Ouche, puis à Bernay. En 1887, le conseil municipal de La Barre, ignorant jusqu'alors « que La Barre avait donné naissance à un homme aussi illustre [2] », décide sous l'impulsion du département de donner le nom de Jacques Daviel à sa Grand-Rue. La Barre ainsi reconnaissante, celle qui, deux siècles plus tôt, avait abrité les rumeurs diffamantes qui avaient brisé la famille Daviel. La Barre que Jacques, après tout ce temps d'oubli, avait reconquise en imposant le nom de Daviel comme le plus flatteur de ceux que désormais les gens du village citeraient pour valoriser leur petite cité, et se vanter. Après tout ce qui était arrivé, éclatante revanche du jeune adolescent meurtri qui avait fui le foyer détruit de sa famille et qui, par ses seuls talents, rapportait à son village le rayonnement d'une gloire devenue universelle et que d'autres célébraient. Il aura même son buste sur la place de La Barre, comme sa statue en bronze à Bernay, édifiée à la suite d'une souscription nationale. C'est le 26 juillet 1891 qu'elle sera inaugurée, au cours d'une manifestation imposante où se retrouvèrent les grands ophtalmologistes de l'époque. Ces deux effigies de bronze connurent le destin pitoyable que les Allemands imposèrent aux bronzes pendant la Seconde Guerre mondiale.

1. J. Figarella, *op. cit.*
2. T. Vetter, *op. cit.*

Ils furent fondus. On ne peut que le regretter, car la statue de Bernay, due au ciseau de Guilloux, montrait avec élégance un Daviel vraisemblable dans l'exercice de son art, la main gauche posée sur une tête, placée sur un piédestal, et la main droite prête à porter une aiguille vers elle. Même si la ressemblance avec Daviel semblait sujette à caution à l'observation de son visage, confronté à celui qu'en a peint Nonotte, on peut trouver à cette statue disparue un charme qu'on ne retrouve pas dans celle qui l'a remplacée en 1951. Celle-ci, taillée dans la pierre par Bourret et inaugurée en présence de Jacques Hébertot-Daviel, auteur du discours, est sans grâce, et il faut faire effort pour imaginer que l'homme massif et raide qu'on nous présente ait eu un si subtil esprit. Las, on pourrait dire la même chose au sujet du buste de La Barre. Un buste de consolation, car on avait espéré avoir une statue en pied comme à Bernay, et plutôt à La Barre qu'à Bernay. Un buste en bronze de Guilloux mis en place sur un socle de pierre blanche sur la place de la mairie. Pas plus ressemblant que celui de Bernay, mais de caractère. Fondu lui aussi, il a été remplacé en 1967, grâce à M. Bruneau qui sollicita le sculpteur Goupil pour en tailler un autre, en pierre. Il sera placé contre le mur du marché aux fleurs. À La Barre comme à Bernay, les effigies de Daviel, reconstituées, ont perdu leur grâce, mais au moins ont-elles le mérite de préserver la mémoire du grand oculiste. Tout comme celles qui ont été érigées çà et là dans les universités françaises ; à Paris où Panas avait souhaité qu'une copie de la statue de Bernay, la première de bronze, soit placée à l'Hôtel-Dieu où elle était encore en 1957. À Montpellier, à l'hôtel-Dieu de Marseille où son culte est particulièrement entretenu, mais aussi en d'autres lieux où des bustes analogues à celui que découvrit Théodore Vetter en 1962, chez un antiquaire, reposent, identifiés ou non. Il est impossible de répertorier, désormais, tous les hommages rendus à Jacques Daviel. Un nombre incalculable d'articles en toutes langues ont décrit, analysé, critiqué sa vie scientifique en des ouvrages la plupart du temps fragmentés. C'est à partir de ceux-là et des manifestations honorant sa mémoire que sont peu à peu réapparus les grands traits de la vie de Jacques Daviel, une vie que nous avons nous-même tenté de revoir au plus près de son esprit scientifique et de sa vie privée. Des manifestations parmi lesquelles nous citerons de façon nullement exhaustive celle qui s'est déroulée à Genève en 1926, avec M. Laignel Lavastine, parent de Daviel, celle de Marseille en avril 1927, avec le même orateur, à l'occasion du cent quatre-vingt-deuxième anniversaire de la découverte de Daviel (l'opération de l'ermite) et qui fut marquée par une exposition importante. En 1962, Marseille, une nouvelle fois, à l'occasion du bicentenaire de la mort de Daviel, organise un grand symposium jubilaire. On édite à l'occasion une médaille en bronze de l'oculiste. En 1963 se déroulent à Bernay les journées du timbre J. Daviel, édité dans la série des personnages célèbres, dont le dessin est dû à Décaris et la gravure à Mazébi. Jacques Hébertot-Daviel y est présent ainsi que Théodore Vetter, auquel on doit un remarquable travail d'historien de Daviel et chez lequel se devine une grande admiration du personnage. C'est à lui que l'on doit l'organisation, la même année d'une exposition en l'honneur de Daviel intitulée « Rencontres avec Jacques Daviel », tenue au centre Marcelin-Berthelot, pendant le 70e congrès de la Société française d'ophtalmologie, et au musée de l'Histoire de la médecine. On retrouve le même Théodore Vetter, président de la Société française de l'histoire de la médecine, dans le comité préparant, en 1993, le tricentenaire de la naissance de Jacques Daviel, à la bibliothèque municipale de Bernay en compagnie de sa conservatrice Mme Fabienne Gleye et de Pierre Amalric. Présentée dans la salle capitulaire de la superbe abbaye de Bernay, elle rassemblait les documents les plus évocateurs de la vie de Daviel et de son rôle dans l'histoire de l'opération de la cataracte.

Jacques Daviel a ainsi, quelque deux cent trente-cinq ans après sa disparition, gravé de lui-même son nom dans le marbre de l'histoire des hommes, et ce nom est universellement connu et honoré par les ophtalmologistes du monde entier. Le Dr Reijiro Hamada, ophtalmologiste à Tokyo, n'a-t-il pas dénommé son laboratoire « Jacques Daviel » tant son admiration est grande pour l'oculiste français ? Mais cet exemple n'est que l'un des innombrables que l'on pourrait relever tant sont nombreuses les occasions de citer le nom de Daviel au-dessus des portes des salles de chirurgie ou d'hospitalisation, ou encore dans les colloques qui rassemblent historiens ou oculistes. Mais, de tous ces témoignages, sans doute le plus sensible à Jacques Daviel serait celui que ses concitoyens lui ont offert en donnant son nom au lycée de La Barre-en-Ouche qui le porte depuis 1978 et qui fait que désormais tous les enfants de son village écrivent, lisent, répètent ce nom en une inépuisable litanie, symbole de réussite et d'exemple. Lui qui fut sensible au compliment, eût-il pu en imaginer de plus beau, de plus constant, de plus durable ?

ÉPILOGUE

Jacques Daviel fut incontestablement l'inventeur d'une nouvelle méthode d'opérer la cataracte, et cette découverte française qui bouleversait des habitudes millénaires valait bien qu'on s'intéressât à sa vie. Même si l'on a pu contester en un temps la paternité de cette initiative, aucun historien de la médecine ne nie désormais que Jacques Daviel fût à l'origine d'une conception radicalement différente d'agir sur le cristallin pour traiter la cataracte et qu'ainsi il ait ouvert une ère nouvelle, dont on apprécie de nos jours les lointains mais spectaculaires aboutissements. La technique de l'extraction de la cataracte fut conçue, réalisée, démontrée et proposée par lui, même s'il fallut plus d'un siècle pour qu'elle s'imposât. De nos jours, c'est toujours l'extraction du cristallin que l'on réalise, et si l'on a préféré, en un temps, l'extraction totale du cristallin, noyau et enveloppe comprise, c'est à une extraction, à la Daviel, que l'on est revenu, c'est-à-dire à l'incision de l'enveloppe du cristallin que l'on conserve et à l'extraction de son contenu, le noyau et les masses opaques qui l'entourent responsables de l'altération de la vision. On peut donc affirmer que le concept mis en place par Jacques Daviel est toujours valable et que ce n'est pas le moindre de ses mérites. Certes, on nous permettra d'ajouter que l'extraordinaire qualité de l'intervention de nos jours n'a plus que de très lointains rapports avec l'intervention de Daviel. Deux siècles et demi de progrès ont permis de passer du geste furtif de l'oculiste qui ne voulait pas prolonger inutilement une action réalisée sans anesthésie, sans préparation du malade, sans dilatation pupillaire, à celui du chirurgien moderne qui prend son temps pour pénétrer un œil rendu indolore, immobile, à la pupille parfaitement dilatée, offert au grossissement d'un microscope opératoire qu'un zoom adapte à ses besoins. On dispose d'instruments très perfectionnés qui optimisent des gestes qui s'enchaînent avec une rigueur impeccable. Mais le principe qu'a mis en avant Jacques Daviel, celui qui consiste à vider l'enveloppe du cristallin de son contenu opaque, reste le motif majeur des progrès que nous vivons actuellement. Ceux que l'on peut désormais offrir à nos malades, ceux qui nous entourent. Et que l'on voudrait offrir à tous les hommes porteurs de cataracte dans le monde entier, car la cataracte est la première cause de cécité du monde moderne [1]. Elle ne peut malheureusement être opérée faute de chirurgien, de moyens, dans la plupart des pays pauvres. Les trop rares hôpitaux ou missions qui en dispensent les formes modernes d'extraction n'atteignent qu'un nombre limité de patients et ignorent une grande part de ceux qui, dès l'âge de quarante-cinq ans, sont voués à la cécité progressive qu'un guérisseur traditionnel opérera peut-être un jour par l'antique méthode de l'abaissement. Celle qu'avait stigmatisée Daviel, à cause de ses complications postopératoires, des complications menant au taux impressionnant de 70 % de cécité dans les années qui suivent l'abaissement comme l'a démontré une étude récente réalisée au Mali [2] et qui confère rétrospectivement à l'interdit de Daviel une éclatante approbation. En appliquant la rudimentaire extraction mise au point par Jacques Daviel à tous ces aveugles en attente d'opération, c'est vingt millions d'aveugles auxquels on rendrait une vision compatible avec les gestes quotidiens de la vie.

Il n'est pas indifférent d'analyser les raisons du succès de Jacques Daviel, un succès qui, d'ailleurs, fut moins contemporain de sa vie que de celle de ses successeurs. Elles dépendent naturellement de son talent, sur lequel nous reviendrons, mais surtout de l'époque à laquelle ce succès est intervenu. Les idées concernant la cataracte avaient, peu avant qu'il s'intéressât à l'oculistique, pris une tournure résolument scientifique. On savait que la cataracte était le résultat d'une opacification du cristallin. C'était un acquis considérable, par le fait même que les principes de l'intervention reposaient désormais sur une réalité anatomique qui n'avait jamais été précisément soupçonnée. Ce que l'on « abaissait » prenait un sens nouveau et n'était plus cette « humeur », cette « membrane » sur laquelle on dirigeait l'aiguille qui « la » plongeait dans le corps vitré. Ce cristallin, anatomiquement reconnu, suscitait toutes sortes de réflexions concernant à la fois les moyens d'agir sur lui et les conséquences de son séjour dans l'œil lorsqu'il était « abaissé ». Des

1. 52 à 54 % du total des cécités dans le monde, selon l'OMS.
2. Statistique de l'Institut d'ophtalmologie tropicale africain (IOTA), Bamako, 1997.

réflexions, dans le goût si particulier des Français d'alors, ceux qui par leur dynamisme intellectuel, leur désir d'organiser le savoir, la qualité des travaux qu'ils accomplissaient, les méthodes rationnelles qu'ils appliquaient, allaient qualifier scientifiquement le Siècle des lumières. Il n'est pas exagéré de dire que cette seconde moitié du XVIIIe siècle a offert à la France une suprématie intellectuelle et scientifique qui lui conférait une place inégalée dans le monde. Daviel a su utiliser les avantages de cette situation et profiter des tribunes alors souveraines de la science française. Sans doute des travaux identiques, réalisés dans un autre pays d'Europe, eussent-ils été, en ce même temps, moins aisément reçus, critiqués puis admis et diffusés que ceux que Daviel produisit à Paris. Il bénéficia sans aucun doute de l'extraordinaire expansion scientifique que valorisait l'édition française de l'époque et qu'on lisait partout.

Cela dit, ces conditions favorables ne doivent pas diminuer la responsabilité ni le rôle de Daviel dans la genèse et dans la diffusion de sa méthode. On peut supposer que, tôt ou tard, un autre que lui aurait, à partir des mêmes acquisitions, entrepris de modifier les habitudes chirurgicales de la cataracte. Tant il est vrai que les découvertes sont sur le point d'être annoncées par plusieurs auteurs à la fois et que seul le nom du premier publié reste en nos mémoires. Daviel ne nous a d'ailleurs pas caché ses sources. Il avait lu dans les journaux scientifiques qu'il était possible, en ouvrant la cornée, d'extraire un cristallin, ou une partie de celui-ci, passé devant l'iris après une opération d'abaissement ratée. Il en avait retenu le principe, et d'autres que lui l'avaient sans doute retenu aussi. Il y avait même eu recours pour réparer certaines situations compromises par un premier temps opératoire. Mais il est le seul, et il sera très attaché à ce qu'on le reconnaisse, à avoir envisagé que ce pourrait être une nouvelle manière d'extraire le cristallin, une manière d'agir de première intention et non un moyen de réparer ce qui avait été d'abord compromis par un geste maladroit. En ce sens, il faisait montre d'une audace que ses confrères, à notre connaissance, n'avaient jamais eue. Une audace qui l'entraînait loin de la routine et le rapprochait de situations dans lesquelles les ennuis pourraient bien se révéler supérieurs aux avantages. Une audace qu'il fallait puiser dans son caractère, dans l'originalité de ses pensées, dans une liberté d'action que favorisait peut-être le décours très singulier de sa vie. Chez lui, aucune racine médicale, aucun environnement rigide, inspirateur de prudence et de conformisme n'était intervenu ; il n'appartenait plus à aucune classe sociale dont les pesanteurs sont parfois bien inhibitrices. Il avait quitté la sienne, petite bourgeoisie provinciale bafouée, bien malgré lui, mais avec l'avantage de n'en avoir pas reçu un destin tout tracé ; il s'était retrouvé orphelin sans modèle, libre de ses choix, aiguillonné par le besoin de survivre, de surcroît volontaire, courageux et fort d'une expérience sans pareille qui lui avait permis d'éprouver les conséquences de ses actes, au jour le jour et à ses seuls dépens. Et puis probablement, malgré la rigueur morale qu'on a cru discerner chez lui, une sorte d'originalité confinant à la marginalité. Une marginalité dans les manières d'acquérir sa maîtrise qu'il aurait pu probablement obtenir par des voies plus ordinaires ; marginalité à laquelle les difficultés de justice de la famille à l'orée de sa vie l'avaient certainement contraint. Marginalité acquise au dur feu de la guerre et de la peste qui conférait aux actes de l'existence moins de valeur, et exigeait parfois une pointe de cynisme pour les entreprendre. Ne retrouve-t-on pas ce trait de caractère au moment du passage du Chevalier Taylor à Marseille, quand son exemple douteux inspire à Daviel le choix de l'oculistique comme moyen de progrès social et peut-être davantage encore lorsque celui-ci décide d'utiliser le *Courier d'Avignon* pour son faire-valoir ? Ces prédispositions-là allaient déterminer le succès de Daviel et pérenniser celui-ci. Car, s'il est avantageux d'être socialement reconnu, c'est un acquis considérable que de l'être scientifiquement, et Daviel le fut. Et il le fut grâce aux qualités profondes et nobles que nous avons rencontrées chez lui, mais sans doute en partie aussi à cette capacité marginale de son caractère qu'on lui reconnaît et qui fit de lui, longtemps, un solitaire obstinément branché sur la voie de la découverte. Cet original que ses collègues marseillais avaient parfois brocardé n'en était pas moins très soucieux de faire savoir qui il était, ce qu'il faisait et d'aspirer à ce que l'on reconnût ses mérites. Et d'en prendre les moyens, fussent-ils aux dépens de ses malades, lorsqu'il abordera des façons nouvelles d'opérer et qu'il les utilisera pour la première fois. Une attitude qu'il n'est pas rare de rencontrer chez les découvreurs et qui leur permet d'oser ce que d'autres n'entreprendraient pas. Le chemin de la découverte emprunte fréquemment des voies sinon réprouvées, du moins déconseillées par la plupart des bien-pensants. Ceux-ci, détenteurs de la pensée académique, s'effraient devant les audaces d'un découvreur isolé et fustigent ses intentions en le menaçant des pires sanctions. Ils ne manquent pas d'arguments raisonnables, car les faits rapportés par l'obstiné découvreur sont, la plupart du temps, en contradiction avec ce qui est admis, vérifié et scientifiquement évalué. Une audace chirurgicale comporte des risques, des risques toujours plus nombreux dans l'application d'une nouvelle méthode que ceux d'une technique routinière et éprouvée. Il est constant le conflit qui oppose le ou les rares partisans d'un technique nouvelle à tous ceux qui demeurent convaincus de la qualité de leurs habitudes. Il est difficile de quitter une technique éprouvée et dont on est satisfait pour l'aventure d'une nouvelle manière ou les aléas d'un nouveau principe. Un chirurgien est conscient de ce qu'il peut offrir avec ce qu'il sait en un instant donné, et il est difficile pour lui de se résoudre à l'adoption d'une nouvelle méthode dont il redoute qu'au début de son usage elle ne le conduise à de graves complications. On a vu ce que pensaient les collègues de Daviel de ses audaces. Et il fallut à ce dernier une rare obstination et un goût de la singularité pour s'affranchir des barrières académiques et morales qui auraient reconduit la plupart de ses confrères vers un anonymat rassurant. Et aussi ce puissant mobile qui pousse un individu à rêver un progrès au travers d'une idée obsédante, fût-elle temporairement quelque peu contraire à l'éthique médicale et assez peu respectueuse des malades. Un mobile qui prend sa source dans une conception particulière de la pensée scientifique où l'optimisme et les buts imaginés transcendent les réalités parfois amères de l'expérimentation, et négligent des risques inconsciemment ou consciemment mésestimés. Un exemple de la discipline ophtalmologique illustre parfaitement le rôle des pensées marginales dans la genèse du progrès. Nous vantons tous désormais, et avec complaisance, le succès de l'opération de la cataracte qui redonne à des patients handicapés une acuité visuelle comparable à la normale. Il y a trente ans, on subissait une intervention qui exigeait un séjour d'une semaine à l'hôpital et l'on ne recouvrait la vue qu'après quelques semaines, avec l'aide de gros verres correcteurs, que l'on ne pouvait supporter que si l'on était opéré des deux yeux, ou seulement en vision monoculaire quand on ne l'était pas. À moins qu'on ait supporté une lentille de contact qui était un appréciable mais contraignant progrès. Et pourtant, alors qu'on se contentait de ces méthodes éprouvées, incomplètement satisfaisantes, on avait déjà songé à une solution plus élégante. Un ophtalmologiste britannique en avait conçu la réalisation en implantant un cristallin en Plexiglas dans l'œil des malades auxquels il avait extrait le cristallin pour cataracte. Ce Dr Ridley avait judicieusement observé, juste après la Seconde Guerre mondiale, que les aviateurs anglais qui avaient été blessés au cours de la bataille de la Manche et qui avaient reçu des fragments de pare-brise dans l'œil les toléraient fort bien, sans aucune réaction. Il en avait conçu que des lentilles fabriquées avec le même matériau et adaptées à la taille de l'œil pourraient corriger très astucieusement le trouble engendré par l'extraction du cristallin, une perte de 20 dioptries environ, et ne pas être plus mal tolérées que ces corps étrangers qu'il avait repérés chez les aviateurs blessés. Ce qu'il avait imaginé seul, il le réalisa, et d'autres après lui. Les résultats immédiats soulevèrent l'enthousiasme chez les uns et la réprobation chez les autres. Comment avait-on pu oser entreprendre une chose pareille et faire courir de tels risques à des patients, quelques milliers qui furent opérés dans la foulée par Ridley, ses partisans et des ophtalmologistes européens qui s'étaient inspirés de cette nouvelle manière de faire. Elle avait de quoi séduire et effrayer. Séduire, elle en avait les moyens. Les premiers résultats furent à la hauteur des espérances de ces audacieux chirurgiens. L'acuité visuelle obtenue n'avait jusqu'alors jamais atteint un tel degré de confort et de normalité, comparable à une vision normale, et ce seul fait portait à étendre les indications de cette miraculeuse intervention. C'était sans compter avec la nature qui rapidement fit déchanter les promoteurs de la méthode et rendit aveugles ou presque les yeux où l'on avait introduit le fameux cristallin artificiel. Ceux qui avaient été effrayés par l'audace de leurs imprudents et téméraires confrères n'eurent pas le triomphe modeste, et la communauté rumina longtemps ce conte moral qui semblait punir l'orgueil des hommes aux rêves impossibles. On entendit alors les pires sentences : l'œil n'était pas fait pour tolérer des corps étrangers, la nature rejetterait toujours ces inclusions anormales, et les chirurgiens qui avaient eu l'imprudence d'être enthousiastes retrouvèrent leurs façons ordinaires d'opérer. Certains avec le souvenir qu'il y avait tout de même des malades qui avaient bien toléré leur implant cristallinien, petit miracle qui compensait les drames qu'ils avaient trop souvent vécus. D'autres jurèrent qu'on ne les y reprendrait plus. Quelques années passèrent, mais l'idée restait dans l'air malgré les interdits qui accompagnaient toute évocation de la première génération des implants cristalliniens. Et cette idée vint réhabiter l'esprit d'une génération nouvelle d'ophtalmologistes ; elle fit son chemin, avec des considérations nouvelles et l'acquis douloureux des premières implantations. La Hollande fut la terre fertile à cette nouvelle germination, et deux ophtalmologistes eurent l'audace extrême de braver les interdits et de reprendre à leur compte, séparément par des voies originales, les problèmes liés à l'implantation d'un cristallin artificiel dans l'œil. Aidés des solides acquis de la précédente tentative, les Drs Worth et Binkhorst surent, au milieu de la désapprobation quasi générale, mener à bien leur entreprise et démontrer que la situation, le dessin, la fixation, de l'implant permettaient d'éviter les complications redoutables des premières implantations. Ils avaient su, marginaux en pensée, réhabiliter suffisamment l'implantation intraoculaire pour que les complications moins systématiques, moins fréquentes puissent enfin être considérées comme compatibles avec la poursuite des recherches en ce domaine. C'était le départ de la grande aventure de l'implantation, reprise par toute la communauté des ophtalmologistes et qui devait conduire à la quasi-perfection des interventions d'aujourd'hui. Une extraordinaire acquisition jalonnée d'échecs, d'yeux aveugles, de permissive audace, d'optimisme excessif, dont il est légitime à la fois de se plaindre et de se réjouir. Que serait l'intervention de la cataracte aujourd'hui si ces inventeurs quelque peu agressifs n'avaient eu le courage (ou l'optimisme béat) d'imaginer, de réaliser ce qui alors touchait à l'impossible ? Une opération d'autrefois incapable de restituer en quelques heures l'impression d'une vision normale identique à celle qu'on avait quand on était jeune ou même telle qu'on ne l'avait jamais eue. Car c'est à la suite de ce formidable progrès de l'implantation que se sont développées toutes les façons d'opérer la cataracte, afin d'affiner la qualité de la vision retrouvée, et il serait aisé de démontrer là encore le permanent combat entre les inventeurs, riches des risques ajoutés, et les conservateurs nantis des acquis assurés, qui provoque un constant réajustement du savoir et l'acquisition des meilleures manières de faire. Les étonnants progrès de l'ophtalmologie de ces vingt-cinq dernières années n'ont été dus depuis l'implantation qu'à la puissante intervention des biotechnologies, incluant aussi bien l'usage des microscopes opératoires favorisant la microchirurgie que celui des biomatériaux avec lesquels on fabrique les implants, que celui des ultrasons, base de l'émulsification du cristallin [1], méthode si douce, si peu agressive, si performante et révolutionnaire que lança Kellmann aux États-Unis il y a plus de vingt ans, et qui dans ses développements est devenue la plus commune façon d'opérer. Sans compter le manière d'anesthésier le malade qui a remis en question la nécessité d'hospitaliser en matière d'opération de cataracte. On en revient presque au fauteuil de Daviel avec les immenses avantages de deux siècles et demi d'inventions à l'origine desquelles on retrouve un esprit qu'il ne démentirait pas. Ces deux siècles et demi représentent l'ère qu'il a ouverte, car avant lui l'abaissement du cristallin était la méthode usuelle de libérer la pupille de l'opacité blanchâtre qui l'encombrait, elle était au moins trimillénaire et immuable dans son principe. Il fut le premier à imaginer qu'il était possible d'extraire le cristallin en ouvrant l'œil, en fendant l'enveloppe du cristallin et en en extrayant le contenu opaque. L'opération de la cataracte peut donc répondre à deux périodes, celle d'avant Daviel, dite de l'abaissement, celle d'après Daviel, dite de l'extraction. On aura compris que celui qui sut créer une ère nouvelle dans le traitement de la maladie oculaire la plus fréquente des hommes méritait qu'on essayât de retracer non seulement les étapes de sa carrière, ce qui avait déjà été fait, mais surtout d'en saisir les origines, les décisions, les orientations, le support scientifique et les traits de son caractère qui jusqu'à présent n'avaient jamais fait l'objet d'une réelle tentative. Espérons qu'on ait pu intéresser le lecteur à la vie exemplaire de ce Français, méconnu du grand public, et qui mérite de figurer parmi les plus grands chirurgiens de notre pays, par les preuves de son civisme, l'originalité de son génie et l'étonnant chemin de sa vie. En est il tellement dont on puisse faire précéder leur nom des prépositions *avant* et *après* pour désigner deux périodes du savoir des hommes ?

1. Communément dénommée phacoémulsification.

BIBLIOGRAPHIE

NOTES D'ARCHIVES, BIBLIOTHÈQUES

- Archives départementales de l'Eure : 3 B 918, registre de baptême.
- Archives départementales des Bouches-du-Rhône :

Annexe d'Aix-en-Provence : B 3398, attribution de la maîtrise de chirurgie à J. Daviel.

B 5295, autorisation accordée à J. Daviel de passer l'examen lui permettant d'être agrégé au corps des chirurgiens de Marseille.

B 3411, arrêt du Parlement nommant J. Daviel démonstrateur royal d'anatomie et de chirurgie.

C 4384, minute d'une lettre adressée à M. de Malesherbes, en faveur d'Élisabeth, fille de Daviel.

Annexe de Salon-de-Provence : 202 E 274, 202 E 275, minutes notariales de Salon, concernant la famille Félix, le mariage de Daviel, naissance, décès, mariage des enfants Daviel : 201 E 446, 201 E U57, 201 E U 59, 201 E 786 fol. 9 (Marseille, paroisse Saint-Martin).

- Archives municipales de Marseille : CG 243, lettre autographe de Daviel aus échevins de Marseille.
- Archives nationales :

Minutier central III 935 (acte d'achat de la charge de chirurgien du roi)

Secrétariat de la Maison du roi : 01 92 fol. 354, 01 93 fol. 1 et 196, 01 95 fol. 84, 01 101 fol. 159, 01 102 fol. 207, 01 106 fol. 282.

- Archives du Quai d'Orsay : Ambassadeurs et consuls pendant le régne de Jean V, Recueil des instructions aus ambassadeurs du Portugal par le vicomte de Caix de Saint-Aymour, Paris, Édit. Félix Alcan, 1886.
- Bibliothèque de l'Académie nationale de médecine : Dossier Daviel, Arc. 52 n° 79, observation de Jacques Daviel sur la mort par noyade d'un galérien. Arc 34 N° 104. Lettre critique de Jacques Daviel.
- Bibliothèque de l'Académie des sciences : Dossier Daviel, I 2408.
- Bibliothèque de la faculté de médecine de Paris : Thèse de Jacques-Henri Daviel : *Utrium, cataractae tutior extractio forsicum ope ?* Thèse anatomie et chirurgie, 3 septembre 1757. Paris, Veuve Delaguette, (1757°) in-4°, 17 p.

- Bibliothèque municipale de Bernay : Dossier Daviel (deux lettres autographes de Jacques Daviel à M. de La Condamine).
- Bibliothèque municipale de Reims : Fonds Maldan. Autographe et cachet de Jacques Daviel sur des lettres de Jacques Daviel à J.-B. Caqué.
- Bibliothèque de l'université d'Aix, Ms 41, Pièce 14. Daviel et la communauté des maîtres chirurgiens-jurés.

PÉRIODIQUES :

- *Mercure de France* :

DAVIEL J., Lettre à M. de Joyeuse, 30 septembre 1748, p. 198 à 221.

DAVIEL J., Réponse à M. Roussilles, 1er juillet 1749, p. 206 à 227.

DAVIEL J., Lettre au baron Haller, 30 septembre 1761, p. 146-158.

DAVIEL J., Lettre, réponse à M. Hoin, janvier 1760.

CHEVALIER DE FORBIN, Ode à M. Daviel, chirurgien oculiste du roi, juillet 1752, p. 55 à 60.

ROUSSILLES, Lettre à M. ***, docteur en Médecine, servant de réplique à la réponse de M. Daviel, insérée dans le *Mercure* de juillet 1749, mars 1750.

ROUSSILLES, Seconde lettre servant de réplique à la réponse de M. Daviel, avril 1750, p. 3 à 27.

MORAND, à propos du second mémoire de Daviel à l'Académie de chirurgie, juillet 1762, p. 141 à 144.

HALLER A. de, Réponse à une lettre de Daviel du 11 novembre 1761, janvier 1762.

- *Journal de Verdun* :

ROUSSILLES, Lettre à M. ***, février 1749.

- *Journal des Sçavans* :

DAVIEL J., Recueil périodique d'observations de médecine, chirurgie, et pharmacie (12 janvier 1756) réimprimé dans le *Journal des sçavans* de février 1756.

DAVIEL J. H., Lettre adressée à MM. les auteurs du *Journal des sçavans* sur les avantages de l'extraction de la cataracte. Nouvelle méthode inventée par M. Daviel (6 décembre 1755), publiée en février 1756, p. 106 à 117.

- *Mémoires de l'Académie royale de chirurgie* :

DAVIEL J., *Sur une nouvelle méthode de guérir la cataracte par l'extraction du cristallin*, t. 2, Paris, Delaguette, 1753, in- 4°, p. 337 à 352.

DAVIEL J., Même titre repris par l'Académie de chirurgie en 1819, pour une nouvelle édition de la publication de Daviel avec les commentaires de l'époque, tome second, p. 235 à 247, Paris, chez Menardet Desenne, fils libraires, rue Gît-le-Cœur.

DAVIEL J., *Dissertation sur les cataractes adhérentes*, 1759.

DAVIEL J., *Plaies des paupières*, t. IV.

FAYE (La), *Mémoire pour servir à perfectionner la nouvelle méthode de faire l'opération de la cataracte*, t. II, p. 563 à 577, 1753.

MORAND S. F. et VERDIER C., *Rapport des opérations de la cataracte par l'extraction du crystallin, faites devant les commissaires de l'Académie, par M. Poyet, chirurgien, premier élève de l'hôpital de la Charité*, t. II, p. 578 à 585.

MORAND S. F., *Éloge de Daviel, opuscules de chirurgie*, Paris, Desprez 1768, p. 82-90.

– *Mémoires de l'Académie royale des sciences* :

MÉRY J., *Questions de chirurgie : savoir si le glaucome et la cataracte sont deux différentes ou une seule et même maladie*, 2, p. 491 à 501, 1707.

– *Académie des sciences, arts et belles-lettres de Dijon* :

Registre des séances publiques, t. 2, du 23 janvier 1761 au 15 janvier 1765.

HOIN C., *Éloge de Daviel*, 26 janvier et 14 juillet 1763.

VERGNE J., *L'oculiste Jacques Daviel*, Mémoires de l'Académie des sciences et de belles-lettres, p. 114-119, 1961.

– *Académie des sciences de Toulouse* :

DAVIEL J., *Hydropisie du globe de l'œil*, séance du 17 juillet 1736.

– *Académie Portugaise d'histoire :*

Un agent du Portugal en France, Annales, deuxième série, n° 2, Lisbonne, 1949.

EXPOSITIONS, INAUGURATIONS, CÉLÉBRATIONS

– Rencontres avec Jacques Daviel. Exposition présentée au centre Marcelin-Berthelot en 1963, au 70e congrès de la Société française d'ophtalmologie et au musée d'Histoire de la médecine. Catalogue, Paris, Geigy, 1963, 58 p.

– VETTER Th. « Un ophtalmologiste de génie, Jacques Daviel (1693-1762) », *Histoire générale de la médecine*, p. 19 à 30, décembre 1963.

– Jacques Daviel (1693-1762), les lumières de l'œil, Exposition organisée par la bibliothèque municipale de Bernay et présentée dans la salle capitulaire de l'abbaye de Bernay (8 mai-30 août 1993). Catalogue Association pour la promotion de la culture à Bernay, Imprimerie Bernayenne, 27000 Bernay.

– Conférence Th. VETTER, « Éloge iconographique de Jacques Daviel. À propos d'un bicentenaire », *Presse médicale*, 70, 21, 1962, p. 1051 à 1054.

– VETTER Th., « Jacques Daviel, chirurgien oculiste du roy. À propos d'un bicentenaire », *ERG et Champ visuel*, novembre 1962, p. 22 à 55. Symposium jubilaire Marseille, 1963.

– VETTER Th., « Jacques Daviel en France et en Europe », *La Clinique ophtalmologique*, 1, 1963, p. 17 à 27, Laboratoires Martinet.

– VETTER Th., « Diderot et les aveugles clairvoyants », *Presse médicale*, 72, 8, 1964, p. 481 à 484.

- SEDAN J., « Daviel, Biographie », Symposium jubilaire de Marseille, 1963.
- ONFRAY R., « Daviel, esquisse cinématographique en 31 tableaux », *Conférences lyonnaises d'ophtalmologie*, n° 63, 1962, 63 p.
- SEDAN J,. « La révolution opératoire de Jacques Daviel », *La Clinique ophtalmologique*, 1963, n° 1.
- Centenaire de la Société française d'ophtalmologie (1883-1983).
- « Jacques Daviel », Laboratoires Dulcis, Monaco.
- SARACCO J. B. et RIDINGS B., « Jacques Daviel à Marseille ».
- VETTER Th., « La gloire de Jacques Daviel par l'image ou les suites heureuses d'une aphakie bien corrigée ».
- Bicentenario de la muerte de J. Daviel, Lagos, Arch. oftalmologia Buenos Aires, 1963.
- ONFRAY R., « Le bicentenaire de l'extraction de la cataracte », *Archives d'ophtalmologie*, 1946. Tome 8, p. 173-175, Paris
- LAIGNEL-LAVASTINE M., « La Journée Daviel à Marseille » organisée par le Pr Aubaret, Bulletin de la Société française d'histoire de la médecine, t. XXI, 1927, p. 190 à 194.
- Notes sur Jacques Daviel, Ve Congrès international d'histoire de la médecine, Genève, Imprimerie Albert Kundig, 1926.
- Articles dans les périodiques : *Paris-Normandie*, 21-22-23-25 avril 1962 et 22 février 1963.
- Timbre Jacques Daviel : Ophthalmology and Philately, I, Ophthalmologists on stamps, *Jacques Daviel* par Frédéric Blody, Archives of ophthalmology, vol. 97, p. 927, 1979.
- « Inauguration du monument de Daviel au Grand-Saconnex », *Revue médicale de la Suisse romande*, 5, 1885, p. 617 à 621, et *Journal de Genève*, 8 octobre 1885.
- Anonyme, Genf. Monument Daviel, Corresp. Blatt. Schw. Arzte, 23, 582 à 583, 1885.
- Autour des inaugurations de la statue de bronze de Bernay et du buste de La Barre-en-Ouche : Articles dans le *Journal de Rouen*, 17 mai, 12 juin 1887, 2-3 janvier 1889, 21-27 juillet 1891, le *Courrier de l'Eure*, 24 avril 1885 et le *Moniteur du Pays d'Ouche*, 30 mai et suivants.
- VAUCLIN V. E., « Jacques Daviel et sa Famille », Bernay 1891.
- CHAVERNAC, Discours à l'inauguration de la statue de Daviel à Bernay, 29 juillet 1906.
- Des évocations de Daviel sont parues en 1926 le 11 mai, en 1927 les 2 et 3 mai dans le *Journal de Rouen*, en 1951 le 20 juillet dans l'*Éveil de Bernay*, et en avril 1962 (21-22-23-25), février 1963 (22) dans *Paris-Normandie*.
- « Inauguration du buste de Daviel à l'Hôtel-Dieu de Marseille », Wecker L., Archives d'ophtalmologie, 1893, tome 13, p. 524-528, Paris.
- « Inauguration du buste de Daviel à la clinique ophtalmologique de Montpellier », TRUC H., *Nouveau Montpellier médical,* 1892.

ARTICLES ET MONOGRAPHIES

ALESSI F., *Le Séjour de J. Daviel à Marseille et en Provence*, thèse de Marseille, 1971.

AMALRIC P., « Jacques Daviel chirurgien-oculiste (1693-1762) », *in Vingt-Six Siècles de médecine à Marseille*, p. 120 à 123, Paris, Édit. Laffitte, 1996.

APPLES J., *Éloge ou Abrégé historique de la vie de M. Daviel*, Helvetica Acta, t. V, 1762, p. 174-179.

ARNAUD F., « Jacques Daviel, chirurgien et professeur à l'hôtel-Dieu de Marseille (1723-1746) », *Marseille médical*, 1889, p. 607 et suivantes.

AUBARET, « Le séjour de Jacques Daviel à Marseille et en Provence », Annales d'oculistique, t. CLXXIX, p. 10 à 23, 1946.

AUGUSTO FRANÇA J., *Lisbonne avant le tremblement de terre de 1755*, Lisbonne, Livraria Bertrand, 1977.

BALBI A., *Essai statistique sur le royaume du Portugal et de l'Algarve*, Paris, 1822.

BAMFORD P. W., *Fighting Ships and Prisons : the Mediterranean Galleys of France in the Age of Louis XIV*, Minneapolis, University of Minnesota Press, 1973.

BARTHÉLEMY N., « Notice sur Daviel » *in Marseille médical*, 1889, p. 117 à 120.

BERTRAND M., *Relation historique de la peste de Marseille en 1720* (Amsterdam), Jean Mossy, Imprimeur du Roi, de la Marine et Libraire au Parc à Marseille (1779, réimpression).

BINET, J. L., *Les Architectes de la médecine*, Paris, Les Éditions de l'Imprimeur, 1996.

BIRABEN, J. N., *Les hommes et la peste en France et dans les pays méditerranéens*, Paris, éditions 1975-1976, 2 vol. ; « La peste en 1720 à Marseille, à propos d'un livre récent » (de Carrière, Courdurie et Rebuffat) *in Mélanges, Revue historique*, t. CCXLVII, PUF, Paris, 1972, p. 407 à 426.

BLUCHE F. (sous la direction de), *Dictionnaire du Grand Siècle*, Paris, Arthème Fayard, 1990 ; *Louis XIV*, Paris, Arthème Fayard, 1986.

BOUCHER F., *Histoire du costume*, Paris, Flammarion, 1965.

BOURILLY V. L., *Histoire de Marseille*, Toulouse, édition, 1973.

BOUSSEL P., *Histoire de la médecine et de la chirurgie, de la grande peste à nos jours*, Paris, Édit. La Porte verte, 1979.

BOYER G. et CHAMPION J-L. (sous la direction de), *Mille Peintures des musées de France*, Paris, « Beaux-Arts », Gallimard, 1993.

BRISSEAU M., « Premières observations sur la cataracte », *in Traité de la cataracte et du glaucome*, Paris, Houry, 1709.

CARRIÈRE C., COURDURIE M. et REBUFFAT F., *Marseille, ville morte, la peste de 1720*, Marseille, Maurice Garçon édit., 1968.

CASANOVA, *Mémoires*, Paris, Bibliothèque de la Pléiade, Gallimard, 1960.

CHAST F. et JULIEN P., *Cinq Siècles de pharmacie hospitalière, 1495-1995*, Paris, Édit. Hervas, 1995.

CHAVERGNAC, *Daviel en Provence*, Bernay, J. et A. Lefèvre, 1891, 8 p.

CHICOYNEAU F., VERNY et SOULIER, « Médecins députés par la Cour à Marseille. Relation de la peste à Marseille », Imprimé par ordre de MM. Le Commandant, Gouverneurs et Échevins, le 10 novembre 1722 (Bibliothèque de la faculté de médecine de Marseille).

CORDIER M., « À la recherche de J. Daviel », thèse, Paris, 1955.

COLSON J. (dirigé par), *Vie et histoire du IVe arrondissement de Paris*, Paris, Édit. Hervas, 1988.

DECAUX A., *Les Grandes Heures de Versailles*, Paris, Librairie académique Perrin, 1970.

DELACROIX H., *Jacques Daviel à Reims, Michaud à Reims et Paris*, G. Masson, 1890 ; *Jacques Daviel à Reims*, Union médicale du Nord-Est, 337, octobre 1890.

DELAUNAY P., *La Vie médicale aux XVIe, XVIIe et XVIIIe siècles*, Paris, Éditions Hippocrate, 1935 ; *La Médecine et l'Église, contribution à l'histoire de l'exercice médical par les clercs*, Paris, Collection Hippocrate, Le François, 1948.

DELIGEORGES S., *Foucault et ses pendules*, Paris, Éditions Carré, 1995.

DIDEROT D., *Lettre sur les aveugles à l'usage de ceux qui voient*, Paris, Bibliothèque de la Pléiade, Gallimard, 1969, p. 811 à 872 (plus notes, additions).

DUKE-ELDER (sir), *Textbook of ophthalmology*, St Louis, Mosby, t. 3, 1941.

DUPONT-BARRON R., *L'Ophtalmologie en Franche-Comté au XVIIIe siècle*, « L'ophtalmologie des origines à nos jours », t. 2, Amonay, 1979, p. 93 et suiv.

ESCHOLIER R., « Hôtel-Dieu » *in Les Vieux Hôpitaux français*, Lyon, Édit. Laboratoires Ciba, 1938.

FAYE G. (de La), *Principes de chirurgie*, Paris, Houry, 1739.

FARNARIER G., « L'opération de la cataracte avant et après Jacques Daviel », *in Vingt-Six Siècles de médecine à Marseille*, Paris, Édit. Laffitte, 1996, p. 125 à 129.

FIGARELLA J., *Jacques Daviel, maître chirurgien de Marseille, oculiste du roi (1693-1762)*, Marseille, Robert, 1979 ; « Marseille et la peste de 1720 », *Revue Marseille*, n° 105-106 ; « La Provence et la peste de 1720 », *Revue Marseille*, n° 111-112 ; « J. Daviel, chirurgien marseillais, 1693-1762 », *Revue Marseille* n° 113, 1978, p. 42 à 56.

FILIPPI-GABARDI E., « Jacques Daviel à l'Académie des sciences de l'Institut de Bologne », *Journal italien d'ophtalmologie*, mars-avril 1957.

FOSSOYEUX M., *Hôtel-Dieu de Paris au XVIIe et au XVIIIe siècle*, Paris, Nancy, Berger-Levrault, 1912.

FRANCESCHETTI A., « Daviel à Genève », Gesnerus, 34, *Histoire de la médecine et des sciences naturelles à Genève*, p. 232-242 ; *Daviel et Genève, l'ophtalmologie des origines à nos jours*, t. 3, Annonay, Laboratoires Faure, 1981, p. 159 à 163.

GIMON L., *Chroniques de la ville de Salon*, Nîmes, Édit. Lacour, 1995, réédition d'un ouvrage de l'Édit. Remondet-Aubin, Aix, 1882.

GORNY, P., *L'Aventure de la médecine*, Paris, Lattès, 1991.

GOULEMONT J.-M., LIDSKY P. et MASSEAU D., *Le Voyage en France. Anthologie des voyageurs européens en France du Moyen Âge à la fin de l'Empire*, Paris, Bouquins, Robert Laffont 1995.

GOURY M., *Les Fouilles du* Grand-Saint-Antoine *et de Pomègues. Vivre en quarantaine dans les ports de Marseille aux XVIIe et XVIIIe siècles*, Édition musée d'Histoire de Marseille.

GUÉRIN, *Traité des maladies des Yeux*, Lyon, 1769.

GUILLAUMAT L., IBA-ZIZEN, M. T., NEWMAN N., CABANIS, E. A. et LOPEZ A., « Monsieur de Saint-Yves, 1722, précurseur en extraction de la cataracte et en ophtalmologie endocrinienne », *L'Ophtalmologie des origines à nos jours*, t. 4, Annonay, Laboratoires Faure, 1983, p. 165 à 168.

GUILLEUMA (José M., Simon de), *Jacobo Daviel, oculista del rey Luis XV, Su instrumental, biografia y viajes*, Barcelona, Laboratorios del Norte de España, S.A. Masnou, 1943.

GUISAN A., « Comment un médecin lausannois relate une opération de la cataracte pratiquée par Daviel », Bulletin de la Société française d'histoire de la médecine, t. XX n° 1-2, janv.-fév. 1926.

HALTENHOFF, G., « Courte notice historique sur Jacques Daviel », *Revue médicale suisse romande*, 4 (1884), p. 599 et 600.

HILDRETH H. R., « Daviel : modern surgeon », *American Journal of Ophthalmology*, 34, 1070 à 1074, 1953.

HILLAIRET J., *Dictionnaire des rues de Paris*, 2 vol., Paris, Éditions de Minuit, 1957 ; *Connaissance du vieux Paris*, Paris, Le Club français du livre, 1956.

HIRSCHBERG J., « Jacques Daviel », *in Graefe/Saemisch, Handbuch der Augenheilkunde*, II éd. vol. XIII, Leipzig, Engelmann, 1908, p. 470-546.

Histoire de la France rurale, sous la direction de G. DUBY et A. WALLON, t. 2 : *De la crise ultime à la vraie croissance (1690-1789)*, par E. LE ROY-LADURIE, Paris, Seuil, 1975.

Histoire de la France urbaine, sous la direction de G. Duby, t. 3, *La Ville classique*, vol. dirigé par E. LE ROY-LADURIE, Paris, Seuil, 1981.

Histoire du Portugal, Lisbonne, Verbo juvenil, 1983.

HUBBEL, A., « Jacques Daviel and the beginning of the modern operation of cataract extraction », *The Journal of the American Medical Association*, 39 : 177, p. 177 à 185, 1902 ; « Samuel Sharp, the First Surgeon to Make the Corneal Incision in Cataract Extraction with a Single Knife : a Biological and Historical Sketch », *Med. Lib. Hist. J.*, 2, p. 243 à 268, 1904.

IMBERT J. (sous la direction de), *Histoire des hôpitaux en France*, Toulouse, Édit. Privat, 1982.

KOELBING H. M., Kühneit und Umsicht : « Jacques Daviels Weg zur star-Extraktion (1745-1752) », *Klin. Mbl. Augenheilk*, 186 (1985) p. 235-238.

KRONFELD P. C., « History of ophthalmology : Jacques Daviel, the inventor of cataract extraction », *Survey of Ophthalmology*, 14, n° 2, p. 118 à 122.

LEBENSOHN, J. E., « The bicentennial of cataract extraction », *American Journal of Ophthalmology*, 30 : 922 et 923, 1947.

LE ROY-LADURIE E. Voir ci-dessus : *Histoire de la France rurale* et *Histoire de la France urbaine*.

LEVY-VALENSI J., *La Médecine et les médecins français au XVIIe siècle*, Paris, Baillière, 1933.

LOUIS V., *Encyclopédie* de Diderot et d'Alembert. Article sur la cataracte et le crystallin, t. II et IV, 1754.

LUCENET M., *Les Grandes Pestes en France*, Paris, Aubier-Montaigne, 1985.

MAÎTRE-JAN A., *Traité des maladies des yeux et des remèdes propres pour leur guérison, enrichi de plusieurs expériences de physique*, Troyes, Jacques Le Febvre, 1707.

MASSON P., « Les galères de France. Marseille, port de guerre », Annales de la faculté d'Aix-en-Provence, 20, 1-479, 1937, p. 245.

MAUREPAS A., BRAYARD F., *Les Français vus par eux-mêmes, le XVIIIe Siècle, Anthologie des mémorialistes du XVIIIe siècle*, Paris, Bouquins, Robert Laffont, 1996.

MAXIME D., « Daviel et l'Académie royale des sciences », *La Chronique médicale*, 40, 1933, p. 29 et 30.

MOURRE Ch., *La Peste de 1720 et les Intendants du bureau de santé, Provence historique*, t. XIII, 51, Aix-en-Provence, La Pensée universitaire, 1963.

PANSIER P., « La pratique ophtalmologique de Daviel de 1735 à 1744 », Annales d'oculistique, nov. 1905, 26 p.

PANZAC D., *Le Système sanitaire de Marseille. Vivre en quarantaine dans les ports de Marseille aux XVIIe et XVIIIe siècles,* Édition musée d'Histoire de Marseille.

PECKER A. (sous la direction de), *La Médecine à Paris du XIIIe au XXe siècle*, Fondation Singer-Polignac, Paris, Édit. Hervas, 1984.

PESTALOSSI, *Avis de précaution contre la maladie contagieuse de Marseille*, Lyon, 1721.

PINTO-FERREIRA J. A., « Correspondance de Jean V et de Barbara de Bragance, reine d'Espagne », 1945 : *Mémoires instructifs pour un voyageur dans les divers États d'Europe*, Amsterdam, 1738, (Jean V.), Conférences et études commémoratives à l'occasion du second centenaire de sa mort (1750-1950).

ROCHON-DUVIGNEAUD J., « Daviel et la découverte de l'extraction de la cataracte », Annales d'oculistique, 1946, tome 179, p. 1-9.

SAINT-SIMON (duc de), *Mémoires*, t. IV, Paris, Édition de la Pléiade, Gallimard, 1963.

SAINT-YVES C. (de), *Nouveau Traité des maladies des yeux, les remèdes qui y conviennent, et les opérations de chirurgie que leurs guérisons exigent,* Paris, P.A. Le Mercier, 1722 ; *Nouveau Traité des maladies des yeux. Où l'on expose leur structure, leur usage, les causes de leurs maladies, leurs symptômes, les remèdes & opérations qui conviennent le plus à leur guérison*, Amsterdam, F. L'Honoré, 1736.

SEDAN J., « La révolution opératoire de Daviel », Clinique ophtalmologique 1963 ; « Daviel, maître chirurgien-juré de l'hôtel-Dieu de Marseille », Annuaire de l'Association des internes et anciens internes de Marseille 1946.

SHARP S., « A description of a new method of opening the cornea, in order to extract the crystallin humor by Mr. Samuel Sharp, surgeon to Guy's Hospital, and F S R », *Philos. Trans.*, 48 : 161 à 163, 1753.

SNYDER C., « Sieur François Devosgers' tribute to Jacques Daviel », Archives of Ophthalmology, Chicago, 74 : 277 à 279, 1965.

SOARÉS MARTINEZ P., *Histoire diplomatique du Portugal*, t. II, « Le rôle du Portugal dans les conflits européens », Lisbonne, Édit. Verbo, 1986.

SULZER D. E., « Documents relatifs à l'histoire de l'extraction de la cataracte. Un essai historique », Annales d'oculistique, 114 : 329 à 356, 440 à 466, 1895.

TAYLOR J., *Traité sur les maladies de l'organe immédiat de la vue, adressé à Messieurs de l'Académie royale des sciences à Paris*, Paris, Prault, 1735.

VERGNE J., « Un opéré de Daviel, François de Vosge », Annales d'oculistique, t. CLXXI, janvier, 1934, p. 44 à 52.

VETTER Th., « Jacques Daviel, chirurgien oculiste, 1693-1762 », Annales d'oculistique, t. CLXXXXV, n° 9, 1962, p. 817 à 829 ; « La gloire de Jacques Daviel par l'image ou les suites heureuses d'une aphakie bien corrigée », *in Jacques Daviel, centenaire de la Société française d'ophtalmologie, 1883-1983*, Monaco, Dulcis, 1983 ; « Jacques Daviel », *in La Médecine à Paris du XIIIe au XXe siècle*, A. Pecker, Paris, Hervas, 1984, p. 361 et 362.

VIGUERIE J. (de), *Histoire et dictionnaire du temps des lumières, 1715-1789*, Paris, Bouquins, Robert Laffont, 1995.

VILLARD H., « Histoire de l'ophtalmologie », t. I, p. 74 et suiv. *in Traité d'ophtalmologie*, Paris, Masson, 1939.

WEINER D. B., « An eighteenth-century battle for priority : Jacques Daviel (1693-1762) and the cataract extraction », *The Journal of the History of Medicine and Allied Sciences*, vol. 41, 1986, p. 129 à 155.

ZYSBERG A., *Les Galériens*, Paris, Le Seuil, 1988.

TABLE

REMERCIEMENTS 7
INTRODUCTION 9

PREMIÈRE PARTIE
L'obscure jeunesse d'un grand homme

Chapitre premier LES VOIES MYSTÉRIEUSES DE LA VOCATION 15
Chapitre II OÙ L'ON APPREND LA DIFFÉRENCE ENTRE UN ABCÈS ET UNE TISANE 22
Chapitre III OÙ JACQUES RENCONTRE À LA FOIS LE MALADE, LE MOURANT ET LE MORT 26
Chapitre IV L'ENGAGEMENT NE FAIT PAS L'AVANCEMENT 31
Chapitre V L'HÔTEL-DIEU EN 1715 36

DEUXIÈME PARTIE
La peste en Provence

Chapitre premier MARSEILLE EN 1720 47
Chapitre II DIGNE, LE CALME AVANT LA TEMPÊTE 58
Chapitre III TOULON, LA MORT EN FACE 63
Chapitre IV SALON, LES LEÇONS DE L'EXPÉRIENCE 68
Chapitre V LE TEMPS DES COMPTES 74

TROISIÈME PARTIE
Chirurgien à Marseille

Chapitre premier UNE NOMINATION À REBONDISSEMENTS 81
Chapitre II UN CHIRURGIEN AU TRAVAIL 94
Chapitre III UN ANATOMISTE CHEVRONNÉ 97
Chapitre IV LA FAUTE 101
Chapitre V LA DÉCOUVERTE DE L'OPHTALMOLOGIE 107
Chapitre VI LES BONNES RECETTES DU « CHEVALIER » TAYLOR . 112

QUATRIÈME PARTIE
L'opthalmologie par la presse

Chapitre premier JAMAIS MIEUX SERVI QUE PAR SOI-MÊME 119
Chapitre II LE RODAGE DE LA FORMULE 124
Chapitre III LES FRÉMISSEMENTS DE LA RENOMMÉE 129
Chapitre IV CHIRURGIEN SUR LES GALÈRES DU ROI 132
Chapitre V LE TEMPS DES VOYAGES 139
Chapitre VI JACQUES ET SES MAÎTRES 149
Chapitre VII EN ATTENDANT LE GÉNIE 153

CINQUIÈME PARTIE
Une révolution chirurgicale et biologique

Chapitre premier LA RÉVÉLATION 165
Chapitre II DANS LE COURANT 170
Chapitre III « UNE OPÉRATION SINGULIÈRE » 174
Chapitre IV Oculiste du roi 179
Chapitre V UN IRASCIBLE COLLÈGUE 184
Chapitre VI LA MISE À L'ÉPREUVE 191
Chapitre VII NAISSANCE OFFICIELLE D'UNE NOUVELLE MÉTHODE POUR OPÉRER LA CATARACTE 195
Chapitre VIII Extraction ou abaissement du cristallin ? 200
Chapitre IX LE PERFECTIONNEMENT DE LA MÉTHODE 203
Chapitre X UNE PATERNITÉ FRAGILE 206
Chapitre XI L'OCULISTIQUE, UNE DISCIPLINE FAMILIALE 210

SIXIÈME PARTIE
Au faîte de la gloire

Chapitre premier LES ENCYCLOPÉDISTES ET JACQUES DAVIEL 217
Chapitre II PENDANT CE TEMPS À L'ÉTRANGER AUSSI... 222

Chapitre III CES TUNIQUES TRANSPARENTES DONT L'ŒIL FRAGILE EST ENTOURÉ... 225
Chapitre IV LE MEILLEUR, ET POURTANT... 230
Chapitre V PRESQUE SEPTUAGÉNAIRE... 236

SEPTIÈME PARTIE
« Il a toujours la main bonne »

Chapitre premier LE DERNIER VOYAGE 243
Chapitre II LE GRAND-SACONNEX 246
Chapitre III L'HOMMAGE À DAVIEL 249
Chapitre IV LES DAVIEL APRÈS JACQUES 251
Chapitre V DE L'UTILISATION DES RESTES D'UNE GLOIRE 254
Chapitre VI L'OPHTALMOLOGIE APRÈS DAVIEL 259

ÉPILOGUE 267
BIBLIOGRAPHIE 275

www.ingramcontent.com/pod-product-compliance
Lightning Source LLC
LaVergne TN
LVHW050640051026
849532LV00002B/460